Kafka 技術手冊
即時資料與串流處理

Kafka: The Definitive Guide
Real-Time Data and Stream Processing at Scale

Neha Narkhede, Gwen Shapira & Todd Palino　　著

許致軒、蔡政廷、李尚　　譯

目錄

第八章　　跨叢集資料鏡射 **153**

第九章　　管理 Kafka **177**

推薦序

這對 Apache Kafka 來說真是個令人興奮的時刻。Kafka 已經被數以萬計的組織採用,其中包含了世界 500 大(Fortune 500)裡超過三分之一的公司。Kafka 也是成長速度最快的開放原始碼專案之一,並且圍繞其誕生了龐大的生態系。Kafka 是管理快速移動的資料以及串流處理的核心框架。

Kafka 是由何而來呢?為何我們需要建立此專案?而它又有哪些特點呢?

我們在 LinkedIn 打造 Kafka 時,起初是作為公司內部的基礎建設使用。我們觀察到一個簡易的事實:有眾多的資料庫與其他作為儲存資料的系統存在,但我們的架構中還缺少一個可以處理連續資料串流的服務。建立 Kafka 之前,我們實驗了市面上所有現成的工具框架,從訊息系統到日誌聚合以及 ETL 等,但沒有任何一套符合我們的需求。

最終我們決定自己打造一套系統。我們的想法是與其建立一個如資料庫、鍵值類儲存框架、搜尋索引或快取般儲存一堆資料的系統,我們不如專注在將資料視為持續演進並且不斷成長的資料串流,並依此打造一個資料系統(更確切地說已經是個資料架構)。

此主意最終的迴響超乎了我們的預期。儘管一開始 Kafka 是在即時應用以及處理社交網路類型資料的領域嶄露頭角,現在你在每個想像得到的領域都可以看到 Kafka 作為下一代架構的核心元件存在。大型零售商正在為持續性的資料串流重新打造基礎商業處理流程;汽車公司正在從聯網車中收集與處理即時資料;銀行業也正在重新思考如何配合 Kafka 打造基礎資料處理流程與系統。

而這些事情與你有何相關?Kafka 與你已經熟知並且正在使用的系統又有何差別?

我們最終將 Kafka 視為一個串流平台：一個能讓你發佈與訂閱、儲存與處理串流資料的系統。而這正是 Kafka 被打造的原因。從這個角度看待資料或許與你過去的習慣稍有不同，但結果顯示這種方式在建立應用程式與設計架構時可以形成非常具有威力的抽象化。Kafka 經常被一些已存的技術比較，諸如企業級訊息系統、Hadoop 這類大數據系統、資料整合或 ETL 工具等。這些比較的結果通常都各有優缺點。

Kafka 就像訊息系統一般可以讓你發佈與訂閱串流內的訊息。從使用方式來看，Kafka 與 ActiveMQ、RabbitMQ、IBM MQSeries 等這類產品類似，但即使有些相似，Kafka 與傳統的訊息系統仍有幾個重大的不同處顯得他與眾不同：首先，Kafka 以現代的分散式架構設計並組成叢集運行，能夠水平擴展承載大量應用的負載，甚至是最大型的公司也沒問題。與其單獨運行一堆代理器並各自負責不同的應用程式，以叢集運行的方式使你擁有一個集中且可彈性擴展的平台處理公司內所有的串流資料。再者，Kafka 本身也是一個貨真價實的儲存系統，能夠根據你的需求儲存串流資料。這在將 Kafka 視為架構中的連接層並提供可靠的資料傳遞保證時相當有優勢，資料本身保有副本，並根據你喜好的儲存週期保留資料。最後，串流處理的領域中對於抽象化的重視程度與日俱增。訊息系統通常只能作為傳遞資料用，而 Kafka 處理串流資料的能力，讓你可以用簡短的程式碼便能動態處理串流資料集。這些特點足以讓 Kafka 獨樹一格，而不再只是「另外一個訊息佇列系統」。

看待 Kafka 的另外一種觀點，這也是我們在設計與打造 Kafka 的動機之一，就是將其視作一種即時資料處理版本的 Hadoop。Hadoop 可以讓你儲存大規模的資料並週期性地處理，而 Kafka 可以讓你儲存並持續不間斷地處理大規模的串流資料。從技術的層面來看這兩者功能非常相似，許多人將新興的串流處理領域視為 Hadoop 這類批次處理的超集合。但這類的比較經常忽略連續不斷以及低延遲的應用案例與批次處理相當不同。Hadoop 這類大數據框架著重於資料分析，並歸類為某種資料倉儲的應用，而 Kafka 框架天生低延遲的特性使得他很適合作為架構中的核心元件增強相關的商務應用。這很合理：在商務應用中，各類事件隨時都在發生。若事件能在發生時立即被處理，則在強化商務應用、回饋客戶體驗等服務時則簡易得多。

最後與 Kafka 比較的對象為 ETL 或資料擷取等工具。畢竟這些工具的功能都是搬移資料。這種說法是正確的，但我認為最主要的不同在於 Kafka 反轉了問題。Kafka 並不是一個將資料從一個系統讀出然後寫入另外一個系統的工具，而是作為一個平台儲存即時的事件串流。這代表他不僅能與各類現成的應用程式與資料系統連接，還能與客製化應用程式整合。我們認為架構緊密的圍繞串流事件是很重要的事情。在許多時候資料串流相當於金融領域的金流般，是許多現代公司的商業核心與價值所在。

Kafka 能整合上述三個領域，並將所有使用案例的資料串流統整在一起，使得此串流平台相當引人矚目。

然而，Kafka 與過往平台稍有不同，如果你對於發出請求 / 回應風格的應用程式與關聯式資料庫較為熟悉，學習如何以資料串流為中心，並思考與打造應用程式會相當具有挑戰性。本書是學習 Kafka 的最佳管道，從內部機制與 API 的使用方式都是由最了解 Kafka 的一群人撰寫。我希望你像我一樣，從本書獲得許多閱讀樂趣！

— Jay Kreps

Confluent 共同創辦人與執行長

前言

對一本技術書籍作者來說，聽見「我真希望這本書在我開始這個專案前就有了」是最大的讚美，這也是我們開始撰寫本書的目標。我們檢視過去打造 Kafka 的經驗、在生產環境運行 Kafka 以及幫助許多企業建立 Kafka 的軟體架構並管理他們的資料串流，我們問自己「我們所能分享的經驗中，什麼是對新用戶最有幫助的，能使他們從初學者一步步成為專家？」本書反應了我們每日的日常任務：運行 Apache Kafka 並且幫助其他人以最佳的方式使用他。

本書包含了我們認為在生產環境中成功地運行 Apache Kafka 並建立強健且高效的應用程式所需的知識。我們也強調了一些常見的使用案例：事件驅動的訊息傳遞微服務、串流處理應用程式以及大規模資料串流。我們也專注讓本書無論是使用案例或架構說明的內容都顯的平易近人，讓每個 Kafka 的使用者都能從中獲益。本書也包含實際操作的內容，例如如何安裝與設定 Kafka 以及如何使用 Kafka API 等。我們也保留專屬章節討論 Kafka 設計原則以及可靠度保證。此外還探討了許多 Kafka 令人讚賞的架構細節：副本協定、控制者與儲存層等。我們相信對於分散式系統有興趣的讀者來說，關於 Kafka 內部設計的章節閱讀起來不僅有趣，並且對於尋找在生產環境中部署 Kafka 並設計應用程式的使用者來說相當有幫助。對 Kafka 的運作原理多了解一分，你在應用 Kafka 時的各種權衡就會更有依據以及信心。

軟體工程面臨的一個問題就是通常一件任務不只有一種作法。類似 Apache Kafka 這類的平台提供許多彈性的設定配置，這對專家來說相當有用，但也讓新用戶的學習曲線變得更為陡峭。查閱 Apache Kafka 的官方文件會告訴你這些參數與配置的定義，但卻沒有告訴你該如何配置以及該避免哪些設定。本書會盡可能的說明這些選擇以及利弊，並且告訴你 Kafka 中不同選項能否運用的時機。

誰該閱讀本書

本書是為了使用 Kafka API 開發應用程式的軟體工程師以及在生產環境中負責安裝、調校以及監控 Kafka 的生產環境工程師（又稱為 SRE、DevOps 或是系統管理員）所寫。本書也適合負責設計與建置企業整體資料基礎設施的資料架構師與資料工程師。本書的某些章節（特別是第三章、第四章以及第十一章）針對 Java 開發人員所準備。這些章節假設讀者具備基礎的 Java 程式語言能力。涉及到的主題包含例外處理與多執行緒的部份。另外第二章、第八章、第九章以及第十章假設讀者有 Linux 的使用經驗，並稍微了解 Linux 的儲存與網路設定。其他本書討論 Kafka 與軟體架構的章節適合大多數的讀者，並不需特定領域知識。

本書編排慣例

本書使用以下的編排規則：

斜體字（*Italic*）

> 用於標示新術語、網址、電子郵件地址、檔案名和副檔名。中文以楷體表示。

定寬字（`Constant width`）

> 用於程式碼，以及段落內參照到的程式碼元素，如變數或函數名稱、資料庫、資料型態、環境變數、程式語句和關鍵字。也可用於模組和 package 名稱，並用於顯示應由使用者輸入的指令或其他文字，以及指令的輸出文字。

定寬斜體字（`Constant width italic`）

> 用於顯示那些應由使用者提供的值，或是可根據前後文判斷用來替換原文字的值。

 此圖示代表提示或建議。

 此圖示代表一般性說明。

 此圖示代表警告或注意事項。

使用範例程式

本書的目的為協助你完成工作。一般而言，你可以在自己的程式或文件中使用本書的範例程式碼，除非重製了程式碼中的重要部分，否則無須聯絡我們。例如，為了撰寫程式而使用了本書中的數個程式碼區塊，這樣無須取得授權，但是將書中的範例製作成光碟並銷售或散佈，則需要取得授權。此外，在回覆問題時引用了本書的內容或程式碼，同樣無須取得授權，但是把書中大量範例程式放到你自己的產品文件中，就必須要取得授權。

雖然沒有強制要求，但如果你在引用時能標明出處，我們會非常感激。出處一般包含書名、作者、出版社和 ISBN。例如：「*Kafka: The Definitive Guide* by Neha Narkhede, Gwen Shapira, and Todd Palino (O'Reilly). Copyright 2017 Neha Narkhede, Gwen Shapira, and Todd Palino, 978-1-491-93616-0」

假如你不確定自己使用範例程式的程度是否會導致侵權，歡迎與我們聯絡：*permissions@oreilly.com*。

致謝

感謝許多 Apache Kafka 專案以及其生態系的貢獻者。沒有他們的努力，這本書就不會存在。特別感謝 Jay Kreps、Neha Narkhede 和 Jun Rao 以及他們 LinkedIn 的同事與主管，一起創造了 Kafka 並貢獻給 Apache 軟體基金會。

許多人為本書早期版本花了許多時間提供了寶貴的回饋意見，感謝他們的專業：Apurva Mehta、Arseniy Tashoyan、 Dylan Scott、Ewen Cheslack-Postava、Grant Henke、Ismael Juma、James Cheng、Jason Gustafson、Jeff Holoman、Joel Koshy、Jonathan Seidman、Matthias Sax、Michael Noll、Paolo Castagna 與 Jesse Anderson。也感謝許多在草稿意見回饋網站留下建言的讀者。

本書藉由眾多審閱人員的幫助極大地提升了本書的品質，任何遺留的錯誤一定是我們的疏忽。

感謝歐萊禮編輯 Shannon Cutt 的鼓勵與耐心，並對每件任務瞭若指掌。對一位作者來說與歐萊禮合作是件美好的經驗，無論從工具到書本的簽書會，他們給予的支持是無與倫比的。感謝所有的夥伴讓這件事情成真，並且感激他們選擇與我們一起工作。

另外我們還要感謝我們的主管與同事們在我們撰寫此書時的慷慨與鼓勵。

Gwen 想要感謝她的丈夫 Omer Shapira 這幾個月在她撰寫另外一本書時給予支持與耐心，她的貓咪們 Luke 與 Lea 仍逗人喜愛，以其她的父親 Lior Shapira，總是鼓勵她機會來臨時，即便看似滿佈荊棘，也要勇敢面對。

Todd 無法忍受沒有他太太 Marcy 與女兒 Bella 與 Kaylee 的陪伴。她們對於他花費額外的時間撰寫本書以及梳理他的髮型給予包容，並持續鼓勵著他往前走。

## 第一章

遇見 Kafka

每個企業皆受資料所驅動。企業收集資料、進行分析、運用資料並創造更多價值。每個應用程式都在產生資料,無論是日誌訊息、量測值、使用者行為、聊天訊息等。每個資料位元組背後都有一段故事,有些還具有影響下一個任務能否順利完成的重要性。為了要知曉這些訊息,我們必須將資料從產生端運送至分析端。我們也觀察到許多網站例如 Amazon,每日會將使用者點擊感興趣物品的行為,轉換為推薦內容的一部分,並在稍後展現在我們眼前。

當我們能夠越快完成此事,我們就能夠更敏捷地回饋我們的組織。當我們花在搬移資料的心力越少,就能越專注於發展核心商業邏輯。這也是為何在資料驅動的企業中,資料處理流如此重要的原因。我們如何搬移資料幾乎與資料本身一樣重要。

> 任何時候由於資料不足而遭科學家否決。然後我們對於需要哪些資料達成了共識;我們取得資料;並透過資料解決了問題。無論是我對,或者是你正確。抑或是我們都錯了,我們都繼續前進。
>
> -- 尼爾·德萬拉司·泰森

發佈 / 訂閱訊息

在討論 Apache Kafka 之前,了解發佈 / 訂閱訊息的概念以及有何效益相當重要。發佈 / 訂閱訊息代表資料(訊息)的發送者(發佈者)不直接將訊息傳送給接收者,而是將訊息做某種程度的分類,而接收者(訂閱者)透過訂閱某類訊息取得資料。發佈 / 訂閱系統通常有個代理器用於存放發佈的訊息。

如何開始

許多發佈／訂閱訊息的使用案例剛開始都很相似：透過簡易的訊息佇列或是內部通信的頻道實作。例如建立一個傳送監控資訊的應用程式時，你有可能會直接將應用程式與呈現量測值的儀表板應用程式直接相連，並將量測值透過連接傳送（如圖 1-1）。

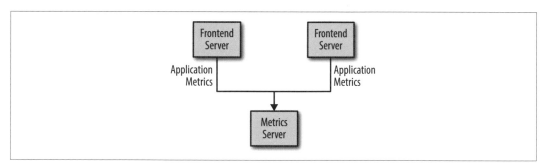

圖 1-1　單一且直接相連的量測值發佈者

一開始監控問題不複雜時，這是一種簡單的解決方案。不久後你想要分析長期的量測值，而此架構在儀表板系統無法順利運作。你建立了新的服務，以便接收、儲存與分析量測值。為了支援這個服務，你修改了前端應用，將量測值同時寫入這兩個後端系統。現在你有了額外三個產生量測值的應用程式，而這些應用程式的量測值都必須寫入兩個後端系統。你的同事希望收集這些服務的資訊用於告警系統，所以你修改了每個前端應用，並將所需的量測值傳送給告警系統。一陣子之後，你有更多的應用程式因為不同的目的需要使用這些量測值。上述的架構如圖 1-2 所示，而這些服務之間的連結變得難以追蹤管理。

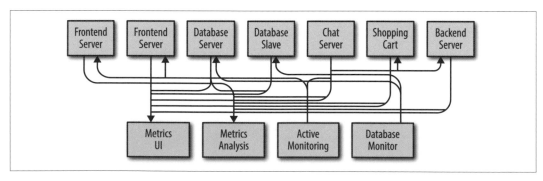

圖 1-2　多個直接相連的量測值發佈者

此架構的技術債相當明顯，所以你決定回心改念。建立一個單一應用程式，以接收所有應用程式的量測值，並為任何需要這些量測值的系統提供查詢的服務。此架構如圖 1-3 所示降低了架構的複雜度。恭喜你，你已經建立了一個發佈 / 訂閱訊息系統！

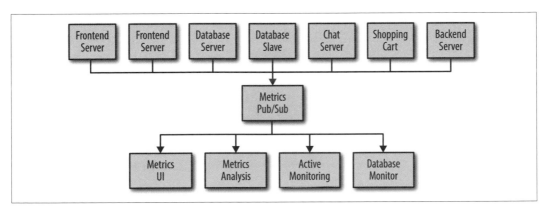

圖 1-3　量測值發佈 / 訂閱系統

獨立的佇列系統

在你與這些量測值奮戰的同時，你的一個同事也在開發類似的系統。另一個同事則在開發追蹤前端網站使用者行為的系統，並提供這些資訊給從事機器學習的開發人員，並建立一些管理報表。你們各自的系統皆遵循類似的建立流程，將訊息的發佈者與訂閱者解耦相互隔離。圖 1-4 呈現類似的架構，其中包含三組獨立的發佈 / 訂閱系統。

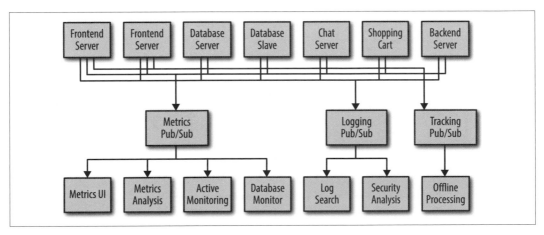

圖 1-4　數個量測值發佈 / 訂閱系統

此架構相較採用點對點連接（如圖 1-2）的架構已經好的多，但各自系統間有許多重複之處。公司必須維護多個系統才能查詢資料，而每個系統皆有各自的漏洞以及限制。你也知道後續還有各式各樣的使用案例。你想要的是一個單一中心化的系統，允許發佈通用格式的資料，並可以隨著業績成長擴展。

進入 Kafka 的世界

Apache Kafka 是一個為了解決此問題的發佈 / 訂閱訊息系統。它也常被稱作「分散式遞交日誌」或是近期比較常見的「分散式串流平台」。檔案系統或資料庫遞交日誌可以紀錄所有交易的過程，這些資料如果需要可以重複使用，並建立一致的系統狀態。同樣地，Kafka 也將資料持久化，並且可以控制讀取串流的方式。此外，分散在叢集中的資料可以避免單點失效的問題，並能水平擴展效能。

訊息與批次

Kafka 的最小資料單元為一則**訊息**（message）。如果是資料庫背景的讀者，會認為這與資料庫的 *row* 或 *reocrd* 很相似。Kafka 將每筆資料視為一個簡單的位元組陣列，因此訊息內的資料並不需使用特定格式或有特定意義。訊息可以有一個可選填的元數據，稱之為**鍵**（key）。鍵也是位元組陣列，如同訊息一般，鍵也不需特定格式或具備特定意義。鍵可以用來控制訊息寫入分區的方式。最簡單的作法是算出每個訊息其鍵部值的雜湊碼，然後將雜湊碼除以分區數量並取得餘數（也就是 modulo 運算），並將該訊息分配到對應的分區。這意謂著相同鍵部值的訊息會保證分配到同一個分區。第三章會討論更多關於鍵的細節。

為了效率，訊息以批次的方式寫入 Kafka。**批次**為一群訊息的集合，同個批次內的訊息都會寫入相同的主題與分區。

每個訊息若單獨傳遞的話，網路傳輸成本將會非常高，而批次傳送則能降低這類成本。當然，有時這是延遲與吞吐量之間的權衡：較大的批次同一個單位時間內可以處理更多訊息，但也會延遲將訊息送至 Kafka 的時間。此外一般來說會多花費一些運算處理成本來對批次進行壓縮，讓資料傳遞與儲存更有效率。

綱要

雖然對 Kafka 而言，訊息內容僅是一群位元組的集合，但建議可以為其添加額外的結構或綱要描述，讓訊息內容容易理解。有許多可用的訊息綱要選項，可視應用程式進行選擇。簡易的系統可以選擇 Javascript Object Notation （JSON）或 Extensible Markup Language （XML）這類容易使用並且人們可讀的格式。然而這類格式缺少了像是強型別處理與兼容不同綱要版本的能力。許多 Kafka 開發人員偏好使用 Apache Avro，這是一種由 Hadoop 專案發展出來的序列化框架，綱要描述會與訊息內容分離，並且在改變時不需要額外撰寫處理程式。此格式本身具備強型別檢驗以及綱要向前（forward）與向後（backward）演變的兼容性。

一致的資料格式對 Kafka 來說相當重要，這讓讀取與寫入端得以分離。若這類任務緊密耦合時，訂閱訊息的應用程式必須先進行更新適應新的資料格式，並且與之同時仍要能處理既有格式。然後接著發佈訊息端的應用程式才能採用新的新的格式發送資料。藉由使用良好定義的綱要資訊並將其儲存於共享儲存庫中，Kafka 中的訊息可以被良好地處理，並且不需要訂閱者與發佈者彼此合作。第三章會討論更多關於綱要與序列化的細節。

主題與分區

Kafka 中的訊息會被歸類在某個主題（topic）。與主題概念相似的有資料庫中的資料表或是檔案系統內的資料夾。主題通常會分成數個**分區**（partitions）。若從「遞交日誌」的角度來看，每個分區是一個日誌檔的集合。訊息會以附加（append-only）的方式寫入分區，並且從頭到尾依序被取用。要特別注意一個主題經常有多個分區組成。因此主題並沒有保證同一個主題內，訊息會根據寫入時間排序，僅能保證每個分區的資料時序性。圖 1-5 展示由四個分區所構成的主題，訊息會附加寫入每個分區的尾端。分區也與 Kafka 副本機制和擴展性息息相關。同個主題的不同分區可以座落在不同主機，這意謂著主題可以水平擴展到多個伺服器，並提供遠高於單一主機限制的效能。

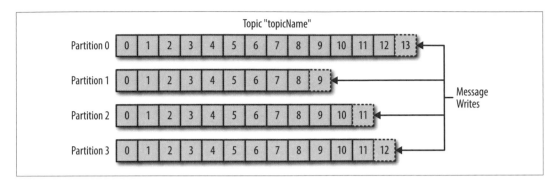

圖 1-5　由多個分區構成的主題示意圖

討論 Kafka 這類系統時經常會提及 **串流**（Stream）這個名詞。一筆串流資料會被視作一個主題中的一筆資料，無論這個主題由幾個分區所構成。而串流資料也代表資料由生產者移動至消費者端。這種資料的表示方式，也是討論各種串流即時處理框架如 Kafka Stream, Apache Samza 與 Storm 的常見方式。這種即時處理串流資料的方式可以與離線資料處理框架相互比較，也就是 Hadoop 這類批次處理大量資料的模式。第十一章會概覽串流處理的作法。

生產者與消費者

Kafka 客戶端是系統的使用者，其分為兩類：生產者與消費者。另外還有進階的客戶端 API：用於資料整合的 Kafka Connect API 以及串流處理的 Kafka Stream。這類進階的客戶端會將生產者與消費者作為基石，並在其上打造更高階的功能應用。

生產者（producer）產生新的訊息。在發佈／訂閱系統中，他們可能被稱作**發佈者**或**寫入端**。一般訊息會被生產到特定主題。預設生產者並不關心特定訊息寫入哪個分區，並且將訊息平均分散至主題的各個分區。在某些情況下，生產者會直接指定訊息應寫入的分區。尤其是帶有鍵部值的訊息，分區器會根據鍵計算雜湊值並得知所屬的分區。這能確保所有攜帶相同鍵部值的訊息皆會寫入相同的主題分區。生產者也能客製化分區器的分配邏輯。第三章會討論更多生產者的細節。

消費者（consumers）讀取訊息。他們在其他發佈／訂閱系統中可能被稱作**訂閱者**或**讀取端**。消費者訂閱一個或多個主題並且依資料生產的順序讀取。消費者會藉由訊息的偏移值持續追蹤哪些訊息已經消費完畢。**偏移值**（offset）是一個持續不斷遞增的整數，此外也是元數據的成員。Kafka 會為每個生產的訊息附加一個偏移值。每個訊息在所屬的分區中其偏移值是唯一的。無論是記錄在 Zookeeper 或 Kafka 自身，透過儲存每個分區最後消費訊息的偏移值，消費者可以隨時中止與重啟並且不會遺漏任何訊息。

此外可以協同多個讀取同一個主題的消費者組成**消費者群組**。此群組會讓每個分區同一時間只會被群組中的一個成員消費。一個由三個消費者組成的群組如圖 1-6 所示。其中兩個消費者各自讀取一個分區，第三個消費者消費兩個分區。消費者與分區的對應經常被稱作消費者的分區所有權。

藉由這種方式，消費者得以水平擴展並消費大量的訊息。此外若單一消費者失效，群組內其他的將接管失效消費者的分區繼續接收串流資料。第四章會進一步探討消費者與其群組。

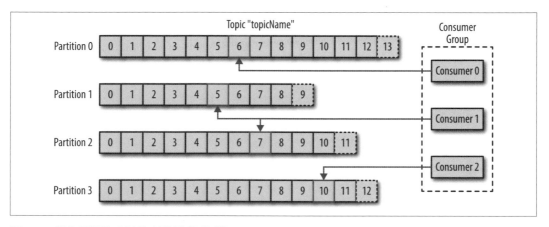

圖 1-6　從主題讀取串流資料的消費者群組

代理器與叢集

單一的 Kafka 節點被稱為**代理器**（broker）。代理器從生產者接收訊息、為訊息分配偏移值並將訊息遞交到硬碟儲存系統。代理器也為消費者服務，回應對分區的串流提取請求並返還已遞交至硬碟上的訊息。根據不同的硬體組合與其效能特性，一個代理器可以輕易的處理數千個分區以及每秒百萬級別的訊息。

Kafka 代理器被設計為**叢集**的一份子。在一群代理器叢集中，有一個代理器作為叢集**控制者**（controller）的角色存在（由叢集中存活的成員選出）。控制者負責執行管理性的操作，包含分配分區給代理器以及監控代理器是否失效。當叢集內的代理器擁有某個分區，該代理器則稱為該分區的領導者。一個分區可能會分配給多個代理器，這意謂著分區擁有多個副本（如圖 1-7 所示）。此機制藉由複製多份相同的分區訊息實現容錯功能，當節點失效時，其他擁有相同分區副本的節點則能取而代之成為該分區的**領導者**。然而，所有消費者與生產者的操作都會連線至領導者所在的節點。第六章會說明叢集以及分區副本的相關操作細節。

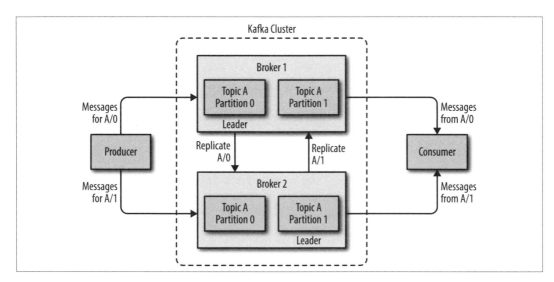

圖 1-7　叢集內分區副本示意圖

Apache Kafka 的關鍵特色是資料保存，Kafka 會將串流資料透過儲存系統保留一段時間。Kafka 代理器對主題內訊息，預設會保留七天或是超出直到某種設定值容量（例如 1GB）。一旦達到限制，訊息會過期並被移除。因此保存配置代表任何時間可用資料的最小值。此外也能為單獨的主題設定保留期限，因此可以長時間保留有用的訊息。舉例來說，用於追蹤量測值的主題可能會將訊息保留數天，而應用程式的量測值可能僅保留數個小時。主題也能夠配置成**日誌壓縮模式**，這代表 Kafka 僅會為每個鍵保留最後一筆產生的訊息。這對某些改變狀態類型的日誌相當有用，通常我們僅關心最後一次的更新狀態。

複數叢集

隨著 Kafka 環境逐漸擴展，若將 Kafka 部署為多個叢集有許多益處，例如：

- 隔離不同類型的資料

- 因應安全需求的隔離規劃

- 複數資料中心架構（災難還原）

特別是運行複數資料中心，訊息常在中心間複製傳遞。透過這種架構，線上應用程式可以自由地經由不同的資料中心取得使用者行為。例如使用者在個人檔案中更改了公開資訊，無論是哪個資料中心，查詢時都必須反應此更動。又或者必須從許多地方收集監控資料，並集中存放到分析與告警系統所在之處。Kafka 叢集的副本機制僅作用於單一叢集，並沒有跨叢集複製副本。

Kafka 專案包含一個跨叢集複製串流資料工具 *MirrorMaker*，其核心仍是由 Kafka 生產者與消費者組成，並透過佇列串連應用。從一座 Kafka 叢集消費而來的訊息會被生產到另外一座叢集中。圖 1-8 的範例架構透過 MirrorMaker 將兩座本地 Kafka 叢集的資料複製到聚合叢集，然後聚合叢集再將資料複製到另一座資料中心。工具單純的特色嬌藏了其打造複雜資料串流的潛力。第七章會進一步探討此議題的細節。

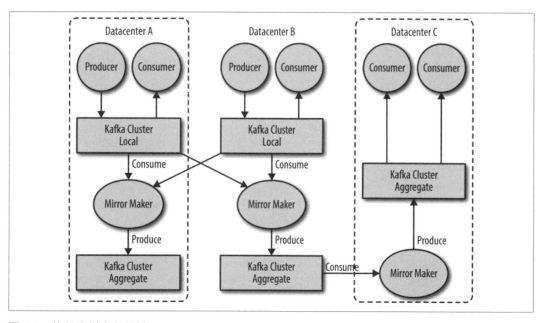

圖 1-8　複數資料中心架構

為何需要 Kafka

市面上有這麼多發佈 / 訂閱訊息系統，是哪些特性使得 Apache Kafka 顯得與眾不同？

複數生產者

Kafka 可以無縫承載多個生產者，無論這些生產客戶端是將資料寫入相同或不同的主題。這讓 Kafka 相當適合從前端系統聚合並持久化資料。舉例來說，透過數個微服務構成服務的網站，每個微服務可以將頁面瀏覽紀錄（page view）以一致的格式寫入相同的 Kafka 主題。消費者端即可從單一串流取得所有應用程式的頁面瀏覽狀態，而不需要為每個應用建立個別的主題。

複數消費者

除了複數生產者外，單一 Kafka 串流也能被複數個消費者同時讀取。這與許多佇列系統的行為大不相同，一般來說當訊息被任一消費者讀取過後，隨即會從佇列中移出。複數消費者也能夠組成消費者群組共享串流，並讓同個群組內訊息僅被消費一次。

基於磁碟保存資料

Kafka 不僅能承載複數消費者，還會將訊息持久化。這意謂著消費者不一定總是需要即時處理串流訊息。訊息被遞交儲存到磁碟，並根據可調整的保存策略儲存訊息。根據客戶端不同的需求，可以為每個主題配置長短不一的保存策略。持久化訊息可以確保進度落後的消費者（無論是因為處理效能或是訊息吞吐量激增導致）不會遺漏資料。此外，這也表示消費者客戶端可以因應維護任務所需短暫的下線，不需要擔心遺漏生產端產出的訊息。因為消費者中止後，訊息仍會持久化在 Kafka。消費者重啟後，能繼續消費串流中的訊息不需擔心遺漏。

擴展性

Kafka 彈性的擴展能力使其輕易處理各種量級的資料。使用者可以先透過單一代理器開始進行概念性驗證，再將其擴展成三台節點的小型開發叢集，隨著資料量的增加，最後轉移到擁有數十台甚至上百台代理器所構成的大型 Kafka 叢集。叢集上線時仍能執行擴展工作，並不會影響系統整體的可用性。這意謂著由多個代理器構成的叢集，能夠在某些代理器失效時，仍持續提供客戶端服務。若叢集需要容忍更多代理器同時失效，則必須配置較高的副本數，第六章會討論此議題的細節。

高效能

上述所有特色使得 Apache Kafka 發佈／訂閱訊息系統在高負載的情況下擁有絕佳的效能。生產者、消費者與代理器皆能擴展並輕易承載大量串流訊息。此外在高負載的情況下，訊息生產到消費者端的延遲仍能維持在一秒以內。

資料生態系

為資料處理打造的環境有許多應用程式參與其中。創造資料或其他將資料引入系統的應用程式被定義為輸入端，而量測值、報告與其他資料相關應用產品則被定義為輸出端。一個資料生態環儼然成立，其中一些元件會從系統中讀取資料，並透過其他來源的資料進行轉換，然後將資料回寫到其他資料相關基礎建設中。這之中牽涉多種資料，每一種都有獨特的內容、大小與使用方式。

Apacke Kafka 為資料生態圈提供了循環系統（如圖 1-9 所示）。它攜帶著資料往返各種基礎設施中，並為所有客戶端提供一致的界面。當系統能處理資料綱要時，生產者與消費者就不需緊密耦合或是直接連結。元件可以在商業應用時隨時新增與移除，而且生產者不需考慮資料使用者或消費者應用程式的數量。

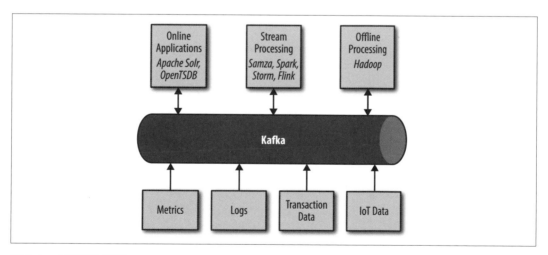

圖 1-9　大數據生態系

使用案例

行為追蹤

起初 LinkedIn 設計 Kafka 的動機是追蹤使用者行為。使用者們於前端應用程式,無論是哪種行為,都會產生各類資料。這之中包含被動資料,例如網頁瀏覽與點擊歷程,或是其他更複雜的行為(例如使用者為其個人描述檔新增訊息等)。這些訊息會被發佈到單一或多個主題,而後端應用程式會消費這些訊息。這些應用程式最後可能會產報表、或作為機器學習系統的資料、更新搜尋結果或是其他需要大量使用者體驗的應用。

訊息傳遞

Kafka 也能作為訊息傳遞之用,例如傳送通知(如電子郵件)給用戶的應用程式。這些應用程式可以產生訊息,並且不需關心資訊格式或訊息是否已經確實送出。令一個單一應用程式可以讀取所有送出的訊息,並一致地處理以下議題:

- 將訊息格式化(又被稱為裝飾)成常見的樣式
- 收集多個訊息並於一次通知中同時傳遞
- 利用使用者偏好的資訊接收方式

量測值與日誌

Kafka 也是收集應用程式、系統量測值與系統日誌理想的工具。此案例中當多種應用程式能夠產生相同樣式的訊息。應用程式透過一般的方式將量測值傳遞到 Kafka 的主題中,接著量測值可以被監控與告警系統消費。這些資料也能用於線下系統(如 Hadoop)這類需要長期資料分析的作業像是成長率預估等。此外日誌紀錄也能透過相同的方式發佈,並寫入 Elasticsearch 這類日誌搜尋系統或安全分析應用程式。Kafka 其餘的優點還有當目的系統需要更動時(例如更新日誌儲存系統時),前端的應用程式或中介的聚合層不受任何影響。

遞交日誌

因為 Kafka 是基於遞交日誌的概念,資料庫更動可以發佈至 Kafka,而應用程式可以輕易地監控此串流訊息並取得即時的更新事件。此更動日誌串流也能作為資料庫備份到遠端系統的用途,或是從多個應用程式收集變化事件存入集中的資料庫視圖。Kafka 保留訊息的功能在此相當有用,可作為改變事件的暫存,意謂著當消費者端失效時,訊息事件可以重複播放再次處理。此外日誌壓縮形式的主題能提供較長的保存期限,因為每個鍵只有保存一個改變事件。

串流處理

另外一個擁有多種不同應用的領域為串流處理。雖然幾乎所有 Kafka 的應用都可視為串流處理的一種,但在此一般指提供類似 Hadoop map/reduce 計算框架的串流應用程式。Hadoop 一般聚合長期的資料進行處理,資料時間維度可能橫跨幾個小時或幾天。串流處理則會在訊息產生時,即時處理資料。串流處理框架允許使用者撰寫小型應用程式處理 Kafka 訊息,例如量測值計數、將訊息分區以利其他應用程式進行後續處理或是透過其他來源資料來轉換串流資料。第十一章會進一步討論串流處理。

Kafka 的起源

LinkedIn 內部為資料處理流的問題而打造了 Kafka。它被設計成高效能的訊息系統並能處理多種形式的資料並能即時提供純淨、結構化的使用者行為以及系統量測相關資料。

> 資料的確為我們做的任何事提供動力
>
> —Jeff Weiner, CEO of LinkedIn

LinkedIn 面臨的問題

如同本章一開始描述的例子,LinkedIn 內部使用客製化收集器收集各個系統與應用程式的量測值,並以開源工具儲存與處理資料。除了傳統的量測值如 CPU 使用量與應用程式的效能等,還有其他許多複雜的請求追蹤功能,可用於監控系統並提供個別使用者請求如何於內部系統間傳遞的檢視功能。然而 LinkedIn 的監控系統有著許多缺陷,例如量測值的收集是根據固定時間間隔主動輪詢取得,並且無法讓應用程式的擁有者管理各自的量測值。一個標榜高科技個性化(high-touch)的系統卻需要人們介入最簡單並且反覆無常的任務,例如處理不同系統中對同一個量測值有著不同的量測值名稱的問題。

與之同時,LinkedIn 擁有追蹤使用者行為資訊的系統,此系統是由 HTTP 服務打造而成,前端服務必須定期與此系統連線傳遞批次訊息(XML 格式)。這些批次訊息接著會被離線處理,檔案會被解析並收集。

此系統有許多缺點。不一致的 XML 格式，解析時需耗費大量運算資源。改變追蹤使用者行為的資料格式需要前端與離線處理系統間大量的協調溝通。儘管如此，當綱要改變時系統仍會馬上失效。追蹤系統是基於小時維度的批次檔案，所以無法即時應用。

監控與使用者行為追蹤使用不同的後端系統。監控系統的資料格式過於笨重，並不適用於行為追蹤，此外監控系統使用的輪詢模式與行為追蹤系統的主動發佈模式並不相容。同時對監控系統來說，行為追蹤的服務過於脆弱不適合追蹤龐大的量測值，而批次處理的模式也不適用於即時監控與告警的模式中。然而，監控與追蹤的資料有許多共通點，若能將兩者資料進行關聯（例如哪種型態的使用者行為會影響應用程式的效能）將極具吸引力。某種使用者行為下降可能代表應用程式的某些服務出了問題，但批次處理使用者行為的延遲時間達數個小時之久，這延遲了這些議題的反應時間。

一開始，為了打造能夠提供即時存取資料以及因應資料串流量所需高擴展性的系統，現存的開放原始碼解決方案被徹底檢視。原型系統（prototype）使用 ActiveMQ，但在那時它無法負荷如此規模的資料串流量。並且對 LinkedIn 的應用場景來說 ActiveMQ 相當脆弱，有許多缺陷會導致代理器中止。這會影響客戶端的連線並且干擾應用程式對使用者提供的服務。最終 LinkedIn 決定自行客製化資料處理流的基礎設施系統。

Kafka 的起源

LinkedIn 的開發團隊由資深主任工程師 Jay Kreps 帶領，他先前負責開發開放原始碼專案 Voldemort，這是一種分散式鍵值對儲存系統。初始團隊成員包括 Neha Narkhede 以及隨後加入的 Jun Rao。他們一同建立了可以符合監控與追蹤系統的需求，並且具備擴展性的訊息系統。系統主要目的為：

- 使用推拉（push-pull）模式將生產者與消費者解耦
- 在訊息系統內提供訊息持久化功能以供複數消費者共用訊息。
- 為訊息高吞吐量情境最佳化
- 系統允許隨著資料串流成長而水平擴展

最後的開發成果就是一個有著傳統訊息系統界面的訂閱 / 發佈訊息系統，但擁有類似日誌聚合系統的資料儲存層。在搭配 Apache Avro 序列化日誌訊息時，Kafka 可以有效地處理每日達數十億筆的量測值與使用者行為追蹤日誌。在 2015 年時，Kafka 的擴展性協助 LinkedIn 處理每日產生的一兆筆訊息以及消費超過一千兆位元組的資料。

開放原始碼

Kafka 在 2010 年底在 GitHub 以開放原始碼專案的形式釋出。隨後便在開放原始碼社群中受到矚目。專案在 2011 年 7 月被提出並接受成為 Apache 軟體基金會育成中心（incubator）專案。Apache Kafka 在 2012 年 10 月畢業成為頂級專案。從那時起 Kafka 便持續的更新並在 LinkedIn 之外擁有活躍的貢獻者社群與遞交者。Kafka 現在被使用在全球最大的資料處理流系統之一。在 2014 秋季 ，Jay Kreps、Neha Narkhede 與 Jun Rao 離開 LinkedIn 成立了 Confluent，這是一間專門開發 Apache Kafka、提供企業支持與訓練的公司。這兩間公司以及從其他開放原始碼社群中持續增長的貢獻者，持續的開發與維護 Kafka，讓它成為大數據資料處理流的首選。

命名

人們經常好奇 Kafka 的命名來由，以及其命名與應用程式之間的關聯為何。Jay Kreps 提供了下列線索：

> 我認為因為 *Kafka* 為寫入操作最佳化的系統，使用作家（*writer*）的名字取名相當合理。我大學時期參加了許多文學課程並且喜好 *Franz Kafka*。另外在開放原始碼專案使用這個名稱聽起來非常酷。

> 因此 *Kafka* 名稱與專案基本上並沒有多大關係。

開始使用 Kafka

現在我們已經知道所有關於 Kafka 的歷史故事，我們可以透過 Kafka 打造自己的資料處理流。下一章將會研究如何安裝與配置 Kafka。我們也會討論合適運行 Kafka 的硬體配置，以及部署於生產環境時的注意事項。

## 第二章

安裝 Kafka

本章將說明如何安裝 Apache Kafka 代理器，並包含如何配置 Apachc Zookeeper，Kafka 透過其儲存代理器的元數據。本章內容也會涵蓋 Kafka 部署的基本配置以及介紹如何為代理器選擇合適的硬體準則。本章最後會說明如何安裝多個 Kafka 代理器並組成一個叢集以及在生產環境中使用 Kafka 的一些考量要點。

首要任務

在使用 Apache Kafka 前必須準備一些前置作業，以下我們將一一說明。

選擇作業系統

Apache Kafka 是基於 Java 語言的應用程式，因此可以運行於多種作業系統上。包含 Windows、MacOS、Linux 與其他作業系統。本章說明的安裝步驟主要著重於 Linux 作業系統，因為這是 Kafka 最常見的部署平台。這也是一般使用 Kafka 時推薦使用的作業系統。在 Windows 與 MacOS 作業系統上安裝 Kafka 的資訊請參考附錄 A。

安裝 Java

無論是安裝 Zookeeper 或 Kafka 之前，都必須要準備 Java 環境。目前較新的 Kafka 版本都要求 Java8 的版本，你的作業系統中或許已經有對應的 Java 版本，或者可以透過 java.com （*https://www.java.com/en/*）直接下載進行安裝。雖然 Zookeeper 與 Kafka 可以運作在 Java 運行環境版本（JRE），但一般來說安裝擁有開發工具與應用程式的 Java

Development Kit（JDK）版本較為便利。稍後的安裝步驟會假設環境中在路徑 /usr/java/jdk1.8.0_51 已經安裝了 Java8 更新號 51 版本。

安裝 Zookeeper

Apache Kafka 使用 Zookeeper 儲存 Kafka 叢集的元資料以及消費者客戶端細節資訊（如圖 2-1 所示）。雖然可以使用 Kafka 套件內的腳本運行 Zookeeper，要另外獨立安裝 Zookeeper 也並非難事。

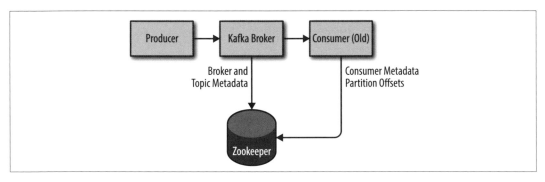

圖 2-1　Kafka 與 Zookeeper

Kafka 與 Zookeeper 3.4.6 穩定板的相容性已經完整測試過，可以從 *http://bit.ly/2sDWSgJ* 的 Apache 官方網頁下載。

單機模式

下列為安裝 Zookeeper 的範例，其基礎配置位於 /usr/local/zookeeper，內將資料儲存路徑設定於 /var/lib/zookeeper：

```
# tar -zxf zookeeper-3.4.6.tar.gz
# mv zookeeper-3.4.6 /usr/local/zookeeper
# mkdir -p /var/lib/zookeeper
# cat > /usr/local/zookeeper/conf/zoo.cfg << EOF
> tickTime=2000
> dataDir=/var/lib/zookeeper
> clientPort=2181
> EOF
# export JAVA_HOME=/usr/java/jdk1.8.0_51
# /usr/local/zookeeper/bin/zkServer.sh start
JMX enabled by default
```

```
Using config: /usr/local/zookeeper/bin/../conf/zoo.cfg
Starting zookeeper ... STARTED
#
```

可以藉由連接 Zookeeper 的客戶端埠口並傳送 srvr 指令，驗證在單機模式下是否順利運作：

```
# telnet localhost 2181

Trying ::1...
Connected to localhost.
Escape character is '^]'.
srvr
Zookeeper version: 3.4.6-1569965, built on 02/20/2014 09:09 GMT
Latency min/avg/max: 0/0/0
Received: 1
Sent: 0
Connections: 1
Outstanding: 0
Zxid: 0x0
Mode: standalone
Node count: 4
Connection closed by foreign host.
#
```

Zookeeper ensemble

一座 Zookeeper 叢集被稱為一個 ensemble（劇團）。由於所使用的演算法，通常會建議 ensemble 由奇數台數量的伺服器組成（例如 3,5 等），並且若要 Zookeeper 能夠回應請求，過半數量的 ensemble 成員伺服器必須處於正常運作狀態。這意謂著由三個節點組成的 ensemble 可以允許一個節點失效。而五個節點的 ensemble 在兩個節點時仍能正常運行。

規劃 *Zookeeper Ensemble* 叢集數量

建議將 Zookeeper 運行在五個節點組成的 ensemble 叢集上。修改 ensemble 的配置（包含更換節點）時，必須一次重啟一個節點。如果屆時 ensemble 不能允許超過一個節點失效，那重啟節點對服務來說便有額外的風險。另外由於使用的溝通協定，也不建議 ensemble 節點超過七個，若超過效能便可能開始下降。

配置同一座 ensemble 中的 Zookeeper 節點時，每一個節點都必須擁有完整的伺服器列表，並且在資料目錄下有一個 myid 檔案描述該節點的 ID 值。如果節點的主機名稱是 zoo1.example.com、zoo2.example.com 與 zoo3.example.com，配置檔可能如下：

```
tickTime=2000
dataDir=/var/lib/zookeeper
clientPort=2181
initLimit=20
syncLimit=5
server.1=zoo1.example.com:2888:3888
server.2=zoo2.example.com:2888:3888
server.3=zoo3.example.com:2888:3888
```

配置檔中，initLimit 代表允許跟隨節點與領導節點連線的時間量。syncLimit 值則是跟隨節點與領導節點非同步的允許時間量。這兩個設定值都以 tickTime 為單位，上述範例中 initLimit 為 20*2000ms（40 秒）。配置檔中也表列 ensemble 中每個節點的資訊。節點資訊以 *server.X=hostname:peerPort:leaderPort* 格式來表示，以下是格式中欄位所代表的意義：

X

節點的 ID 數值。此值必須是整數，但不需從 0 開始或是連續整數。

hostname

節點的主機名稱或 IP 地址。

peerPort

ensemble 叢集內節點與其他節點溝通所使用的 TCP 埠口。

leaderPort

選舉領導節點時所使用的 TCP 埠口。

客戶端僅需透過 clientPort 即能與 ensemble 叢集連接，但叢集內的節點必須使用上述三個埠口與其他成員節點溝通。

除了分享配置檔外，每個節點在 dataDir 目錄下需要有一個 myid 檔。檔案內包含節點的 ID 數值，此值必須與配置檔吻合。一旦完成這些步驟，便能啟動節點並與 ensemble 叢集內的其他成員溝通。

安裝 Kafka 代理器

完成 Java 與 Zookeeper 配置後便可開始安裝 Apache Kafka。最新的 Kafka 版本可以在 *http://kafka.apache.org/downloads.html* 取得。撰寫本書時最新版本為 0.9.0.1 並運行在 Scala2.11.0。

下列範例中會在 /usr/local/kafka 路徑下安裝 Kafka，並使用先前配置好的 Zookeeper 服務，另外訊息日誌段將儲存於 /tmp/kafka-logs 路徑下：

```
# tar -zxf kafka_2.11-0.9.0.1.tgz
# mv kafka_2.11-0.9.0.1 /usr/local/kafka
# mkdir /tmp/kafka-logs
# export JAVA_HOME=/usr/java/jdk1.8.0_51
# /usr/local/kafka/bin/kafka-server-start.sh -daemon
/usr/local/kafka/config/server.properties
#
```

Kafka 代理器安裝完成後，可以透過一些簡易的操作，例如建立測試主題、生產一些訊息並消費，以驗證叢集是否運作順利。

建立與驗證主題：

```
# /usr/local/kafka/bin/kafka-topics.sh --create --zookeeper localhost:2181
--replication-factor 1 --partitions 1 --topic test
Created topic "test".
# /usr/local/kafka/bin/kafka-topics.sh --zookeeper localhost:2181
--describe --topic test
Topic:test      PartitionCount:1 ReplicationFactor:1 Configs:
   Topic: test    Partition: 0   Leader:  0 Replicas:    0 Isr: 0
#
```

生產一些訊息至測試主題中：

```
# /usr/local/kafka/bin/kafka-console-producer.sh --broker-list
localhost:9092 --topic test
Test Message 1
Test Message 2
^D
#
```

從測試主題消費訊息：

```
# /usr/local/kafka/bin/kafka-console-consumer.sh --zookeeper
localhost:2181 --topic test --from-beginning
```

```
Test Message 1
Test Message 2
^C
Consumed 2 messages
#
```

代理器配置

先前所描述的單機代理器配置方式足以滿足概念性驗證這類的任務，但對於大多數生產環境來說仍有不足。Kafka 在設定與調校方面提供許多參數供選擇。其中許多選項可以先維持預設值，除非有明確的使用案例有調整某些參數值的需求。

一般代理器

若非以單機模式進行部署，有許多代理器的設定必須檢視並調整。這些參數通常是代理器的基本設定，且多數必須依據叢集中其他代理器的設定來調整。

broker.id

每個 Kafka 代理器都必須有一個 broker.id 整數的識別值。此設定預設值為 0，但可以是任何整數。識別值設定時可以自由選擇，但最重要的是此值在一座 Kafka 叢集中必須是唯一的。而如果因為一些維修任務的需求此設定值也可在代理器之間搬移。一種識別值良好的設定方法是將此值與主機本身的資訊連結，如此一來維護識別值對應的主機則容易許多。舉例來說如果主機名稱中包含唯一的數值（如 host1.example.com、host2.example.com 等），這些數值就是作為 broker.id 的良好選項。

port

預設運行 Kafka 時會監聽 9092 埠口。可以透過 port 配置參數進行修改。特別注意如果選擇低於 1024 埠口，則 Kafka 必須以 root 模式運行，而這通常不是建議的作法。

zookeeper.connect

作為儲存元數據的 Zookeeper 服務所在位置以 zookeeper.connect 配置參數指定。預設 Zookeeper 運行於本機的 2181 埠口（以 localhost:2181 的方式表示）。此參數的格式是冒號分隔的 hostname:port/path 列表，其中包含：

- hostname：Zookeeper 服務的主機名稱或 IP 位置。

- port：服務的客戶端的埠口。

- /path：Zookeeper 為 Kafka 服務所使用的 chroot 路徑。如果忽略此值則預設值為根路徑。

如果指定的 chroot 路徑不存在，則代理器開始運行時會自動建立。

> **為何使用 Chroot 路徑**
> 一般來說較好的作法是為 Kafka 叢集指定一個非根路徑的 chroot。如此 Zookeeper ensemble 便能與其他應用程式共享一起使用，甚至是另外一座 Kafka 叢集，而不會產生衝突。另外配置時最好指定同一座 ensemble 內的多個 Zookeeper 節點位置，如此當 Kafka broker 所連接的 Zookeeper 節點失效時會嘗試連結其他的節點。

log.dirs

Kafka 會將所有串流日誌訊息持久化到磁碟。這些日誌段寫入的目錄設定於 *log.dirs* 配置參數中。此參數為本機檔案系統的列表並以逗點分隔表示。如果指定多個路徑，Kafka 代理器會以「最小使用量」方式將同一個分區的資料儲存在同個路徑下。注意代理器會將新的分區儲存在擁有最少的分區數量的目錄，而不是磁碟使用量最小的目錄中，因此無法保證資料平均分散在每個磁碟目錄中。

num.recovery.threads.per.data.dir

Kafka 使用可調整的執行緒池處理日誌段，目前這些執行緒被用於：

- 代理器正常啟動後，開啟每個分區的日誌段

- 代理器失效後重新啟動後，檢查並修剪每個日誌段

- 代理器關閉時，清理關閉的日誌段

預設每個日誌目錄只使用一個執行緒。因為這些執行緒只用於啟動與關閉代理器時，因此可以將此設定值加大以進行平行操作。特別是從失效恢復時，當代理器重新啟動並檢查大量分區時，較多的執行緒可以節省數個小時的執行時間。設定時必須注意此值會分別作用於 *log.dirs* 內的每個目錄。這意謂著若 num.recovery.threads.per.data.dir 配置為 8 並且 log.dirs 有 3 個目錄，則共使用 24 個執行緒。

auto.create.topics.enable

若主題不存在，預設 Kafka 代理器會在下列情況自動建立主題：

- 生產者開始寫入訊息到主題。
- 消費者開始從主題讀取訊息
- 當任何客戶端請求主題的元數據時

許多情況下，自動建立主題可能是由於非預期的行為導致，特別是沒有辦法在不建立主題的情況下驗證目前的主題是否存在。若能明確地管理建立主題的方式，無論是手動建立或是透過外部管理系統，可以將 auto.create.topics.enable 設為 false。

預設參數

Kafka 在建立主題時有提供多種預設參數供使用。這些參數包含分區數量與訊息存放期限等設定可以藉由管理工具（說明於第九章）為每個主題進行設定。預設值則建議設定為叢集中多數主題皆適用的基本值。

以基於各主題的參數覆寫設定

早先的 Kafka 版本中可以透過基於各主題的相關參數 log.retention.hours. per.topic、log.retention.bytes.per.topic 與 log.segment.bytes.per.topic 覆寫代理器的預設配置值。這些參數已經不再支援，必須透過管理工具進行覆寫。

num.partitions

num.partitions 會決定一個新主題建立時的分區數量，特別是自動建立主題功能開啟時（此為預設值）。此參數預設為一個分區。特別留意主題的分區數量只能增加，不能減少。這代表若一個主題需要低於 num.partitions 設定的分區數量，則必須手動建立該主題（說明於第九章）。

如同第一章所述，分區機制是 Kafka 叢集擴展主題的方式，因此為主題選擇一個合適的分區數量，使串流訊息能夠平均分佈在整個叢集中將十分重要。許多使用者會讓主題的分區數量等於或是數倍於叢集中代理器的個數。這種方式可以讓分區平均分佈在每個代理器。然而這沒有強制要求，你也能透過多個主題均衡串流的負載。

如何決定分區數量

選擇分區數量時有幾個重要因素必須考量：

- 主題預期的吞吐量為何？例如預期每秒寫入的吞吐量為 100KB 或是 1GB ？

- 針對單一分區預期達到的最大吞吐量為何？一般來說每個分區通常至少會有一個消費者，因此如果知道消費者以較慢的速度將資料寫入資料庫，例如每個執行緒每秒寫入量不會超過 50MB，那分區消費者的吞吐量可以限制在每秒 50MB 左右。

- 可以用類似上述的方式衡量每個分區生產者的最大吞吐量，但一般來說生產者的吞吐量通常遠大於消費者，因此也可以忽略這個步驟。

- 如果傳送訊息會基於鍵部值，往後為主題新增分區會非常有挑戰性，因此較好的方式是根據為未來的使用量規劃合理的分區數量，而不是依目前的使用量為主。

- 檢視每個代理器負擔的分區數量、可用的磁碟空間以及網路頻寬。

- 避免高估分區數量，每個分區都會消耗記憶體與其他代理器的資源，並且會增加領導者選舉的時間。

從上述這些考量因素可以看出，你通常需要一個數量合適的分區數而不是越多越好。如果對於主題預計吞吐量以及消費者的吞吐量稍有了解，則可將兩者相除取得供參考的分區數。假如預期主題的讀取與寫入要達到每秒 1GB，而已知每個消費者每秒只能處理 50MB 的數據，則可以觀察出至少需要 20 個分區，如此便能透過 20 個消費者從主題讀取資料達到每秒 1GB 的吞吐量。

如果沒有這些細節資訊，我們的經驗是分區儲存在磁碟的每日資料產量不要超過 6GB 的情況下，通常能有滿意的效能。

log.retention.ms

關於 Kafka 保存訊息多久，最常見的配置是根據時間長度。預設會使用 log.retention.hours 參數，而預設值為 168 個小時（也就是一個星期）。然而也可透過另外兩個相關參數 log.retention.minutes 與 log.retention.ms 進行設定。這三個參數都表達同一件事情——訊息接收多久後會被移除。而三個參數中，我們建議使用 log.retention.ms 進行設定，因為當多個參數同時被設定時，會依較小單位的設定值為主，因此當多個參數同時被設定時，設定於 log.retention.ms 可以確保會生效。

依時間以及最後修改時間保留資料

依時間保留資料是透過每個資料段在磁碟上的最後修改時間（mtime）進行。一般來說最後修改時間就是資料段關閉時，檔案內最後一筆日誌紀錄的寫入時間。然而若透過管理工具在代理器間執行搬移分區，這個時間點就會不準確並讓分區保留的時間延長，第九章在討論分區搬移時會有更多討論。

log.retention.bytes

另外一種移除訊息的方式是根據保留訊息的位元數總量。此值設定於 log.retention.bytes 並作用於每個分區。這代表若主題有 8 個分區且 log.retention.bytes 設為 1GB，此主題最多將會儲存 8GB 的訊息。特別注意此限制是針對每個分區而不是主題。這意謂使用 log.retention.bytes 清除資料時，若增加分區數量，主題容納訊息的空間也會隨之增加。

同時透過訊息容量與時間配置保留機制

如果同時配置 log.retention.bytes 與 log.retention.ms （或其他時間維度的參數），訊息在達到上述兩個設定值之一的條件時即被移除。舉例來說若 log.retention.ms 設定為 86400000（一天）而 log.retention.bytes 設定為 1000000000（1GB），訊息可能在一天內就提早被移除，如果該訊息所處的分區在一天內湧入超過 1GB 的資料量。相反地，即便分區的資料量低於 1GB，一天後訊息仍會被移除。

log.segment.bytes

先前討論 log-retention 相關的設定是基於日誌段，而不是獨立的一條訊息。當訊息寫入 Kafka 代理器時會被添加到該分區當下的日誌段。一旦日誌段的容量達到 log.segment. bytes 的設定值（預設為 1GB），該日誌段便會關閉並開啟一個新的日誌段。日誌段關閉後，才能被保存機制移除。較小的日誌段容量會較常開關，並且產生較多的日誌段，這也會影響磁碟寫入的整體效能。

如果日誌產生速度很慢，調整日誌段容量就顯得非常重要。若一個主題每日僅接收 100MB 的日誌量，而 log.segment.bytes 為預設值，那意謂著需要 10 天才能填滿一個日誌段並關閉。日誌段只有在關閉後才會開始倒數保留日期，若 log.retention.ms 設為 604800000（一週），日誌訊息最長會保留共 17 天才會被移除。這是因為日誌段在第 10 天關閉後，還需等待 7 天才會過期並移除（日誌段需等待整段日誌中最後一個日誌也過期才能移除整段日誌）。

透過時間標記搜尋偏移值

日誌段的大小也會影響透過時間標記搜尋偏移值的行為。當請求某個特定時間標記的分區偏移值時，Kafka 會先搜尋當時使用的日誌段。透過檔案建立與最後修改的時間，並搜尋建立時間在特定時間標記前，但最後修改時間在特定時間標記後的日誌段，並回傳該日誌段第一個日誌的偏移值（也就是檔案名稱）。

log.segment.ms

另外一個控制日誌段的方式是根據 log.segment.ms 參數的設定時間關閉，此參數指定日誌段開啟多久後需關閉。如同 log.retention.bytes 與 log.retention.ms 參數般，log.segment. bytes 與 log.segment.ms 也可共用。Kafka 會在容量或時間達到限制時即關閉日誌段。預設並沒有設定 log.segment.ms，日誌段僅根據容量限制關閉。

基於時間關閉日誌段的磁碟效能

當使用基於時間關閉日誌段的機制時，考量多個日誌段同時關閉對磁碟造成的效能影響相當重要。這種情況可能發生在多個分區的日誌段一直沒有超過容量限制，當時間限制一到，這些分區的日誌段即在同一時間內關閉。

message.max.bytes

Kafka 代理器可以藉由 `message.max.bytes` 參數限制一筆訊息的最大容量，其預設值為 100000（1MB）。當生產者嘗試傳送超過最大容量限制的訊息時，會從代理器收到錯誤發生的回應，並且表示不接收該訊息。而此設定值代表的是資料序列化後壓縮的容量，這意謂著生產者可以傳送在壓縮前比此設定值大的訊息（但壓縮後需小於此設定值）。

另外需要注意的是增加此值上限所帶來的效能影響。較大的訊息意謂著代理器中處理網路連結以及請求的執行緒在處理每個請求時將花更多時間。較大的訊息也會增加磁碟的寫入量，同時影響 I/O 效能。

協調訊息大小配置

Kafka 代理器的訊息大小配置必須與消費者客戶端的 `fetch.message.max.bytes` 設定相互配合。如果此值小於 `message.max.bytes`，則當消費者遇到較大的訊息則會無法提取，並導致消費者失效無法繼續處理訊息。相同的條件也適用於代理器叢集中的 `reaplica.fetch.max.bytes` 配置。

硬體選擇

為 Kafka 代理器選擇合適的硬體配置比較偏向藝術而非科學議題。Kafka 自身並沒有限制特定的硬體，並且可以運行在任何系統上。然而當效能成為考量時，有幾個重要的影響因子：磁碟吞吐量與容量、記憶體、網路與 CPU。決定環境中哪種效能最為重要後，即可以在預算內選擇最佳的硬體配置。

磁碟吞吐量

生產者客戶端的效能受代理器中用於儲存日誌段磁碟的吞吐量影響。Kafka 訊息產生後必須遞交到本機儲存系統中，而多數的客戶端將會等待至少一個代理器確認訊息已經遞交才將訊息視作傳遞成功。這代表越快的磁碟寫入速度，生產日誌的延遲就能越低。

一個常見關於磁碟吞吐量的討論為是否需使用固態硬碟（SSD），抑或是傳統硬碟（HDD）。SSD 的搜尋與存取時間較傳統硬碟低的多，並提供最佳的效能。另一方面，HDD 則是較為經濟的選擇，並提供較大的容量。另外也能透過一次串連多顆硬碟提高 HDD 的效能，無論是同時使用多個磁碟掛載目錄或是將這些磁碟組成磁碟陣列

（RAID）。其他的考量要點，例如特定的磁碟技術（也就是 SAS 與 SATA）以及磁碟控制器的品質也都會影響吞吐量。

磁碟容量

容量也是評估儲存系統的重點之一，磁碟空間總量可由需保留的日誌量決定。如果預期代理器每日會接收 1TB 的資料並且需保留 7 天，那代理器最少需保留 7TB 的空間用以儲存日誌段。另外也必須保留至少 10% 的空間給其餘的檔案，以及為資料串流量波動與成長量保留儲存空間。

當評估 Kafka 叢集大小與決定何時需擴展時，儲存容量是考量的因素之一。叢集的資料總流量可以透過每個主題的分區平均分佈。若代理器無法提供足夠的容量，可新增代理器提供更多儲存容量。此外所需的磁碟容量也受副本策略影響（第六章會討論更多細節）。

記憶體

Kafka 消費者通常僅會落後生產者一些，因此消費者在一般的情況下會從分區的終端讀取串流資料。此情況下，消費者讀取的訊息會以最佳化的方式儲存於系統的分頁快取內，此方式相較代理器重複從磁碟讀取日誌，有更快的讀取效能。因此，若有更多的記憶體供系統分頁快取使用，則能增進消費者客戶端的讀取效能。

Kafka 本身的 JVM 並不需要配置太多的 heap 記憶體。一台處理每秒 X 個訊息且資料吞吐量為每秒 X 百萬位元的代理器僅需 5GB 的 heap 記憶體。剩餘的記憶體可以用於系統的分頁快取，並有助於 Kafka 快取正在使用的日誌段。這也是不建議 Kafka 與其他重量級應用程式部署在同一台節點的原因，當系統分頁快取被多個應用程式共享時，Kafka 消費者的效能會下降。

網路

可用的網路吞吐量表示 Kafka 需處理的最大串流資料吞吐量。對評估 Kafka 叢集大小來說，此因素與磁碟儲存空間都是重要的控制因子。並且由於 Kafka 支援多個消費者，流入（inbound）與流出（outbound）的網路使用量經常不平衡，使得此議題更為複雜。一個生產者可能每秒寫入 1MB 的資料到某個主題，但由於可能有任意多個消費者，使得流出的網路流量為流入的數倍。其他相關議題包含叢集副本機制（於第六章討論）與複製（於第八章討論）也會製造網路流量。若網路頻寬已經飽和，叢集副本跟進的速度經常會落後，使得叢集處於脆弱的狀態。

CPU

對 Kafka 而言，CPU 的效能不如磁碟或記憶體來的重要，但仍會影響代理器的效能。理想的狀態客戶端傳送訊息前必須壓縮訊息以最佳化網路與磁碟的使用量。然而，Kafka 代理器為了驗證每筆訊息的 checksum 碼並賦予偏移值，在接收到訊息後必須進行解壓縮。這是 Kafka 的 CPU 運算效能需求的主要來源，然而選擇硬體時這不是最關鍵的影響因子。

在雲端部署 Kafka

Kafka 也經常部署於雲端運算環境中，例如亞馬遜雲端運算環境（AWS）。AWS 提供多種規格的執行個體供選擇，每種都由不同的 CPU、記憶體與磁碟組成，因此必須根據 Kafka 效能的影響因子選擇合適的執行個體。一個好的起點是根據資料保留量的需求與生產者的效能開始評估。如果需要非常低的延遲效能，具備本機 SSD 儲存空間的 I/O 最佳化執行個體或許是好選擇。或者短暫儲存體或是 EBS 也能符合需求。一旦決定硬碟種類後，再根據效能需求選擇對應的 CPU 與記憶體組合。

一般來說，AWS 的 m4 或 r3 執行個體是常見的選擇。m4 執行個體允許較長的資料保存期限，但因為使用 EBS，磁碟吞吐量較低。r3 執行個體因為具備本機 SSD 硬碟吞吐量較高，但資料保存量有限。若想兼具兩種執行個體的優點，可以使用 i2 或 d2 執行個體，但價格高昂許多。

Kafka 叢集

單一的 Kafka 伺服器對於本機開發作業已足夠，但將多個 Kafka 代理器組合成一座叢集有許多優勢（如圖 2-2）。最大的好處是將負載平均分散到多個代理器上。另一個重大益處則是副本機制能讓節點失效時資料仍可用。副本機制也使得 Kafka 部份節點或其他系統因維護任務下線時，服務仍不受影響。本章節將重心放在 Kafka 叢集的配置。第六章會討論更多資料副本的議題。

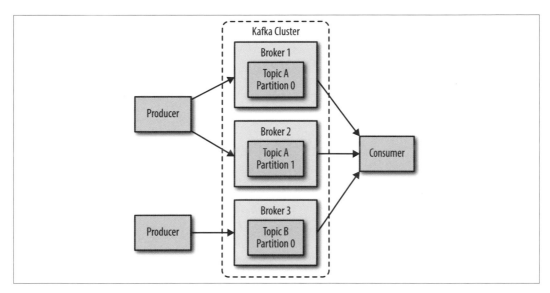

圖 2-2　一座簡易的 Kafka 叢集

需要幾個代理器？

決定 Kafka 叢集合適的大小有多個因素。首先考慮共需多少磁碟空間來保存日誌訊息與每個代理器的磁碟數量。如果叢集需要保存 10TB 的資料而每一個代理器可儲存 2TB，則最小叢集規模為五個代理器。此外，根據所設定的副本數，副本機制至少會增加一倍的磁碟空間的需求（詳見第六章）。這意謂著相同的叢集規劃，若開啟副本機制，現在則需要最少十個代理器。

另外一個考量要素為叢集處理請求的能力，如網路總吞吐量、多個消費者的情況下的負載能力或是網路流量並非始終如一的（如在尖峰時間網路流量會上升）等。如果尖峰時期單一代理器的網路界面使用量為 80%，並且有兩個消費者。則除非另外有一個代理器分擔網路流量，否則剩餘的流量無法使這兩個消費者跟上串流資料的寫入速度。此外如果叢集有使用副本機制，則必須額外多考慮一個資料消費者。另外由於單一叢集的磁碟吞吐量或是可用的系統記憶體不足，都有可能是必須擴增代理器數量的原因。

配置代理器

要允許多個 Kafka 代理器加入一個叢集僅有兩個必要參數需要配置。首先所有叢集內的代理器必須使用相同的 zookeeper.connect 參數。此參數說明了 Zookeeper ensemble 的主機位置與儲存叢集元數據的路徑。第二個是叢集內的每個代理器都必須擁有唯一的 `broker.id` 識別值。如果兩個擁有相同識別值的代理器嘗試加入同一個叢集，第二個代理器會加入失敗並產生錯誤日誌訊息。運行叢集時還有其他參數可供配置，特別是關於副本相關的控制參數（在後續的章節會說明）。

OS 調校

雖然大多數的 Linux 發行版本已經提供現成的核心調校參數配置，並且對大多數的應用程式皆適用，調整一些 OS 參數仍可增進 Kafka 代理器的效能。這些參數大多於虛擬記憶體和網路子系統相關，以及一些關於儲存日誌段所用的硬碟掛載選項。這些參數一般都位於 /etc/sysctl.conf 檔案中，但仍建議參考所使用 Linux 發行版本的文件取得詳細資訊，並檢視如何調整參數設定。

虛擬記憶體

一般來說 Linux 虛擬記憶體系統會根據工作負載自動調整。我們可以為 Kafka 工作負載調校虛擬記憶體的使用方式以及記憶體髒頁（dirty page）的相關設定。

如同多數應用程式——特別是吞吐量相當重要的應用，通常會盡可能地避免使用虛擬記憶體。對 Kafka 來說，將記憶體分頁的內容寫入磁碟的成本相當高。此外 Kafka 大量使用系統分頁快取，如果虛擬記憶體正在切換到硬碟，就沒有足夠的記憶體保留給分頁快取使用。

一種避免虛擬記憶體切換的作法是不要配置任何虛擬記憶體空間。雖然沒有強制要求配置虛擬記憶體，但此空間在某些災難發生時可以保護系統維持運作。此外虛擬記憶體可以保護 OS 由於記憶體不足（out-of-memory）現象直接中斷程序。因此，建議的作法是將 `vm.swappiness` 參數配置非常低的值（例如 1）。此參數是使用虛擬記憶體空間（而不是放置到分頁快取中）的相對機率。降低分頁快取的大小配置比切換到虛擬記憶體更為合適。

> **為何不將虛擬記憶體配置為 0?**
>
> 在以前，經常將 vm.swappiness 直接配置為 0。此值代表「不會進行虛擬記憶體切換除非發生記憶體不足的情況」。然而此值的意義在 Linux 3.5-rc1 版的核心時改變，並向後移植回許多較舊的發行版中，例如 Red Hat Enterprise Linux 核心 2.6.32-303 版。0 的意思已經更改為「無論任何情況下皆不會進行虛擬記憶體切換」。因此現在建議將此值設定為 1。

另外調整核心如何處理必須寫入磁碟的髒頁行為也有助於 Kafka 的效能提升。Kafka 依賴 I/O 效能提供生產者良好的回應時間。而日誌端經常寫入具備快速回應時間（例如 SSD）或是 NVRAM 快取（例如 RAID）的儲存系統內，因此允許產生多少髒頁才觸發背景沖洗程序將資料寫入到硬碟的值可以降低。此值位於 vm.dirty_background_ratio（預設值為 10），代表系統記憶體總量的百分比。在許多情況下都可以將此值設定為 5。然而不能將此值設定為 0，這會導致作業系統持續地將記憶體分頁沖洗到硬碟，並讓作業系統在遭遇大量突發磁碟寫入工作時無法暫存。

此外允許多少髒頁才觸發沖洗程序將資料同步地寫入到硬碟的值則可提高。可以透過 vm.dirty_ratio 設定此值（預設為 20），並將其調整至高於預設的值（此值也代表系統記憶體的百分比）。此值的設定依情況而不同，但一般配置 60 到 80 之間的值較為合理。但提高此值也會引起一些風險，無論是大量的尚未沖洗記憶體分頁，或是同步沖洗程序引起的長時間的 I/O 暫停。如果為 vm.dirty_ratio 配置較高的值，強烈建議為 Kafka 叢集開啟副本功能以避免系統服務失效。

在為這些參選挑選合適的設定值時，無論是透過模擬方式或是在生產環境，檢視隨著時間運行 Kafka 叢集產生的髒頁數量是相當明智的作法。透過 /proc/vmstat 檔案可以得知目前髒頁的數量：

```
# cat /proc/vmstat | egrep "dirty|writeback"
nr_dirty 3875
nr_writeback 29
nr_writeback_temp 0
#
```

硬碟

除了挑選硬碟裝置的總類以及配置 RAID 外，這些硬碟的檔案系統也會影響效能。現今有許多不同的檔案系統可供選擇，但最常見的檔案系統為 EXT4（第四代延伸檔案系統）或是 Extents File System（XFS）。最近 XFS 在許多 Linux 發行版上成為預設的作業系統，最主要的原因為僅需最低限度的調校，對於多數工作負載都能表現的較 EXT4 佳。EXT4 能夠表現地很好，但必須使用一些較危險的調校選項，包含較長的遞交區間（預設為 5）以降低沖洗的頻率。此外 EXT4 使用區塊分配延遲機制，這會增加資料遺失的機率並在系統錯誤時使得檔案不一致。XFS 也會延遲分配區塊，但使用上一般較 EXT4 安全。針對 Kafka 工作負載來說，預設的 XFS 藉由檔案系統的自動調校就能獲得較佳的效能。而批次寫入硬碟時 XFS 的效能也較高。綜觀上述各點，XFS 檔案系統整體的 I/O 吞吐量較高。

無論選擇哪種檔案系統保存日誌段資料，皆建議在掛載點使用 noatime 選項。檔案元數據包含三種時間標記：建立時間（ctime）、最後修改時間（mtime）以及最後讀取時間（atime）。預設情況下每次讀取檔案時 atime 皆會更新。這會產生大量的硬碟寫入操作。atime 參數通常使用的案例較少，除非應用程式需要知道最近一次修改後，檔案已經被讀取（此案例中可以使用 realtime 參數）。Kafka 服務完全沒有利用 atime 因此可以安心關閉。將掛載點設為 noatime 將不再更新 atime 時間標記，但不會影響 ctime 與 mtime。

網路

對任何會產生大量網路流量的應用程式來說，因為 Linux 核心預設並沒有為大量與高速的資料傳輸情境進行調校，因此調整預設網路設定很常見。事實上，Kafka 建議的網路調校方式與大多數的網路服務以及其他網路應用程式相似。首先調整每個 socket 收送資料時，可使用的暫存記憶體預設值與最大許可值。設定存取預設值的參數為 net.core.wmem_default 與 net.core.rmem_default，預設值為 131072（或 128KiB）。而設定存取最大值的參數為 net.core.wmem_max 與 net.core.rmem_max，預設值為 2097152（或 2MiB）。請留意並非每個 socket 皆會分配到最大值的暫存空間，僅有需要時才會分配。

除了一般 socket 的設定外，TCP socket 暫存記憶體的設定獨立於 net.ipv4.tcp_wmem 與 net.ipv4.tcp_rmem 參數中。每個參數皆包含三組用空白分隔的整數設定值，分別代表最小、預設以及最大值。其中最大值不能超過 net.core.wmem_max 以及 net.core.rmem_max 設定值。範例設定值如「4096 65536 2048000」，分別代表最小值 4KiB、預設值 64KiB 以及最大值 2MiB 的暫存空間。根據 Kafka 代理器的工作負載情況，可以增加最大值讓網路連線有更多暫存空間可以使用。

還有許多其他有用的網路調校選項。開啟 TCP 視窗縮放功能（將 net.ipv4.tcp_window_scaling 設為 1）能讓客戶端更有效率地傳輸資料，並讓資料能夠暫存於代理器內。調整 net.ipv4.tcp_max_syn_backlog 參數（預設值為 1024）能夠允許更多的同時連線數。而增加 net.core.netdev_max_backlog（預設值為 1000）可以有效地處理突增的網路流量，特別是在數個 Gigabit 的乙太網路環境中，能讓更多封包排進佇列被處理。

生產環境的考量

一旦準備將 Kafka 由測試環境搬移到生產環境運行時，建立強健的訊息服務需要考量幾個要點。

垃圾收集器選項

為應用程式調校 Java 垃圾收集選項帶點藝術成份，需要大量關於應用程式使用記憶體的行為資訊、大量的觀察、錯誤嘗試並修正。感謝 Java7 開始引進垃圾優先（G1）垃圾收集器。G1 的設計會根據不同的工作負載自動調整並在應用程式的生命週期中提供一致與穩定的垃圾收集暫停時間。G1 垃圾收集器會將 heap 切成多個較小的區段，這種作法能夠輕易地處理大型的 heap 空間，並且每次暫停不會影響整個 heap。

G1 在日常維運時並不需要太多調整。以下有兩個用於調整效能的 G1 參數選項

MaxGCPauseMillis

> 此選項指定每次垃圾收集運行時偏好的暫停時間長度。這並不是固定的最大值，G1 在必要時可能會超過此限制。此值預設為 200 毫秒，代表 G1 會嘗試排程垃圾收集任務以及規劃每次垃圾收集處理的 heap 段數量，讓每次最大暫停時間接近 200 毫秒。

InitiatingHeapOccupancyPercent

> 此參數指定 G1 開始執行垃圾收集任務前，允許 heap 使用量的百分比。預設值為 45，意謂著 G1 在 heap 使用量達到 45% 前，都不會執行垃圾收集任務。heap 使用量將包含新（Eden）與舊區的總值。

Kafka 代理器使用 heap 記憶體以及產生垃圾物件的方式相當有效率，因此可以將這些選項的設定值調低。本章提供的 GC 調校選項相當適合配置 64GB 記憶體的伺服器，並為 Kafka 分配 5GB 的 heap 空間。以 MaxGCPauseMillis 選項來說，可設定為 20ms，而 InitiatingHeapOccupancyPercent 可設為 35，讓垃圾收集啟動的時間較預設值早些。

Kafka 的啟動腳本沒有使用 G1 垃圾收集器，預設為同步標記清除式垃圾收集器（CMS）。透過環境變數可以輕易地改變設定。將本章先前介紹過的啟動腳本進行下列修改：

```
# export JAVA_HOME=/usr/java/jdk1.8.0_51

# export KAFKA_JVM_PERFORMANCE_OPTS="-server -XX:+UseG1GC
-XX:MaxGCPauseMillis=20 -XX:InitiatingHeapOccupancyPercent=35
-XX:+DisableExplicitGC -Djava.awt.headless=true"
# /usr/local/kafka/bin/kafka-server-start.sh -daemon
/usr/local/kafka/config/server.properties
#
```

規劃資料中心

對開發環境來說，資料中心內的 Kafka 代理器實體位置位於何處並不是相當重要，叢集若短時間部份或全部失效也沒有嚴重的影響。然而，在生產環境中運行時，若發生停機則代表客戶無法使用服務或是遺失客戶的行為資訊，也意謂著金錢的流失。因此為 Kafka 叢集配置副本（請參考第六章）極為重要，此外也需考量代理器在資料中心內的實體機櫃配置。若前期忽略這部份的規劃，則可能發生搬移伺服器這類昂貴成本的維運作業。

當分配新的分區給 Kafka 時，代理器並沒有機櫃感知的特性。也就是說分配策略並不會考量兩個代理器是否位於同一個實體機櫃內，或是是否在同一個可用區內（若部署於雲端服務中例如 AWS），因此可能將同個分區的所有副本分配到同一個機櫃上的不同代理器，這些代理器使用同一個機櫃的供應電源與網路。若該機櫃整座失效，這些分區則會下線並且無法被客戶端存取。此外，這也會導致復原時，由於模糊領導者選舉（詳見第六章），造成額外的資料遺失。

最佳實踐方式是將叢集中的每個 Kafka 代理器部署於不同的機櫃，或至少盡量避免共用相同來源的基礎設施服務，例如電力與網路等。一般來說每個運行代理器服務的伺服器皆配有兩組供應電力（並隸屬不同迴路）並且連接至兩組不同的網路交換器上，搭配聯接（bonded）的網路介面提供無縫轉移。除了兩組供應電源與網路配置外，將代理器部署於完全獨立的機櫃也相當有幫助。因為隨著時間，機櫃有時必須執行一些維運工作（例如搬移伺服器或是重新配置電力線等）以致必須整櫃關機下線。

將應用程式與 Zookeeper 部署在同一處

Kafka 使用 Zookeeper 儲存代理器、主題以及分區的相關元數據。寫入 Zookeeper 的時機僅有消費者群組成員改變或是 Kafka 叢集發生改變等，因此流量相當的小，並不需要為一座 Kafka 叢集，配置獨立的 Zookeeper ensemble 叢集。事實上，多座 Kafka 叢集上可以共用同一座 Zookeeper ensemble 叢集（如本章前面所述，為每個 Kafka 叢集配置不同的 chroot 路徑）。

Kafka 消費者與 Zookeeper

Apache Kafka 0.9.0.0 版以前，除了代理器外，消費者也直接使用 Zookeeper 儲存消費者群組的組成資訊、正在消費的主題以及定期遞交每個消費過分區的偏移值（讓同個群組內的消費者能夠容錯轉移）。隨著 0.9.0.0 導入了新的使用者界面，這些訊息能夠直接透過代理器管理。第四章會說明消費者的概念。

然而，消費者與 Zookeeper 某些配置需要考量。消費者可以選擇將偏移值遞交到 Zookeeper 或是 Kafka 代理器中，並且可以調整遞交的頻率。如果消費者使用 Zookeeper 儲存偏移值，每個消費者皆需要在消費分區時定時將資訊寫入 Zookeeper，一般來說合理遞交偏移值的時間間隔為一分鐘。這一分鐘內如果消費者群組內有消費者失效，則訊息則可能被重複讀取。這些遞交作業會對 Zookeeper 產生大量的網路流量，這必須特別注意，尤其是叢集中有許多消費者時。如果 Zookeeper ensemble 叢集無法負擔此流量，則可考慮延長遞交的週期。然而，建議消費者端使用最新的 Kafka 函式庫，讓 Kafka 直接管理偏移值並移除對 Zookeeper 的相依性。

除了多個 Kafka 叢集可共用相同的 Zookeeper ensemble 外，如果可以建議不要再與其他類的應用程式共用。Kafka 對 Zookeeper 的連線延遲與逾時相當敏感。干擾 Kafka 與 ensemble 的連線將會造成代理器不可預期的行為，多個代理器可能因此同時下線。此外也會為叢集控制者帶來壓力，並產生一些難以捉摸的錯誤日誌，例如嘗試關閉代理器等。其他應用程式會對 Zookeeper ensemble 造成負擔，無論是大量使用的情境或是不合適的操作等，因此必須為那些應用程式建立獨立的 Zookeeper ensemble。

總結

本章我們學習如何啟動 Apache Kafka 並運行。我們也探討了如何為代理器挑選合適的硬體配置以及生產環境中的特別考量要點。現在你已經擁有一座 Kafka 叢集，接下會研究 Kafka 客戶端應用程式的基礎。後續兩章會說明如何建立生產訊息到 Kafka（第三章），以及如何消費這些訊息（第四章）。

Kafka 生產者：將訊息寫入 Kafka

無論將 Kafka 作為佇列、訊息列隊或是資料儲存平台使用，皆需撰寫生產者程式將資料寫入 Kafka、消費者程式從 Kafka 讀取資料，或是包含這兩種角色的應用程式。

舉例來說，銀行信用卡交易處理系統，客戶端應用程式例如線上購物商城等，負責在交易發生時，將交易資料即時地寫入 Kafka。其他的應用程式則負責透過商業規則判斷是否允許此交易。而允許或拒絕的回應則可再次寫入 Kafka 並讓前端購物商城知曉此交易的情況並做出反應。第三個應用程式則會同時從 Kafka 讀取交易資料以及是否批准，並儲存資料庫供後續分析使用，例如增進商業規則引擎等應用。

Apache Kafka 具備內建的客戶端 API 讓開發人員開發應用程式時，能藉此與 Kafka 互動。

本章先從生產者的設計概念與相關 API 元件學習如何使用 Kafka 生產者。我們將會知道如何建立 KafkaProducer 與 ProducerRecord 物件、將訊息寫入 Kafka 以及如何處理 Kafka 回傳的錯誤訊息。我們也會檢視操控生產者行為的幾個重要設定。本章的最後我們會學習如何使用不同的分區與序列化方式，以及如何撰寫客製化序列器與分區器。

第四章會探討 Kafka 消費者客戶端並從 Kafka 讀取資料。

第三方客戶端

除了內建的客戶端外，Kafka 有二進位傳輸協議（binary wire protocol）。
這意謂著應用程式只要能將對應的位元組序列寫入 Kafka 的網路埠口，
就能輕易地從 Kafka 收送訊息。許多不同的程式語言皆實作了 Kafka 二
進位傳輸協議，讓 Java 應用程式外的程式語言如 C＋＋、Python、Go 等
皆能輕易地使用 Kafka。這些客戶端並不屬於 Apache Kafka 專案的一部
分，但專案的維基連結內有這些客戶端的列表（*https://cwiki.apache.org/*
confluence/display/KAFKA/Clients）。本章內容不包含二進位傳輸協議以及
其餘客戶端的應用介紹。

生產者概要

應用程式有許多動機將訊息寫入 Kafka：紀錄使用者行為作為審核與分析之用、紀錄
量測值、儲存日誌訊息、紀錄智慧型裝置發出的訊息、與其他應用程式的非同步溝通應
用、作為訊息寫入資料庫前的暫存等各式各樣的應用。

這些迥異的應用也隱含了各式各樣的需求：每筆訊息是否皆非常重要，抑或容許部份訊
息遺失？當部份訊息重複發送時是否系統能接受？有嚴格的延遲時間或吞吐量的要求
嗎？

在先前介紹過的信用卡交易處理系統中，可以預見得到任何一筆交易訊息都非常重要不
允許遺失，並且不能重複發送任一筆訊息。延遲必須短暫僅容忍 500 毫秒的範圍內，而
吞吐量也必須非常的高，每秒必須處理上百萬個訊息。

另一個不同的使用案例例如儲存使用者在網站上的點擊歷程。這個案例中則能容忍一部
份訊息遺失或重複，此外延遲值僅需在不影響使用者體驗的範圍內即可。也就是說，我
們不在意延遲達數秒後訊息才送達 Kafka，只要使用者點擊連結時能夠立即反應即可。
吞吐量根據網站的用戶多寡有所不同。

不同的需求將會影響生產者 API 的使用方式與設定選項。

雖然生產者 API 相當容易使用，在傳送資料時，底層仍執行了許多任務。圖 3-1 展示將
資料傳送到 Kafka 時的主要步驟。

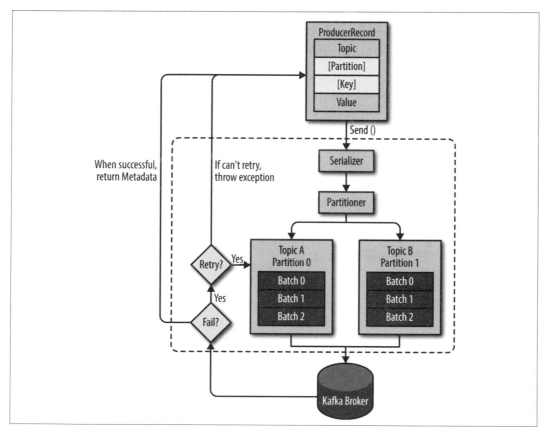

圖 3-1　Kafka 生產者元件互動示意圖

藉由建立 ProducerRecord 物件開始產生訊息到 Kafka，物件中必須包含我們想要傳送的主題與訊息內容。此外，我們也能選擇指定鍵部值或分區。一旦開始傳送 ProducerRecord，生產者會序列化鍵部值與訊息內容，將其轉換成位元組陣列使其能夠透過網路傳輸。

接著，資料被傳送到分區器。如果已經指定 ProducerRecord 所屬的分區，分區器不會做任何計算，僅返回指定的分區位置。若沒有指定，分區器會替我們決定訊息的分區，一般來說會根據 ProducerRecord 的鍵部值。一旦決定了所屬的分區，生產者便知道訊息要傳送的主題以及分區為何。另一個獨立的執行緒會負責批次傳送訊息到合適的 Kafka 代理器。

當代理器接收到訊息時會返還一個回應。如果訊息成功寫入 Kafka，將會回傳一個 RecordMetadata 物件，其中包含主題、分區以及訊息在該分區的偏移值。若無法成功寫入訊息代理器則會回報錯誤。當生產者接收到錯誤回報後，可能重新嘗試傳遞訊息幾次。若仍失敗則會放棄並向上回報。

建立 Kafka 生產者

將訊息寫到 Kafka 的首要步驟為建立一個生產者物件與相關的參數。Kafka 生產者有三個主要參數：

bootstrap.servers

> 一個以 host:port 表示的代理器列表，生產者會用此列表與 Kafka 叢集建立初始連線。此列表不需包含全部代理器，因為生產者在建立初始連線後可取得更多代理器的資訊。建立列表中至少包含叢集中兩個以上的代理器位置，若一個代理器失效了，生產者仍能建立連線。

key.serializer

> Kafka 訊息鍵部值的序列器類別名稱。Kafka 代理器預設會接收以位元組陣列表示的訊息鍵部值與內容。然而，生產者界面允許使用參數化型別，任意 Java 物件皆可作為訊息的鍵部值與內容。這讓程式擁有較高的可讀性，但也意謂著生產者必須知道如何將這些物件轉換成位元組陣列。設定於 key.serializer 的類別名稱必須實作 org.apache.kafka.common.serialization.Serializer 介面。生產者會使用此類別將鍵部值序列化成位元組陣列。Kafka 客戶端內已經包含 ByteArraySerializer（沒有做任何事）、StringSerializer 與 IntegerSerializer。因此如果你使用這些型別作為鍵部值，不用實作自己的序列器。此外，即便僅以值部傳送訊息內容，仍需要設定 key.serializer。

value.serializer

> Kafka 值部訊息內容的序列器類別名稱。如同設定 key.serializer 以序列化訊息的鍵部值，必須設定 value.serializer 指定序列化值部訊息內容的序列器類別名稱。

下列的範例程式展示如何建立一個新的生產者，僅設定必要的參數，其餘則使用預設值：

```
private Properties kafkaProps = new Properties(); ❶
kafkaProps.put("bootstrap.servers", "broker1:9092,broker2:9092");

kafkaProps.put("key.serializer",
    "org.apache.kafka.common.serialization.StringSerializer"); ❷
```

```
kafkaProps.put("value.serializer",
    "org.apache.kafka.common.serialization.StringSerializer");

producer = new KafkaProducer<String, String>(kafkaProps); ❸
```

❶　先建立一個 Properties 物件

❷　因為預期會使用字串作為訊息的鍵部值與內容，因此使用內建的 StringSerializer。

❸　建立一個新的生產者並設定合適的鍵部值與內容的型別，並將 Properties 物件傳遞
　　給建構式。

透過如此簡易的界面，可以清楚地了解多數生產者的行為皆由對應的參數設定進行控
制。Apache Kafka 文件包含了所有的參數選項說明（*http://bit.ly/2sMu1c8*），本章稍後會
說明其中重要的部份。

建立生產者後，是時候傳遞一些訊息了。傳送訊息有三種方式：

傳遞並遺忘

我們傳送訊息給代理器，並且不在乎訊息是否成功到達。多數時候訊息會成功傳
遞，因為 Kafka 叢集有高可用性並且生產者會自動重新嘗試傳送數次訊息。然而透
過這種方式有時候訊息會遺失。

同步傳送

透過 send() 方法傳送訊息會回傳一個 Future 物件，接著立即透過 get() 等待 Future
物件的返回值並確認是否執行成功。

非同步傳送

呼叫 send() 方法並傳遞回呼（callback）函式，callback 函式會於接收到 Kafka 代理
器的返回值時啟動執行。

下列範例我們將檢視如何透過這些方式傳遞訊息，以及不同種類的錯誤發生時需如何處
理。

雖然本章的範例皆以單執行緒示範，但其實多個執行緒可以共用同一個生產者物件來傳
遞訊息。你可能會想在每個執行緒中建立一個新的生產者。如果需要更佳的吞吐量，可
以添加更多使用相同生產者的執行緒。一旦對吞吐量的增加趨緩，若需要可以在應用程
式中增加更多的生產者達到更高的吞吐量。

傳送訊息至 Kafka

傳遞訊息最簡單的方式如下：

```
ProducerRecord<String, String> record =
        new ProducerRecord<>("CustomerCountry", "Precision Products",
            "France"); ❶
try {
    producer.send(record); ❷
} catch (Exception e) {
        e.printStackTrace(); ❸
}
```

❶ 因為生產者接收 ProducerRecord 物件，因此程式首先建立一個該物件。ProducerRecord 有多種建構式，我們稍後會進行討論。在此我們使用其中一種，此建構式需要提供想要傳送的主題名稱，此參數總是以字串形式呈現。接著還需提供鍵部值與內容，在此仍為字串。鍵部值與內容的型式必須與 serializer 和 producer 物件相符。

❷ 透過生產者物件的 send() 方法傳送 ProducerRecord。如同在圖 3-1 見過的生產者架構圖，訊息會放置在暫存中並透過獨立的執行緒進行批次傳送。send() 方法會回傳一個 Java Future 物件（*http://bit.ly/2rG7Cg6*）以及 RecordMetadata。但因為範例中忽略回傳值，我們沒有辦法知道訊息是否成功傳送。這種傳送方式適用於不在乎資料遺失的使用情境中，而這一般來說不會是生產環境。

❸ 範例中已經捕捉了傳送訊息到 Kafka 代理器時可能發生的例外事件，然而若在傳訊息到 Kafka 前遭遇錯誤，仍有可能發生例外事件。例如序列化訊息失敗時會發生 SerializationException、BufferExhaustedException 或 TimeoutException 在暫存用盡時會發生，或是獨立的傳送執行緒被中斷時則會產生 InterruptException。

同步傳送訊息

同步傳送訊息最簡易的作法如下：

```
ProducerRecord<String, String> record =
        new ProducerRecord<>("CustomerCountry", "Precision Products", "France");
try {
        producer.send(record).get(); ❶
} catch (Exception e) {
        e.printStackTrace(); ❷
}
```

❶ 在此透過 Future.get() 等待 Kafka 的回應。若訊息沒有成功傳遞到 Kafka 則會拋出例外。如果沒有錯誤，則會接收到 RecordMetadata 物件，可以透過此物件得知訊息位於分區內的偏移值。

❷ 如果傳送訊息到 Kafka 前、傳送過程中、Kafka 代理器回傳無法重試的例外，或是重新嘗試次數耗盡，客戶端將會接收到例外事件。範例中會印出任何接收到的例外事件。

KafkaProducer 的錯誤事件可分為兩種。**可重新嘗試**的錯誤可能可以藉由重新傳送訊息解決。例如連線錯誤可透過重新建立連線處理。而「沒有領導者」錯誤可以在分區選出新的領導者後消失。可以配置 KafkaProducer 使之自動重新嘗試解決這些錯誤，因此客戶端僅在重新嘗試次數耗盡後，錯誤仍無法被解決才會收到這類例外事件。而一些錯誤則無法透過重新嘗試解決。例如「訊息容量過大」等例外事件。在這類事件發生時，KafkaProducer 不會重新嘗試並且會馬上拋出例外事件。

非同步傳送訊息

假設網路在應用程式與 Kafka 叢集間，訊息往返約需花費 10 毫秒。若傳送每個訊息皆等待回應，則傳送 100 個訊息就需花費約 1 秒的時間。相反地若僅將所有訊息傳送出去不等待任何的回應，則傳送 100 個訊息幾乎不花費什麼時間。多數的使用情境中，我們通常不關心 Kafka 回應的訊息內容。回應內容包含主題、分區與訊息的偏移值等，訊息生產端通常不關心這些資訊。然而，當傳送訊息失敗時，我們需要知道這些訊息，讓我們可以拋出例外事件、錯誤日誌，或將錯誤訊息寫入「錯誤」檔案中，以利後續分析使用。

為了非同步傳送訊息並且能對錯誤發生進行處理，生產者支援在傳送訊息時新增回呼功能。以下是如何應用回呼的範例：

```
private class DemoProducerCallback implements Callback { ❶
      @Override
   public void onCompletion(RecordMetadata recordMetadata, Exception e) {
     if (e != null) {
         e.printStackTrace(); ❷
         }
     }
}
ProducerRecord<String, String> record =
      new ProducerRecord<>("CustomerCountry", "Biomedical Materials", "USA"); ❸
producer.send(record, new DemoProducerCallback()); ❹
```

❶ 為了使用回呼，必須建立一個實作 org.apache.kafka.clients.producer.Callback 介面的類別，其中包含唯一的函式 onCompletion()。

❷ 如果 Kafka 回傳錯誤事件，onCompletion() 將會取得非空的例外事件。範例中「處理」錯誤訊息的方式是將其印出，在生產環境會更嚴謹地處理錯誤事件。

❸ 這部份的程式碼與先前範例相同

❹ 在傳遞訊息時傳遞 Callback 物件。

配置生產者

先前只有說明了一小部分生產者的配置參數，也就是必須的 bootstrap.servers URI 與序列化類別。

生產者有許多可調整的配置選項，大多數都記載於 Apache Kafka 文件中（*http://kafka.apache.org/documentation.html#producerconfigs*），並且有著合理的預設值，所以無需調整每一個參數。然而，某些參數明顯影響記憶體使用量、效能與可靠度。我們在此將一一檢視。

acks

acks 參數控制有多少個副本必須接收到訊息，生產者才能認定寫入成功。此選項也會嚴重影響資料遺失的可能性。acks 允許三種設定值：

• 若 acks 為 0，生產者不會等待代理器的任何回應並假設訊息總是傳遞成功。這代表如果有錯誤發生代理器沒有接收到資料，生產者不會知曉。然而，因為生產者不會等待任何伺服器端的回應，因此傳遞訊息的速度可以接近網路支援的頻寬，達到非常高的吞吐量。

• 若 acks 為 1，副本領導者在收到訊息後，會從代理器返回一個成功接收的回應給生產者。若訊息無法寫入副本領導者在的代理器（例如領導者已經失效但新的領導者尚未選出時），生產者將收到一個錯誤回應並且重新嘗試傳遞訊息以避免訊息遺失。然而，若原先的領導者失效，而新領導者所在副本沒有此訊息，該訊息仍會遺失。在本例中，吞吐量根據同步傳輸或非同步傳輸有所不同。若客戶端需等待伺服器端的回應（也就是傳遞訊息時，對回傳的 Future 物件執行 get() 方法），會大量地增加訊息傳遞的延遲時間（至少要多等待訊息往返的時間）。如果客戶端使用回呼的非同步傳送，延遲的時間可以大大縮短，而吞吐量則被同一時間可傳遞的訊息數限制住（也就是說，生產者在代理器的尚未返回回應時，允許傳遞的訊息數）。

- 若 acks 等於 all，只有在所有同步中的副本皆收到訊息後，生產者才會從代理器收到傳遞成功的回應。這是最安全的模式，此模式能確保超過一個代理器成功接收了訊息，並在代理器失效時提供資料的可用性（第五章會討論更多此議題）。然而，此模式的延遲時間會比先前所討論的 acks 為 1 的模式還要高，因為我們必須等待超過一個的代理器回覆。

buffer.memory

此選項設定生產者可用於暫存訊息並等待傳送到代理器的記憶體總量。若生產者產生訊息的速度快於傳遞到代理器的速度，生產者可能將此暫存空間用盡，而呼叫 send() 方法時，基於 block.on.buffer.full 參數的設定（0.9.0.0 版用 max.block.ms 取代此選項），可能會被阻擋或是拋出例外事件，此參數允許阻擋 send() 方法某段時間後拋出例外事件。

compression.type

預設訊息傳遞時不會壓縮。此參數可以設定為 snappy、gzip 或 lz4，讓資料傳送到代理器前以對應的演算法進行壓縮。Snappy 壓縮由 Google 發明，並以低 CPU 使用量提供優秀的壓縮率與良好的效能，因此建議同時考量效能與頻寬的情境使用。Gzip 壓縮通常使 CPU 使用量較高並耗費更多的時間，但可達到更高的壓縮率，因此建議在網路頻寬資源有限的情境中使用。開啟壓縮功能可以降低網路頻寬與儲存空間的使用量，而這通常是傳遞訊息到 Kafka 時的效能瓶頸。

retries

當生產者從伺服器端接收到錯誤訊息時，錯誤可能是短暫的（例如分區暫時沒有領導者）。在此例中 retries 參數控制生產者放棄並通知客戶端前，重新嘗試傳送訊息的次數。預設生產者每次重新嘗試會間隔 100 毫秒，但你可以透過 retry.backoff.ms 參數調整此值。我們建議測試失效的代理器恢復需要耗時多久（也就是所有分區皆選出新的領導者要多久）並據此設定重試的次數以及每次重試的區間，讓多次重新嘗試花費的總時間大於 Kafka 叢集從失效中恢復的時間。否則，生產者將會過快放棄。並不是所有錯誤事件生產者皆會重試。一些非短暫的錯誤並不會引起重試（例如「訊息容量過大」等錯誤）。一般來說，因為生產者會自動重試，你的應用程式中並不需要自行實作另外的重試邏輯，可專注處理非重試可解決的錯誤，或是重試次數耗盡時的後續處理。

batch.size

當多個訊息將傳送到相同分區時,生產者會將其批次一起處理。此參數控制批次可用的記憶體位元組總量(不是訊息容量!)當批次填滿時,批次內的訊息將被傳送到代理器。然而,這不代表生產者會等到批次滿時才傳送。生產者也可能在批次只有半滿,甚至是只有一筆訊息時傳送。因此,將批次容量設定過大並不會延遲訊息傳遞;這僅會讓批次耗用較多的記憶體。將批次容量設定過小會導致額外的成本,因為生產者將更頻繁地傳送訊息。

linger.ms

linger.ms 控制傳送現有批次前,等待額外訊息的時間總量。KafkaProducer 會在現有批次填滿,或是達到 linger.ms 的限制時間時才會傳送批次內的訊息。預設只要傳送執行緒有空時,生產者會將盡快將訊息傳遞出去,甚至只有一筆訊息時。若 linger.ms 的設定值大於 0,生產者會多等待幾個毫秒以期傳送前有更多訊息流入現有批次。這會增加延遲時間,但也會增加吞吐量(因為我們一次傳遞更多訊息,因此降低了每個訊息的額外成本)。

client.id

此設定可以為任意字串,可作為代理器識別傳遞訊息的客戶端。此設定值也用於日誌紀錄、量測值以及配額等相關設定。

max.in.flight.requests.per.connection

此設定控制生產者在接收到回應前,能夠傳遞的訊息總量。調高此設定會增加記憶體的使用量並提升吞吐量,但過高的設定會影響批次傳送的效率,吞吐量反而會降低。將此選項設定為 1 能保證接收訊息的順序與傳遞時一致,即便重試機制發生時。

timeout.ms、request.timeout.ms、與 metadata.fetch.timeout.ms

這些參數控制生產者傳遞訊息(request.timeout.ms)或是要求一些元數據資訊(metadata.fetch.timout.ms)如每個分區的領導者為何的清單後,等待伺服器端回應的時間長度(metadata.fetch.timout.ms)。如果逾時發生並且未接收到回應訊息,生產者可以重新嘗試傳送或是反應錯誤發生(透過例外事件或是回呼)。timeout.ms 控制代理器等待同步副本回應收到訊息的時間長度。若時限內代理器沒有接收到足夠的回應數滿足 acks 參數的需求,則會返回錯誤事件。

max.block.ms

此參數控制生產者呼叫 send() 方法以及 partitionsFor() 明確要求元數據時,生產者阻擋的時間長度。當生產者的暫存已經被佔滿或是元數據無法取得時,這些方法都會阻擋。當達到 max.block.ms 時,就會拋出逾時的例外事件。

max.request.size

此設定控制生產者產生的請求容量,此設定涵蓋可以傳遞訊息的最大容量以及生產者在一次請求中可以傳遞的訊息數量。若預設的最大請求容量為 1MB,單筆最大的訊息容量則為 1MB,或是生產者可以在一個請求中批次傳送 1024 個 1KB 大小的訊息。此外代理器也有自己可接收訊息的最大容量設定值(message.max.bytes)。讓這兩個設定值相同是不錯的作法,可以避免生產者的訊息不會因為訊息大小被代理器端拒絕。

receive.buffer.bytes 與 send.buffer.bytes

這兩個設定分別代表 TCP socket 在傳遞與接收封包時可用的暫存空間。如果將其設定為 -1 則會使用作業系統的預設值。當生產者或消費者必須跨資料中心與代理器溝通時,提高這些設定值是不錯的作法,因為一般來說這樣的網路連線延遲較高並且頻寬也較低。

 順序保證

Apache Kafka 保證分區內的訊息順序。這代表如果生產者以某種順序傳遞訊息,代理器會將訊息以相同順序寫入分區,並且消費者也會以此順序讀取消費訊息。對於某些應用場景訊息順序非常重要。在帳戶中存入一百元然後稍後領出,與先領出一百元再存入的意義非常不同。然而,在某些應用案例中,訊息順序並不重要。

將 retries 參數設定為非 0 值以及 max.in.flights.requests.per.connection 調整成大於 1 的值代表代理器有可能在寫入第一個批次訊息時失效,但隨後在第二個批次到來(此批次已經傳送出去)時恢復並成功寫入,然後第一個批次因重試機制後續也寫入成功,因此兩個批次的訊息順序因而對調。

一般來說,一個可靠的系統不會將重試機制設定為 0,因此若訊息順序至關重要,我們建議將 max.in.flights.requests.per.connection 設為 1 確保當批次在重新嘗試傳送時，不會傳送其他的批次訊息（因為這有可能影響訊息的正確順序）。此設定會嚴重影響生產者的吞吐量，因此只用在訊息順序非常重要的場景中。

序列器

如同先前的範例，配置生產者時需設定序列器。我們已經知道如何使用預設的字串序列器。Kafka 預設還包含了整數以及位元組陣列序列器，但這並沒有涵蓋多數的使用案例。最後，你可能會希望序列化更一般通用的訊息。

我們會先介紹如何撰寫你自己的序列器，然後介紹 Avro 序列器作為推薦的替代方案。

客製化序列器

當你需要傳送到 Kafka 的物件不是簡單的字串或整數，你可以選擇透過泛用的序列化函式庫例如 Avro、Thrift 或 Protobuf 來建立訊息，或是為你使用中的物件客製化一個序列器。我們相當建議你採用一個泛用的序列化函式庫。為了瞭解序列器是如何運作的以及為何使用序列化函式庫是個好主意，我們先看看實作一個客製化序列器需要完成哪些任務。

假設我們的紀錄不僅僅是客戶名稱，而是有一個簡易的類別代表客戶資訊：

```java
public class Customer {
        private int customerID;
        private String customerName;

        public Customer(int ID, String name) {
                this.customerID = ID;
                this.customerName = name;
        }
public int getID() {
    return customerID;
}
public String getName() {
  return customerName;
  }
}
```

現在假設要為此類別建立客製化序列器，序列器程式碼的樣貌如下：

```java
import org.apache.kafka.common.errors.SerializationException;

import java.nio.ByteBuffer;
import java.util.Map;

public class CustomerSerializer implements Serializer<Customer> {

  @Override
  public void configure(Map configs, boolean isKey) {
   // 不進行設定
  }

  @Override
  /**
  We are serializing Customer as:
  4 byte int representing customerId
  4 byte int representing length of customerName in UTF-8 bytes (0 if name is Null)
  N bytes representing customerName in UTF-8
  */
  public byte[] serialize(String topic, Customer data) {
   try {
       byte[] serializedName;
       int stringSize;
       if (data == null)
       return null;
     else {
           if (data.getName() != null) {
           serializedName = data.getName().getBytes("UTF-8");
           stringSize = serializedName.length;
           } else {
           serializedName = new byte[0];
           stringSize = 0;
           }
       }

     ByteBuffer buffer = ByteBuffer.allocate(4 + 4 + stringSize);
     buffer.putInt(data.getID());
     buffer.putInt(stringSize);
     buffer.put(serializedName);

     return buffer.array();
         } catch (Exception e) {
```

```
        throw new SerializationException("Error when serializing Customer to byte[] " + e);
    }
  }

  @Override
  public void close() {
      // 不關閉物件
  }
}
```

配置 CustomerSerializer 序列器的生產者將允許定義 ProducerRecord<String, Customer>，並直接傳送 Customer 資料與 Customer 物件。雖然範例相當簡易，但可以觀察到程式碼相當脆弱。舉例來說，如果我們有了過多的客戶，並且必須將客戶 ID 的型別改為 Long，或是決定在 Customer 類別中新添 startDate 欄位，我們在維護既有訊息以及新訊息上的相容性上將會面臨嚴峻的議題。此外在不同版本的序列器與解序列器上除錯也相當有挑戰——你必須比較原始的位元組陣列。而情況可能變得更糟，如果同個組織中的多個團隊已經將 Customer 物件寫入 Kafka，那所有團隊都必須使用相同的序列器並在同個時間點進行更新以防不一致的情況發生。

為此，我們建議使用現存的序列與反序列器，例如 JSON、Apache Avro、Thrift 或是 Protobuf。下一節會介紹 Apache Avro 以及如何序列 Avro 訊息並傳遞至 Kafka。

使用 Avro 序列化

Apahce Avro 是不相依語言的一種資料序列化格式。此專案由 Doug Cutting 建立，提供一種在多用戶者間分享資料檔案的方式。Avro 檔案是由非語言相依的綱要所描述。雖然支援序列成 JSON 格式，綱要採用 JSON 格式描述並序列化為二進位檔案。Avro 假設讀取與寫入檔案時具備綱要資料，一般來說綱要會嵌入資料檔案的本身。

Avro 最有趣的特色之一便是它非常適合應用於訊息系統例如 Kafka。當應用程式使用新的綱要資訊寫入訊息時，另一頭的應用程式仍能繼續透過舊的綱要處理資料，不需要對綱要資訊進行任何改變或更新。

假設原本的綱要為：

```
{"namespace": "customerManagement.avro",
 "type": "record",
 "name": "Customer",
 "fields": [
```

```
        {"name": "id", "type": "int"},
        {"name": "name",  "type": "string"},
        {"name": "faxNumber", "type": ["null", "string"], "default": "null"} ❶
    ]
}
```

❶　id 與姓名欄位是必須的，而傳真號碼則是選填（預設為 null）

假設我們採用此綱要好幾個月，並產生了數兆位元組（terabytes）此格式的資料。現在
我們決定新版的綱要，在 21 世紀已經不再需要傳真欄位，並以電子郵件地址取代。

新的綱要如下所示：

```
{"namespace": "customerManagement.avro",
 "type": "record",
 "name": "Customer",
 "fields": [
    {"name": "id", "type": "int"},
    {"name": "name",  "type": "string"},
    {"name": "email", "type": ["null", "string"], "default": "null"}
 ]
}
```

更新到新版綱要後，舊的紀錄包含「faxNumber」而新的紀錄包含「email」。許多組織
中，更新的過程經常相當緩慢並且歷經數個月之久。我們必須考慮如何讓更新前應用程
式可以用傳真號碼，而更新後的程式可以使用與電子郵件地址，以處理 Kafka 內的全部
訊息。

讀取訊息的應用程式將包含一些讀取欄位的方法例如 getName()、getId() 與 getFaxNumber()
等。如果讀取到一個使用新綱要的訊息，getName()、getId() 將不受影響但 getFaxNumber()
方法將回傳 null 因為訊息中並沒有包含此欄位。

假設現在讀取端應用程式已經升級，並且不再需要 getFaxNumber() 方法，而是需要
getEmail()。如果遇到使用舊綱要的訊息，getEmail() 會回傳 null 因為舊訊息沒有電子郵
件地址的欄位。

範例展現了 Avro 的優點：即便改變了訊息的綱要，讀取端應用程式仍不需馬上隨之更
新，綱要的不一致不會產生例外事件或是中斷等錯誤，並且不需要為既有資料進行昂貴
的升級流程。

然而，必須針對兩種情境提出警告：

- 寫入資料時的綱要必須與讀取資料時的綱要相容。Avro 文件有說明相容性的規則（*http://bit.ly/2t9FmEb*）。

- 反序列器需要知道寫入資料時的綱要，即便與讀取資料的應用程式所設想的綱要不同。Avro 檔案中已經包含資料寫入時所應用的綱要，但稍後會提到，對於 Kafka 訊息來說有更佳的作法。

使用 Avro Record 於 Kafka

不像 Avro 檔案儲存完整的綱要資訊在資料檔案中僅增加一定程度的額外成本，若要為每筆 Kafka 紀錄獨立儲存完整的綱要，一般來說會讓訊息容量增加兩倍以上。然而，讀取資料時仍需要完整的 Avro 綱要資訊，因此仍需要在其他地方儲存綱要資訊。要達成此任務，我們遵循一般的架構設計守則並使用 *Schema Registry*。Schema Registry 並不屬於原生 Apache Kafka 的一部分，但有許多其他版本的開放原始碼專案供選擇。範例中我們使用 Confluent 版本的 Schema Registry。你可以在 GitHub 上找到 Schema Registry 的原始碼（*https://github.com/confluentinc/schema-registry*），或將其視為 Confluent 平台（*http://docs.confluent.io/current/installation.html*）。如果決定要使用此 Schema Registry，我們建議檢視文件（*http://docs.confluent.io/current/schema-registry/docs/index.html*）取得更多內容。

此服務會將寫入 Kafka 的訊息綱要註冊並儲存。然後我們在訊息中僅攜帶綱要的識別碼。後續客戶端可以使用此識別碼從綱要註冊服務中讀取對應的綱要並對訊息反序列化。關鍵是大多數的工作——儲存綱要到綱要註冊服務，以及在需要時從綱要註冊服務中讀取對應的綱要資訊——都在序列器與反序列器中完成。使用 Avro 序列器產生 Kafka 訊息的應用程式如同使用其他序列器一般簡易。圖 3-2 展示了此流程。

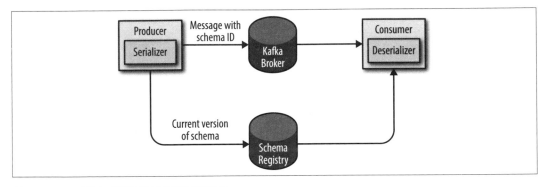

圖 3-2　Avro 訊息佇列與反序列的流程圖

以下是建立自動產生好的 Avro 物件到 Kafka 的範例（請參考 Avro 文件（*http://avro. apache.org/docs/current/*）關於 Avro 自動產生物件的資訊）

```
Properties props = new Properties();

props.put("bootstrap.servers", "localhost:9092");
props.put("key.serializer",
    "io.confluent.kafka.serializers.KafkaAvroSerializer");
props.put("value.serializer",
    "io.confluent.kafka.serializers.KafkaAvroSerializer"); ❶
props.put("schema.registry.url", schemaUrl); ❷

String topic = "customerContacts";

Producer<String, Customer> producer = new KafkaProducer<String,
    Customer>(props); ❸

// 持續產生事件訊息，直至遇到 ctrl-c 強制中止
while (true) {
    Customer customer = CustomerGenerator.getNext();
    System.out.println("Generated customer " +
        customer.toString());
    ProducerRecord<String, Customer> record =
        new ProducerRecord<>(topic, customer.getName(), customer); ❹
    producer.send(record); ❺
}
```

❶　宣告 KafkaAvroSerializer 並透過 Avro 序列化物件。注意 AvroSerializer 也可以應用於一般型別物件，這也是為何範例中能以 String 作為訊息的鍵部值。此外 Customer 物件將作為訊息的內容。

❷ schema.registry.url 是新的參數，僅需簡單的指定儲存綱要的綱要註冊服務位置。

❸ Customer 是自動產生的物件。範例中告知生產者 Customer 物件將作為訊息的內容傳送。

❹ 範例中將 Customer 作為內容的型別建立 ProducerRecord 物件，並傳遞 Customer 物件來建立新訊息。

❺ 就這樣。範例中最後傳送 Customer 物件訊息，KafkaAvroSerializer 會負責處理其餘的任務。

如果你偏好使用一般的 Avro 物件而不是自動產生的 Avro 物件呢？不用擔心，在此情況下你僅需額外提供綱要訊息。

```
Properties props = new Properties();
props.put("bootstrap.servers", "localhost:9092");
props.put("key.serializer",
    "io.confluent.kafka.serializers.KafkaAvroSerializer"); ❶
props.put("value.serializer",
    "io.confluent.kafka.serializers.KafkaAvroSerializer");
props.put("schema.registry.url", url); ❷

String schemaString = "{\"namespace\": \"customerManagement.avro\",
                        \"type\": \"record\", " + ❸
                        "\"name\": \"Customer\"," +
                        "\"fields\": [" +
                        "{\"name\": \"id\", \"type\": \"int\"}," +
                        "{\"name\": \"name\", \"type\": \"string\"}," +
                        "{\"name\": \"email\", \"type\": [\"null\",\"string\"],
\"default\":\"null\" }" +
                        "]}";
    Producer<String, GenericRecord> producer =
        new KafkaProducer<String, GenericRecord>(props); ❹

    Schema.Parser parser = new Schema.Parser();
    Schema schema = parser.parse(schemaString);

    for (int nCustomers = 0; nCustomers < customers; nCustomers++) {
        String name = "exampleCustomer" + nCustomers;
        String email = "example " + nCustomers + "@example.comA"

        GenericRecord customer = new GenericData.Record(schema); ❺
        customer.put("id", nCustomer);
```

```
        customer.put("name", name);
        customer.put("email", email);

        ProducerRecord<String, GenericRecord> data =
                new ProducerRecord<String,
                    GenericRecord>("customerContacts", name, customer);
        producer.send(data);
    }
}
```

❶ 使用相同的 KafkaAvroSerializer。

❷ 接著提供相同的綱要註冊 URI。

❸ 因為沒有 Avro 自動產生的物件，現在還需要提供 Avro 綱要。

❹ 訊息的物件型別為 Avro 的 GenericRecord，需透過自定義的綱要以及訊息內容初始化物件。

❺ 接著 ProducerRecord 的內容為 GenericRecord 型別，其中包含綱要與資料。序列器會知曉如何從訊息中取得綱要、將其儲存在綱要註冊服務內，以及序列化物件資料。

分區

先前範例中所建立的 ProducerRecord 物件包含主題、鍵與值。Kafka 訊息是鍵部值對格式，但可以建立只包含主題與值的 ProducerRecord，此情況下鍵則為 null，雖然大多數應用程式產生的訊息都具備鍵。鍵具備兩種功能：提供了內容以外的訊息，以及作為決定訊息要寫入主題的哪個分區。所有擁有相同鍵的訊息都會寫入相同的分區。這代表如果每個程序只讀取某個主題的部份分區（第 4 章會進一步說明），擁有相同鍵的訊息都會被相同的程序讀取。要建立鍵部值對訊息僅需簡單地建立 ProducerRecord，如下所示：

```
ProducerRecord<String, String> record =
        new ProducerRecord<>("CustomerCountry", "Laboratory Equipment", "USA");
```

若訊息使用空（null）鍵，建立時可以簡單地忽略鍵：

```
ProducerRecord<String, String> record =
        new ProducerRecord<>("CustomerCountry", "USA"); ❶
```

❶ 在此，鍵僅簡易地設定為 null。

當鍵為 null 並且使用預設的分區器，訊息將會被隨機選擇寫入任一可用的分區內。輪替（round-robin）演算法會將訊息平均地分散在各個分區內。

如果有鍵部值並且使用預設的分區器，Kafka 會將鍵部值進行雜湊（hash）處理（使用自定義的雜湊演算法，因此雜湊值在 Java 版本更新時不會被改變），並且透過結果將訊息映射到某個分區。因為相同鍵部值必須要映射到相同的分區，所以在此使用的主題總共擁有的分區數量，而不是僅使用當時可用的分區。這代表如果計算結果將訊息分配給某個失效的分區，可能會產生錯誤訊息。這類事件相當稀少，第六章將會探討 Kafka 的副本與可用性機制。

只要主題的分區數量不改變，鍵部值映射到分區就會是一致不變的。因此只要分區數量固定，你可以確定，以上述舉例為例，使用者編號 045189 的訊息總是會寫入第 34 號分區。這讓讀取分區資料的行為可以最佳化。然而，當為主題新增分區時，上述結果並不再保證。舊的訊息仍會存在 34 號分區，但新的資料可能會寫入其他不同的分區。若分區鍵相當重要，最簡單的解決方案就是一開始在建立主題時便設定足夠數量的分區數量（第 2 章包含如何決定分區數量的建議內容）並且不再更動新增分區數量。

實作客製化的分區策略

目前為止已經討論了預設分區器的行為，而這是最廣泛使用的分區器。然而，Kafka 並不限制你僅能雜湊分區數量，而有些時候你可能因為某些原因希望將訊息以不同的策略進行分區。

舉例來說，假設你是 B2B 的代理商，最大的客戶「Bananas」是製造手持式設備的公司。你與 Bananas 公司有許多商業往來行為，每日交易量有超過 10% 都來自於該公司。若使用預設的雜湊分區方式，與 Bananas 公司相關的訊息與其他某些訊息將被分配到同一個分區，以致某個分區的大小可能較其他分區大上許多。這會引起伺服器的空間耗盡，訊息處理速度下降等副作用。我們期望的是讓 Bananas 相關訊息擁有一個獨立分區，而其他訊息則使用預設的雜湊分區方式。

以下是客製化分區器的範例：

```
import org.apache.kafka.clients.producer.Partitioner;
import org.apache.kafka.common.Cluster;
import org.apache.kafka.common.PartitionInfo;
```

```java
import org.apache.kafka.common.record.InvalidRecordException;
import org.apache.kafka.common.utils.Utils;

public class BananaPartitioner implements Partitioner {

    public void configure(Map<String, ?> configs) {} ❶

    public int partition(String topic, Object key, byte[] keyBytes,
                         Object value, byte[] valueBytes,
                          Cluster cluster) {
    List<PartitionInfo> partitions =
      cluster.partitionsForTopic(topic);
        int numPartitions = partitions.size();

    if ((keyBytes == null) || (!(key instanceOf String))) ❷
      throw new InvalidRecordException("We expect all messages
        to have customer name as key")

    if (((String) key).equals("Banana"))
     return numPartitions -1; // Banana 總會寫入最後一個分區

    // 其他訊息會雜湊計算寫入其他分區
    return (Math.abs(Utils.murmur2(keyBytes)) % (numPartitions - 1))
  }

    public void close() {}
}
```

❶ 分區器介面需實作 configure、partition 與 close 方法。在此我們僅實作 partition，雖然我們應該透過 configure 方法將指定的客戶名稱傳入，而不是硬編碼（hard-coding）在 partition 的方法內。

❷ 我們僅期望字串鍵部值，因此若不是此型別將拋出例外事件。

舊的生產者 API

本章已經討論了 org.apache.kafka.clients 中的 Java 生產者客戶端。然而，Apache Kafka 仍有兩個以 Scala 實作較舊的客戶端，位於 kafka.producer 套件以及核心 Kafka 模組內。這些生產者被稱作 SyncProducers （根據 acks 的參數值，有可能每個訊息都必須等待 ack 訊號，或是一個批次等待一次）與 AsyncProducers（在背景使用獨立的執行緒批次地傳遞訊息，並且不提供客戶端傳遞成功與否的回應）。

因為現在的生產者版本已經同時支援這兩種行為並且提供開發人員更多高可用性與控制的選項，我們不再討論舊的 API。如果你有興趣使用他們，請再次慎重考慮並參考 Apache Kafka 文件以取得更多資訊。

總結

本章從一個簡易的生產者範例開始（僅包含 10 行左右的程式碼，將訊息傳遞至 Kafka）。接著增加錯誤處理以及實驗同步與非同步的傳遞方式。然後實驗了一部分最重要的生產者配置參數以及說明它們如何影響生產者的行為。我們還討論了序列器，這能讓我們控制寫入 Kafka 的訊息格式。我們進一步探討了 Avro，這是序列化訊息的解決方案之一，但經常與 Kafka 搭配使用。最後我們討論了 Kafka 分區的概念，並說明了進階客製化分區器的作法。

現在我們已經知道如何將訊息寫入 Kafka 了，第四章將會學習到如何從 Kafka 消費訊息。

Kafka 消費者：從 Kafka 讀取資料

若應用程式要從 Kafka 讀取資料，必須透過 KafkaConsumer 訂閱 Kafka 主題，從這些主題中接收訊息。與從其他訊息系統相較，從 Kafka 讀取資料稍有不同。若不了解這些概念，則很難理解如何使用消費者 API。我們會先解釋一些重要的概念，接著檢視透過不同消費者 API 滿足不同需求的範例。

Kafka 消費者概念

要理解如何從 Kafka 讀取資料，首先必須了解消費者與消費者群組的概念。以下章節將說明這些內容

消費者與消費者群組

假設你有個應用程式必須從 Kafka 主題中讀取資料、驗證資料的正確性，然後將其結果寫到其他資料儲存處。此案例中，應用程式將會建立一個消費者物件、訂閱相關的主題，並且開始接收訊息、驗證，爾後輸出結果。此應用程式或許可以良好地運行一陣子。但如果生產者寫入訊息到主題的速度超過應用程式提取資料的速度呢？如果限制僅使用一個消費者讀取與處理資料，應用程式處理的進度可能會越來越落後，並且無法即時處理持續湧入的串流資料。很明顯地，主題必須能夠支援消費擴展性。就像多個生產者可以同時寫入相同的主題一般，多個消費者也能從同一個主題消費資料，將資料分散在多個消費者之中。

Kafka 消費者一般會隸屬於某個消費者群組（consumer group）。當多個屬於相同群組的消費者共同訂閱某個主題時，群組內的每個消費者會從主題內不同的分區接收資料。

舉例來說主題 T1 有四個分區。若建立一個新的群組 G1，內含一個消費者 C1 並訂閱主題 T1。消費者 C1 將從 T1 的四個分區中同時接收資料（如圖 4-1 所示）。

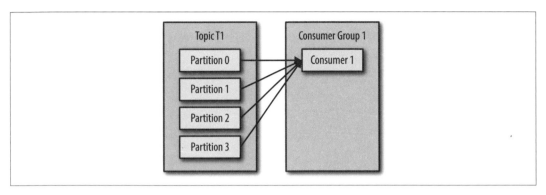

圖 4-1　一個消費者與四個分區

如果我們在群組 G1 內添加另一個消費者 C2，每個消費者僅會各自從兩個分區中接收訊息。可能的情境如圖 4-2 所示，C1 接收分區 0 與 2 的訊息，而 C2 接收分區 1 與 3 的訊息。

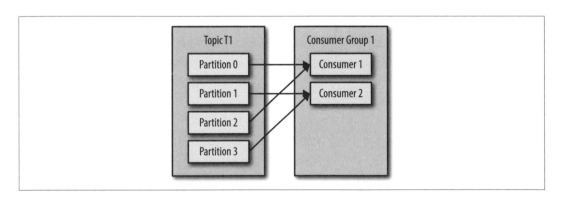

圖 4-2　兩個相同群組的消費者與四個分區

若 G1 有四個消費者，則每個消費者將會從單一分區內讀取訊息，如圖 4-3 所示

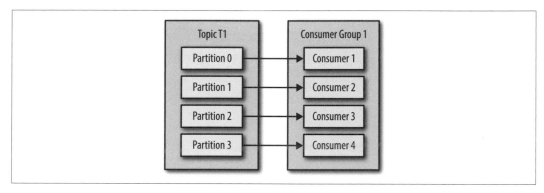

圖 4-3　四個消費者各自從單一分區接收訊息

若於 G1 中再額外添加消費者，現在消費者數量多於分區數量，某些消費者將會閒置並且不會接收任何訊息（如圖 4-4 所示）

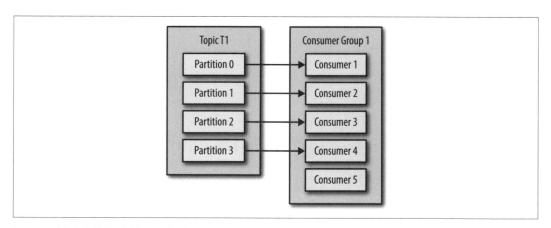

圖 4-4　消費者數量多於分區數將產生閒置消費者

從 Kafka 主題擴展資料消費速度的主要方式是在群組內添加更多的消費者。這對某些執行高延遲操作（如寫資料庫或耗時的資料運算）的情境相當常見。這些案例中，單一消費者無法負荷資料寫入主題的吞吐量，因此增加更多的消費者共同承擔工作負載，每個消費者僅需處理主題內某些分區的訊息。這是擴展消費者的主要方式，也是建立主題時分配多個分區的原因。擁有較多分區的主題，在負載增加時允許更多的消費者共同分擔負載。特別注意單一群組內消費者數量大於主題分區數沒有任何意義，某些消費者會處於閒置的狀態。第二章說明了一些如何選擇主題分區數的建議。

除了為單一應用程式添加更多消費者，多個應用程式必須從相同主題讀取資料的情境也非常普遍。事實上，設計 Kafka 的主要目的之一就是讓生產到 Kafka 主題的資料能在組織內多種不同使用情境下共享。這些案例中，我們希望每個應用程式都能取得完整的訊息，而不是僅有主題內的部份訊息。為了讓每個應用程式能取得主題內的全部訊息，每個應用都要有屬於自己的消費者群組。不像許多傳統的訊息系統，Kafka 擴展多個消費者與消費者群組時並不會降低效能表現。

先前的範例中，如果我們增加擁有一個消費者的群組 G2，此消費者與 G1 無關，並將接收 T1 主題的全部訊息。G2 也能容納更多的消費者，此情況下每個群組內的消費者就如同 G1 一般，將消費部份的分區資料，而 G2 整體來說也能取得全部的訊息，無論是否還有其他的消費者群組（如圖 4-5 所示）。

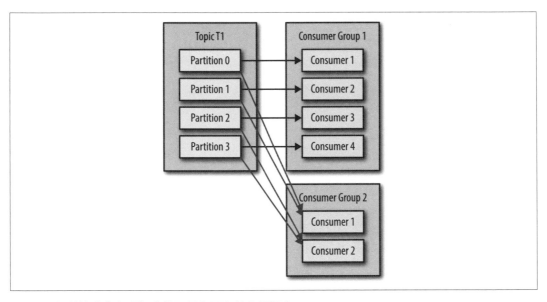

圖 4-5　新增的消費者群組也能取得主題內的全部訊息

總之，為每個需要主題內全部訊息的應用程式建立新的專屬群組。將消費者加入既有群組能增加讀取主題與處理訊息的能力，每個群組內的消費者僅需處理部份的訊息。

消費者群組與分區再平衡

如同先前章節所述,群組內的消費者共享所訂閱主題內的分區所有權。當消費者加入群組中,該消費者便開始從某個先前隸屬於其他消費者的分區內,開始消費訊息。同樣的概念可應用在消費者關閉或失效時,當消費者離開群組,持有的分區將轉移給群組內的其他消費者。修改主題時(例如管理者添加分區數量),消費者所消費分區也會重新分配。

從某個消費者轉移分區所有權給另一個消費者的行為稱為分區**再平衡**。再平衡相當重要,這種機制提供了消費者群組高可用性與擴展性(允許簡單安全地新增與移除消費者),但在日常作業中相當不樂見此事件。再平衡執行的過程中,所有消費者皆不能消費訊息,因此基本上對所有消費者群組來說,再平衡事件是一段系統失效的空窗時間。此外,當分區的所有權從一個消費者轉移到另外一個消費者時,消費者會喪失該分區的狀態。如果該消費者已快取任何資料,快取將會重新更新直到消費者重新建立新的狀態為止,這也會降低應用程式的效能。本章將會討論如何安全地處理再平衡事件以及如何避免不必要的意外事故。

群組內的消費者維持成員身份以及分區所有權的方式是透過傳遞心跳(*heartbeats*)給 X 名為群組協調者(*group coordinator*)的 Kafka 代理器(每個消費者群組的協調者代理器可能不同)。只要消費者定時傳遞心跳,協調者將認定消費者仍存活並且正在消費擁有分區內的訊息。消費者會在拉取(也就是接收資料)以及遞交消費完成的訊息時傳遞心跳訊息。

如果消費者停止傳遞心跳訊息一段時間,其 session 即會逾時而群組協調者將會將其視為失效並觸發再平衡程序。又或是消費者失效並且停止處理訊息,群組協調者將花費數秒等待心跳,若逾時則判定失效並觸發再平衡程序。這幾秒內,該失效消費者擁有的分區,其訊息不會被處理。若消費者正常關閉,消費者會告知群組協調者它將關閉,而群組協調者會立即啟動再平衡程序,縮短處理與等待的時間。本章稍後將討論控制心跳頻率以及 session 逾時的設定選項以及如何根據需求決定設定值。

近期的 Kafka 版本改變心跳機制

在 0.10.1 版，Kafka 社群導入獨立的心跳執行緒用於拉取資料時傳遞心跳訊號。這允許傳遞心跳訊息（以及消費者群組需等待多久才認定該消費者失效並且不會再傳遞心跳訊息）與拉取資料（從 Kafka 取得資料的處理時間）的頻率不一致。新版的 Kafka 中可以設定在離開群組以及啟動再平衡前，應用程式允許消費者沒有拉取資料的空窗期長度。此設定用來預防活鎖（livelock）現象，既應用程式沒有失效但因為某些原因無法繼續處理訊息。此設定值從 session. timeout.ms 脫離，該設定用來控制決定消費者逾時的時間長度。

本章剩餘的內容將會討論一些較舊版本會遭遇的挑戰，以及程式設計師應對的方式。本章也會探討當處理應用程式花費過長的時間處理訊息時該如何處理。這些內容與運行 Apache Kafka 0.10.1 或更新版本的讀者較無關聯，這些使用者僅需調校 max.poll.interval.ms 設定值加大兩次拉取資料的允許延遲時間。

分區分配給代理器的機制為何？

當消費者期望加入某個群組時，會傳遞一個 JoinGroup 請求給群組協調者。第一個加入群組的消費者將成為群組領袖。群組領袖會從群組協調者取得群組內的所有消費者列表（包含所有最近有傳遞心跳訊息的消費者，這些消費者被視為仍存活）並負責為每個消費者分配分區。底層實作 PartitionAssignor 決定分區所屬的消費者為何。

Kafka 有兩個內建的分區指定策略，在關於配置的章節會進一步討論。決定分區指定策略後，群組領袖將傳送分配清單給群組協調者，此協調者會將訊息傳播給所有消費者。每個消費者只會接受到其分配到的分區資料，而領袖是唯一擁有完整群組消費者（與其分區）清單的實例。此程序會在每次再平衡後重複執行。

建立 Kafka 消費者

要開始消費資料的第一個步驟為建立 KafkaConsumer 實例。建立 KafkaConsumer 的程序與建立 KafkaProducer 的流程非常相似——建立一個 Java <Properties> 實例並傳遞消費者所需的參數。本章稍後會進一步討論完整的參數列表。一開始我們僅需傳三個必要的參數，分別為 bootstrap.servers、key.deserializer 與 value.deserializer。

第一個參數 bootstrap.servers 代表連接至 Kafka 叢集的連線字串。用途與 KafkaProducer 完全相同（可以參考第三章檢視其意義）。另外兩個參數 key.deserializer 與 value.deserializer 就像生產者中定義 serializers 般，只不過這次不是指定將 Java 物件轉換成位元組陣列的序列化器，而是指定將位元組陣列轉換回 Java 物件的反序列化器。

另外還有第四個參數，這個參數非必要，但我們先假設需要它，那就是 group.id。此參數指定 KafkaConsumer 實例所屬的消費者群組。雖然有可能建立一個沒有隸屬任何群組的消費者，但這並不常見，因此本章大多數的時候都假設消費者隸屬於某個群組內。

下列是如何建立 KafkaConsumer 實例的範例：

```
Properties props = new Properties();
props.put("bootstrap.servers", "broker1:9092,broker2:9092");
props.put("group.id", "CountryCounter");
props.put("key.deserializer",
  "org.apache.kafka.common.serialization.StringDeserializer");
props.put("value.deserializer",
  "org.apache.kafka.common.serialization.StringDeserializer");

KafkaConsumer<String, String> consumer = new KafkaConsumer<String, String>(props);
```

如果已經閱讀了第三章，會感覺範例中大部分的內容都很熟悉。此外範例中假設消費紀錄的鍵與值皆是 String 物件。唯一新參數為 group.id，代表此消費者隸屬的群組。

訂閱主題

建立消費者實例後，接著要訂閱一個或多個主題。subscribe() 方法可以接收一個主題列表作為參數並且相當容易使用：

```
consumer.subscribe(Collections.singletonList("customerCountries")); ❶
```

❶　在這邊我們僅建立擁有單一元素的列表：主題名稱為 customerCountries。

此外也能傳遞一個正規表示法作為參數。正規表示法可以匹配多個符合條件的參數名稱，並且若後續新建立的主題匹配表示法的規則，則會立即啟動消費者群組再平衡並且開始消費新建的主題。這對需要消費多個主題並且能處理各種資料的應用程式相當有用。將在 Kafka 的資料傳遞到其他系統的應用程式經常透過正規表示法訂閱多個主題。

例如要訂閱全部的測試主題，可以透過：

```
consumer.subscribe(Pattern.compile("test.*"));
```

輪詢迴圈

消費者核心 API 是一個簡易地從伺服器端定期輪詢取得資料的迴圈。消費者訂閱主題後，輪詢迴圈會處理所有協調、分區再平衡、心跳以及資料擷取等任務，讓開發人員透過清晰的 API 輕易地從所屬分區取得可用的資料。消費者主要的輪詢迴圈內容如下：

```
try {
  while (true) { ❶
      ConsumerRecords<String, String> records = consumer.poll(100); ❷
      for (ConsumerRecord<String, String> record : records) ❸
      {
          log.debug("topic = %s, partition = %d, offset = %d,
             customer = %s, country = %s\n",
             record.topic(), record.partition(), record.offset(),
             record.key(), record.value());

          int updatedCount = 1;
          if (custCountryMap.containsValue(record.value())) {
             updatedCount = custCountryMap.get(record.value()) + 1;
          }
          custCountryMap.put(record.value(), updatedCount)

          JSONObject json = new JSONObject(custCountryMap);
          System.out.println(json.toString(4)) ❹
      }
  }
} finally {
  consumer.close(); ❺
}
```

❶   這實際上是一個無窮迴圈。消費者端一般來說是一個長期的應用程式，並持續地輪詢 Kafka 持續取得資料。本章稍後會展示如何優雅地離開迴圈並關閉消費者。

❷ 這是本章最重要的一行程式碼。正如同鯊魚必須持續的游動著否則就會死亡般，消費者必須持續輪詢 Kafka 否則就會被視為失效並且分配的分區將被收回交由群組內其他消費者進行消費。傳遞給 poll 的參數是逾時設定值，指定若消費者的暫存內沒有資料，poll 阻擋的時間長短。如果將該值設定為 0，poll 會立即返回，否則會維持特定的毫秒數等待來自代理器的資料。

❸ poll 會回傳一個訊息列表。每個訊息皆包含其所屬的主題、分區位置、訊息在分區內的偏移值以及訊息的鍵與值。一般來說會遍歷整個列表並個別處理每個訊息。poll 方法接收一個逾時參數。此參數指定無論 poll 是否有攜帶資料回來，皆需回傳的時間。一般來說此設定值的大小與應用程式所需的反應速度有關，也就是說你希望執行緒多快從輪詢中返回。

❹ 資料處理任務的最後通常會將結果寫入資料儲存系統或更新儲存的訊息。範例程式的目的是持續累加不同國家的計數值，因此我們更新雜湊表並將結果以 JSON 格式印出。更實際的案例則會將更新值寫入資料儲存系統中。

❺ 消費者在離開前必須呼叫 close() 進行關閉程序。程序會關閉網路連線與 socket，也會立即觸發再平衡程序，而不會等到群組協調者發現消費者停止傳遞心跳訊息並判定失效時才發生，這會花上較多的等待時間並讓某個分區內的訊息暫時無法被消費者消費並進行處理。

poll 迴圈除了取得資料外，其底層還執行了許多任務。首先新的消費者呼叫 poll 時，會尋找 GroupCoordinator 並加入消費者群組並接收所分配的分區。若觸發再平衡，也會在輪詢迴圈內進行處理。而傳送心跳給協調者的工作也在迴圈內發生。因此，這些在迴圈內的工作都必須快速且高效。

執行緒安全

一個執行緒內不能持有多個隸屬於相同消費者群組內的消費者，並且多個執行緒無法安全的使用相同的消費者實例。每個執行緒使用一個消費者實例是較為恰當的設計。如果一個應用程式要建立同個群組內多個消費者，則每個消費者必須運行於各自的執行緒中。而將消費者資料處理邏輯包裹（wrap）在各自的物件中並使用 Java 的 ExecutorService 啟動多個執行緒並且各自擁有專屬的消費者實例。Confluent 部落格有一篇關於如何實作此多執行緒的教學（*http://bit.ly/2tfVu6O*）

配置消費者

目前為止我們專注於消費者 API 的學習，但我們僅檢視了幾個必要的參數選項，也就是 bootstrap.servers、group.id、key.deserializer 與 value.deserializer。 所有消費者配置選項皆可透過 Apache Kafka 文件取得詳細資訊（*http://kafka.apache.org/documentation.html#newconsumerconfigs*）。大部分的參數已經設定了合理的預設值並且不需更動，但有一些參數會影響效能以及消費者的可靠度。接下來我們一一檢視這些較為重要的選項。

fetch.min.bytes

此參數允許消費者在接收資料時，指定從代理器端需獲取資料的最小量。若代理器從消費者端收到請求但新資料的總量小於 fetch.min.bytes，代理器會等待直到更多訊息到來，然後傳送給消費者。此參數能降低消費者端與代理器的負載，並在主題沒有許多新資料時（或一天內有幾個小時訊息較少時）減少兩者之間的訊息往返次數。若消費者在沒有太多可用資料時使用過多 CPU 資源，或是擁有許多消費者時，可以考慮調高此值。

fetch.max.wait.ms

透過設定 fetch.min.bytes 參數，可以讓 Kafka 返回消費者端之前接收到足夠的資料。而 fetch.max.wait.ms 則能控制等待的時間長短。預設 Kafka 會等待 500 毫秒。這意謂著若 Kafka 主題沒有足夠的新訊息滿足消費者最低大小的要求，訊息將有 500 毫秒的額外延遲時間。若希望限制此值可能造成的延遲（一般來說會根據 SLA 控制應用程式最大允許的延遲時間），可以降低 fetch.max.wait.ms 的設定值。若 fetch.max.wait.ms 降低至 100ms 且 fetch.min.bytes 為 1MB，Kafka 從消費者端接收到擷取資料的請求時，會等訊息量超過 1MB 或等待時間超過 100ms（看哪個條件先達成）即返回。

max.partition.fetch.bytes

此設定控制伺服器每個分區每次回傳的最大位元數，此值預設為 1MB，這代表當 KafkaConsumer.poll() 回傳 ConsumerRecords 物件時，每個分區的訊息物件大小的上限為 max.partition.fetch.bytes。因此若主題有 20 個分區並且有 5 個消費者，每個消費者為了處理 ConsumerRecords 則需佔用 4MB 記憶體。實務上，當消費者需要因為其他消費者失效處理更多分區時，則需使用更多的記憶體。max.partition.fetch.bytes 必須大於代理器可以接收單一訊息容量的最大值（由代理器的 max.message.size 參數決定），否則代理器可能擁有消費者無法消費的訊息，這會使消費者一再嘗試讀取這些訊息而發生錯誤。另外一個重要的考量為消費者端要耗費多少時間才能處理 max.partition.fetch.bytes 量的訊息。若回想，消費者必須頻繁呼叫 poll 方法避免 session 逾時並觸發再平衡。若單一 poll 返回的資料量非常大，這可能是消費者耗費較長的時間處理資料，也意謂著無法準時執行下個輪詢而使得 session 逾時。若發生這種現象，可以降低 max.partition.fetch.bytes 或延長 session 逾時的時間。

session.timeout.ms

此值表示消費者與代理器失聯的容忍值，預設值為 3 秒。若超 session.timeout.ms 時限沒有傳送心跳訊息給群組協調者，此消費者將被視為失效並且觸發消費者群組的再平衡，將失效消費者所擁有的分區重新分配給群組內的其餘消費者。此設定與 heartbeat.interval.ms 息息相關。heartbeat.interval.ms 控制 KafkaConsumer poll() 方法傳送心跳給群組協調者的頻率，而 heartbeat.interval.ms 控制消費者傳遞心跳頻率延遲的容許值。因此，這兩個參數一般會一起修改——heartbeat.interval.ms 必須要小於或等於 session.timeout.ms 設定值，一般來說會設定為 session.timeout.ms 三分之一左右。因此若 session.timeout.ms 為 3 秒，則 heartbeat.interval.ms 可設定為 1 秒左右。降低 session.timeout.ms 設定值允許消費者群組較快偵測到失效現象並且快速反應，但當消費者在 poll 迴圈中花費較久時間或發生垃圾收集時，可能會發生非預期中的再平衡。調高 session.timeout.ms 會降低非預期中再平衡的發生機率，但從失效中還原的反應時間也會拉長。

auto.offset.reset

此設定控制消費者開始讀取分區資料時，若該消費者在此分區沒有遞交偏移值的紀錄或遞交的偏移值已經失效（通常是因為消費者下線過久，以致偏移值對應的紀錄過期）的應對方式。此值預設為「latest」，代表沒有擁有正確偏移值的消費者將會從分區內的最新紀錄開始讀取（也就是當消費者開始運行後才寫入的資料）。另外一種設定值為「earliest」，表示沒有擁有正確偏移值的消費者會從分區內的第一筆開始讀取所有資料。

enable.auto.commit

我們將會探討遞交偏移值的幾種選項。此參數則控制是否要為消費者自動遞交偏移值，並且預設為 true。若想降低資料重複或避免遺失資料，需將此值設定為 false 以手動控制遞交時機。若 enable.auto.commit 為 true，則可以透過另外 auto.commit.interval.ms 控制自動遞交的頻率。

partition.assignment.strategy

我們已經知道分區會分配給消費者群組內的消費者。`PartitionAssignor` 類別用以決定將分區分配給消費者的策略。預設 Kafka 有兩種分配策略:

Range

從消費者訂閱的主題中,為每個消費者分配一個連續的分區子區段。因此若消費者 C1 與 C2 訂閱兩個主題(T1 與 T2,每個主題有三個分區),則 C1 會從 T1 與 T2 主題中分配到分區 0 跟 1,而 C2 會從這些主題中取得分區 2。因為每個主題擁有的分區為奇數並且每個主題都獨立分配,因此第一個消費者會取得較多的分區。此現象會發生在使用 Range 分配策略,且每個主題的分區數量與消費者數量無法整除時。

RoundRobin

此演算法會先取得所有消費者訂閱的主題分區,並且一個一個地依序進行分配。若先前描述的消費者 C1 與 C2 使用 RoundRobin 分配策略,則 C1 將分配到 T1 的分區 0 與 2 以及 C2 的分區 1。而 C2 則分配到 T1 的分區 1 以及 C2 的分區 0 與 2。一般來說若消費者群組內的消費者皆訂閱了相同的主題(非常常見的情境),RoundRobin 分配策略會平均地將分區分配給每個消費者(頂多只有一個分區的落差)。

`partition.assignment.strategy` 設定允許你選擇分區分配的演算法。預設值為 `org.apache.kafka.clients.consumer.RangeAssignor`,此設定實作了上述的 Range 分配策略。可以將此設定值修改為 `org.apache.kafka.clients.consumer.RoundRobinAssignor`。另外一個進階作法為實作個人的分配策略,若這樣做 `partition.assignment.strategy` 必須修改為實作的類別名稱。

client.id

此值可為任意字串,代理器透過此設定辨識傳送訊息的客戶端為何。此設定值還用於日誌紀錄、指標與配額設定中。

max.poll.records

此設定控制單次 `poll()` 返回的最大訊息量。這對控制應用程式在 polling 迴圈中處理的訊息數量相當有用。

receive.buffer.bytes 與 send.buffer.bytes

這兩者設定值為 TCP 傳送與接收的暫存空間，並使用於 socket 封包讀寫資料時。若將其設定為 -1 則代表使用作業系統的預設值。當代理器中的生產者或消費者需要跨資料中心交流時建議加大此值，因為此情況下網路的延遲通常較高且之間的頻寬較低。

遞交與偏移值

呼叫 poll() 時會返回已經寫入 Kafka 代理器但尚未被消費過的資料。這意謂我們有辦法追蹤哪些資料已經被群組內的消費者消費過。如先前所討論，Kafka 的一個獨特特性便是沒有使用許多 JMS 佇列所使用的回覆訊息追蹤，而是允許消費者使用 Kafka 追蹤每個分區內的位置（偏移值）。

我們稱更新分區內偏移值的動作為**遞交**。

消費者是如何遞交偏移值呢？它會生產訊息到一個 Kafka 特別的主題內：__consumer_ offsets，內容包含每個分區遞交的偏移值。消費者啟動或運行沒有任何影響，但當群組內有消費者失效或新的消費者加入時，便會**觸發再平衡機制**。再平衡後，每個消費者可能被分配到新的一組分區。為了知道從何處開始消費，消費者會讀取每個分區最新的遞交偏移值並接續消費資料。

此時，若客戶端最新處理訊息的偏移值大於遞交過的偏移值，兩者間的訊息將被重複處理兩次，如圖 4-6 所示。

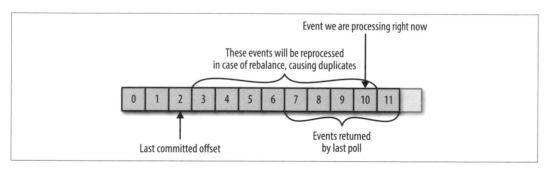

圖 4-6　重複處理訊息

若遞交過偏移值大於客戶端正在處理的訊息偏移值，介於這兩者間的訊息將會被忽略，如圖 4-7 所示。

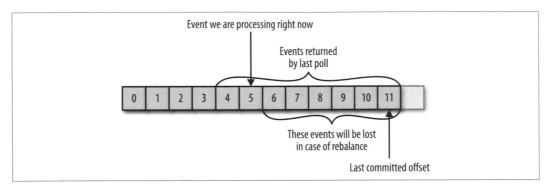

圖 4-7　遺失訊息

因此，如何處理偏移值對應用程式客戶端相當重要。KafkaConsumer API 提供多種遞交偏移值的方式。

自動遞交

遞交偏移值最簡便的方式便是讓消費者客戶端自動處理此任務。若設定 enable.auto.commit=true 則每 5 秒消費者客戶端會遞交從 poll() 方法中收到的最大偏移值。5 秒的區間是預設值，可透過 auto.commit.interval.ms 設定調整。就如同消費者其他設定一般，自動遞交也在 poll 迴圈中。當開始拉取資料時，消費者會檢查是否該進行遞交，若需要就會遞交最後一次拉取時取得的最大偏移值。

使用此便利的選項前，必須先了解其影響。

思考以下情境，預設自動遞交每五秒會發生一次。若距離上次遞交後三秒時觸發了再平衡，再平衡後所有消費者開始從最後一個遞交偏移值開始消費。此案例中，該偏移值落後了三秒，因此三秒內的消費過的訊息會被重複消費兩次。可以透過調整遞交頻率降低訊息重複處理的數量，但無法完全消弭此現象。

使用自動遞交時，拉取操作將會遞交上次拉取時取得的最大偏移值。因為並不確定事件實際上是否處理了，因此請於處理完 poll() 返回的所有訊息後再行呼叫 poll()，這非常重要（同 poll()，close() 也會自動遞交偏移值）。實務上這並不是問題，但處理例外或是意外地離開拉取操作迴圈時需留意。自動遞交很方便，但它並無直接提供避免訊息被重複處理的選項給開發人員。

遞交目前的偏移值

為了消除遺失訊息的可能或是降低在平衡時重複消費的訊息數量,許多開發者嘗試手動控制偏移值遞交的時機。消費者 API 有遞交目前偏移值的選項,這對許多應用程式開發人員來說合理的多,而不是依靠系統定時遞交。

將 auto.commit.offset 設為 false 後,偏移值僅在應用程式明確執行遞交操作時才會進行遞交。最簡單並且可靠的方式是 commitSync()。此 API 將遞交 poll 取得的最新偏移值並在確實遞交後才返回,若因為某些原因遞交失敗則會拋出例外。

特別注意 commitSync() 將會遞交 poll 取得的最新偏移值,因此,請確保在處理完集合內所有訊息後才呼叫 commitSync(),否則如同前述將有遺漏訊息的風險。觸發再平衡時,最近一批尚未遞交的資料將會可能處理兩次。

下列是處理完批次內的訊息後,透過 commitSync() 遞交偏移值的範例:

```java
while (true) {
    ConsumerRecords<String, String> records = consumer.poll(100);
    for (ConsumerRecord<String, String> record : records)
    {
        System.out.printf("topic = %s, partition = %s, offset =
          %d, customer = %s, country = %s\n",
              record.topic(), record.partition(),
                record.offset(), record.key(), record.value()); ❶
    }
    try {
      consumer.commitSync(); ❷
    } catch (CommitFailedException e) {
        log.error("commit failed", e) ❸
    }
}
```

❶ 我們假設資料處理的任務為印出訊息的內容,你的應用程式可能會對資料執行各樣的處理,例如修改值、添加額外內容、聚合操作、將其顯示在儀表板,或是通知使用者某些重要事件等。你可以根據使用情境決定訊息「處理完畢」的定義。

❷ 一但「處理完」當前批次內的所有的訊息,便能在拉取下一批訊息前,呼叫 commitSync 遞交當前批次最新的偏移值。

❸ 只要不是遭遇不可修復的錯誤 commitSync 都會自動嘗試重新遞交。但若發生不可復原的錯誤,除了紀錄錯誤日誌外沒有太多額外手段。

非同步遞交

手動遞交的一個缺點便是應用程式在代理器回應遞交請求前會處於阻擋（blocked）狀態。這將影響應用程式的吞吐量。雖然拉長遞交頻率可降低此影響，但發生再平衡時會增加重複的資料量。

另外一個選項是透過非同步遞交 API。不等待代理器回應遞交請求，傳遞遞交請求後便繼續執行：

```
while (true) {
    ConsumerRecords<String, String> records = consumer.poll(100);
    for (ConsumerRecord<String, String> record : records)
    {
        System.out.printf("topic = %s, partition = %s,
        offset = %d, customer = %s, country = %s\n",
        record.topic(), record.partition(), record.offset(),
        record.key(), record.value());
    }
    consumer.commitAsync(); ❶
}
```

❶　遞交最新的偏移值並繼續迴圈。

不像 commitSync 遭遇錯誤時會嘗試重複遞交直到成功或遭遇不可復原的錯誤，commitAsync 並不會嘗試重新遞交。原因為 commitAsync 在收到代理器回應時，後續的遞交或許已經成功遞交了。想像我們發送了一個遞交偏移值 2000 的請求因為某些短暫的通訊問題使得代理器沒有接收到請求，因此也不會回覆。同時，我們處理另外一個批次並成功遞交了偏移值 3000。若 commitAsync 重新嘗試遞交先前失敗的請求，有可能會使偏移值 2000 在偏移值 3000 後遞交。這在發生再平衡時，會產生更多重複的訊息。

遞交順序的正確非常重要且複雜，而 commitAsync 也提供我們傳遞回呼（callback）的選項在代理器回應時得以觸發。我們經常透過回呼紀錄遞交錯誤或指標，但如果想使用回呼進行重試，你需要特別小心留意遞交的順序：

```
while (true) {
    ConsumerRecords<String, String> records = consumer.poll(100);
    for (ConsumerRecord<String, String> record : records) {
        System.out.printf("topic = %s, partition = %s,
        offset = %d, customer = %s, country = %s\n",
        record.topic(), record.partition(), record.offset(),
        record.key(), record.value());
    }
```

```
consumer.commitAsync(new OffsetCommitCallback() {
    public void onComplete(Map<TopicPartition,
    OffsetAndMetadata> offsets, Exception e) {
        if (e != null)
            log.error("Commit failed for offsets {}", offsets, e);
    }
}); ❶
}
```

❶ 傳送遞交並繼續執行，但若遞交失敗則會紀錄偏移值。

重新嘗試非同步遞交

一個維持非同步重新嘗試遞交順序的簡易作法是使用單調遞增
（monotonically increasing）序列值。每次遞交時便增加此序列值並在
commitAsync 的回呼中增加此值。當準備要重新嘗試時，檢驗回呼皆收到的
遞交所擁有的序列值是否與實例相同。若相同則沒有更新的遞交並且可以
安全的重新嘗試。若實例的序列值較大，則不要重新嘗試因為新的遞交已
經傳遞。

組合同步與非同步遞交

一般來說，遞交時偶發的失效並且沒有重新嘗試並不是大問題，因為如果是一時失效，
後續的遞交將會成功。但如果我們知道此遞交為關閉消費者前的最後一次或是再平衡發
生在即，我們可能會希望確保此遞交成功。

因此，一個常見的作法是平常使用 commitAsync()，並在關閉前使用 commitSync() 遞交偏移
值。以下是實作範例（當我們討論到再平衡聆聽者時，我們會說明如何於再平衡前進行
遞交）：

```
try {
    while (true) {
        ConsumerRecords<String, String> records = consumer.poll(100);
        for (ConsumerRecord<String, String> record : records) {
            System.out.printf("topic = %s, partition = %s, offset = %d,
            customer = %s, country = %s\n",
            record.topic(), record.partition(),
            record.offset(), record.key(), record.value());
        }
        consumer.commitAsync(); ❶
    }
```

```
    } catch (Exception e) {
        log.error("Unexpected error", e);
    } finally {
        try {
            consumer.commitSync(); ❷
        } finally {
            consumer.close();
        }
    }
```

❶　一般執行時使用 commitAsync，這種遞交方式較快並且當某個遞交失效時，下個遞交可作為重新嘗試的方案。

❷　但如果應用程式即將關閉，並且沒有「下個遞交」時則使用 commitSync，因此會重新嘗試直到成功為止或是遭遇不可復原的錯誤。

遞交指定偏移值

遞交最新的偏移值的作法只允許你在完成批次內的所有處理任務後才能遞交。但若希望更頻繁的遞交呢？若 poll() 回傳大量的批次資料並且希望在處理批次的中途進行遞交以避免再平衡發生時必須全部重新處理呢？你不能透過 commitSync 或是 commitAsync，這會遞交尚未處理的最新偏移值。

幸運地是消費者 API 允許呼叫 commitSync() 與 commitAsync() 時傳遞一個 map，代表期望遞交的各分區與其偏移值。若在處理批次資料的過程中，從主題「顧客」分區 3 處理的最新資料為偏移值為 5000，則可呼叫 commitSync() 以主題「顧客」分區 3 偏移值為 5000 作為遞交內容。因為可能同時消費多個分區，你需要追蹤每個分區的偏移值，這也會使得程式碼較為複雜。

下列是遞交指定偏移值的範例：

```
private Map<TopicPartition, OffsetAndMetadata> currentOffsets =
    new HashMap<>(); ❶
int count = 0;

....

while (true) {
    ConsumerRecords<String, String> records = consumer.poll(100);
    for (ConsumerRecord<String, String> record : records)
    {
```

```
            System.out.printf("topic = %s, partition = %s, offset = %d,
            customer = %s, country = %s\n",
            record.topic(), record.partition(), record.offset(),
            record.key(), record.value()); ❷
            currentOffsets.put(new TopicPartition(record.topic(),
            record.partition()), new
            OffsetAndMetadata(record.offset()+1, "no metadata")); ❸
            if (count % 1000 == 0) ❹
                consumer.commitAsync(currentOffsets, null); ❺
            count++;
        }
    }
```

❶ 用來手動追蹤偏移值的 map

❷ 記住，println 代表資料處理的邏輯段。

❸ 處理完每個資料後，更新偏移值 map 指向下一個我們期望處理的資料。這是下次
我們開始讀取的偏移值位置。

❹ 範例中決定每 1000 筆紀錄遞交一次偏移值。應用程式中可以基於時間或紀錄內容
進行遞交。

❺ 在此選擇透過 commitAsync 遞交，但也能使用 commitSync。當然，如同先前的章節般，
遞交指定偏移值時仍需負責錯誤處理。

再平衡聆聽者

如同先前章節所提到關於遞交偏移值的任務，消費者可能會希望在離開或執行分區再平
衡前進行遞交。

消費者 API 允許你運行你的程式碼當分區從消費者加入或移除時。要達成此項功能必須
在呼叫 subscribe 方法時傳遞 ConsumerRebalanceListener，ConsumerRebalanceListener 有兩個必
須實作的方法：

public void onPartitionsRevoked（*Collection<TopicPartition> partitions*）

此方法會於再平衡前以及消費者停止消費訊息前被呼叫。在此你可能會希望遞交偏
移值，因此拿到此分區的人知道可以從何處開始接續消費。

public void onPartitionsAssigned（Collection<TopicPartition> partitions）

在分區被代理器重新分配後，但在消費者開始消費訊息前會被呼叫。

以下是如何透過 onPartitionsRevoked() 在失去分區所有權之前遞交偏移值的範例。下一節我們會講述更多範例也會示範如何使用 onPartitionsAssigned：

```
private Map<TopicPartition, OffsetAndMetadata> currentOffsets =
  new HashMap<>();

private class HandleRebalance implements ConsumerRebalanceListener { ❶
    public void onPartitionsAssigned(Collection<TopicPartition>
      partitions) { ❷
    }

    public void onPartitionsRevoked(Collection<TopicPartition>
      partitions) {
        System.out.println("Lost partitions in rebalance.
          Committing current
        offsets:" + currentOffsets);
        consumer.commitSync(currentOffsets); ❸
    }
}

try {
    consumer.subscribe(topics, new HandleRebalance()); ❹

    while (true) {
        ConsumerRecords<String, String> records =
          consumer.poll(100);
        for (ConsumerRecord<String, String> record : records)
        {
            System.out.printf("topic = %s, partition = %s, offset = %d,
              customer = %s, country = %s\n",
            record.topic(), record.partition(), record.offset(),
            record.key(), record.value());
            currentOffsets.put(new TopicPartition(record.topic(),
            record.partition()), new
            OffsetAndMetadata(record.offset()+1, "no metadata"));
        }
        consumer.commitAsync(currentOffsets, null);
    }
} catch (WakeupException e) {
    // 忽略，正在關閉的程序中
} catch (Exception e) {
```

```
            log.error("Unexpected error", e);
        } finally {
            try {
                consumer.commitSync(currentOffsets);
            } finally {
                consumer.close();
                System.out.println("Closed consumer and we are done");
            }
        }
```

❶ 開始實作 ConsumerRebalanceListener

❷ 範例中取得新的分區沒有觸發任何行為，直接開始消費訊息。

❸ 然而，因為分區再平衡，在即將失去分區所有權前我們希望遞交偏移值。注意到我
   們遞交最後一個已經被處理的偏移值，而不是批次中我們正在處理的偏移值。這是
   因為分區可能在批次處理資料的過程中被移除。範例中遞交所有分區的偏移值，而
   不僅僅是即將失去的分區──因為偏移值對應的事件皆已經處理完畢，因此沒有任
   何問題。此外我們使用 commitSync() 確保偏移值在發生再平衡前遞交。

❹ 最重要的是，將 ConsumerRebalanceListener 傳遞給 subscribe 方法才能在消費者內啟動
   聆聽器。

消費特定偏移值訊息

目前為止我們已經知道如何使用 poll() 從每個分區最後遞交的偏移值消費訊息並循序進
行處理。然而，有時你可以會想從特定偏移值開始讀取。

若想要從頭開始讀取分區，或希望忽略所有分區內既有資料從新訊息開始讀取，有專門為
此打造的 API：seekToBeginning(Collection<TopicPartition> tp) 與 seekToEnd(Collection
<TopicPartition> tp)。

然而，Kafka API 也允許尋找特定的偏移值。此功能應用範圍很廣，例如回溯幾個訊息或
是忽略幾個訊息等（可能某個時間敏感的應用程式處於落後狀態並且想要忽略某些資料
以追趕）。此功能最令人感到興奮 3 的使用案例為當偏移值儲存於 Kafka 之外的系統時。

思考以下常見的情境：應用程式從 Kafka 讀取訊息事件（可能是使用者於網站的點擊資
訊）、處理資料（若判定是自動化程式而非真實使用者則移除紀錄），接著將結果儲存於

資料庫、NoSQL 或 Hadoop 中。若我們不希望遺失任何資料或是在資料庫中儲存兩筆相同資料。

此案例中，消費者迴圈可能如下：

```
while (true) {
    ConsumerRecords<String, String> records = consumer.poll(100);
    for (ConsumerRecord<String, String> record : records)
    {
        currentOffsets.put(new TopicPartition(record.topic(),
        record.partition()),
        record.offset());
        processRecord(record);
        storeRecordInDB(record);
        consumer.commitAsync(currentOffsets);
    }
}
```

範例中非常固執的在處理每個紀錄後遞交偏移值。然而，應用程式仍然有機率在紀錄儲存在資料庫後但於遞交偏移值前失效，導致紀錄再次被處理並且使得資料庫資料重複。

若有方式能將儲存紀錄與偏移值原子化即可避免。不是紀錄與偏移值皆遞交，就是兩者沒有遞交。若資料是寫入資料庫而偏移值是寫入 Kafka，就很難實現這種想法。

但如果我們將紀錄與偏移值透過一個交易皆儲存於資料庫呢？如此一來我們可以確認資料與偏移值皆被遞交，或是兩者皆失敗並且會重新處理資料。

現在唯一的問題是若偏移儲存於資料庫而非 Kafka，消費者分配到分區後該如何得知從何開始讀取資料？這就是 seek() 的使用時機。當消費者啟動或新分配新的分區時，它會尋找資料庫中的偏移值並且透過 seek() 定位。

下列是如何運作的程式框架範例。我們透過 ConsumerRebalanceListener 與 seek 確保我們開始處理存於資料庫的偏移值：

```
public class SaveOffsetsOnRebalance implements
  ConsumerRebalanceListener {

    public void onPartitionsRevoked(Collection<TopicPartition>
      partitions) {
                commitDBTransaction(); ❶
        }

    public void onPartitionsAssigned(Collection<TopicPartition>
```

```
   partitions) {
      for(TopicPartition partition: partitions)
         consumer.seek(partition, getOffsetFromDB(partition)); ❷
      }
   }
}


consumer.subscribe(topics, new SaveOffsetOnRebalance(consumer));
consumer.poll(0);

for (TopicPartition partition: consumer.assignment())
   consumer.seek(partition, getOffsetFromDB(partition)); ❸

while (true) {
   ConsumerRecords<String, String> records =
      consumer.poll(100);
   for (ConsumerRecord<String, String> record : records)
   {
      processRecord(record);
      storeRecordInDB(record);
      storeOffsetInDB(record.topic(), record.partition(),
         record.offset()); ❹
   }
   commitDBTransaction();
}
```

❶ 在此我們使用假想的方法遞交一個資料庫的交易操作。此主意是當我們處理紀錄時，紀錄與偏移值將寫入資料庫中，而我們僅需在即將失去分區所有權時遞交一個交易操作確保訊息一致。

❷ 另外一個假想方法從資料庫中提取偏移值，接著透過 seek() 尋找新分區內的資料。

❸ 當消費者啟動訂閱主題後，呼叫 poll() 一次以確保加入消費者群組並取得分配的分區，接著立刻執行 seek() 取得分區偏移值。請留意 seek() 只有更新我們消費的偏移值位置，因此下一個 poll() 才會抓取到正確的資料。若 seek() 發生錯誤（例如偏移值不存在），poll（）會拋出例外。

❹ 另外一個假想方法為更新資料表將偏移值存入資料庫中。在此我們假設更新紀錄非常迅速，因為我們在處理每個訊息後進行更新，但遞交相對慢，因此我們只有在每個批次結束後進行。然而，這邊根據情境有不同的作法。

有許多不同的方式可以實作僅有一次（exactly-once）語意系統，例如將偏移值與資料儲存於外部系統，但這種作法必需與 ConsumerRebalanceListener 以及 seek() 搭配，以確保偏移值有即時存入，使消費者能從正確位置開始讀取訊息。

如何離開

本章稍早討論 poll 迴圈時，有說明不需擔心消費者 poll 無窮迴圈的問題，本節會討論如何明確地離開迴圈。

當決定離開 poll 迴圈時，你需要另外一個執行緒呼叫 consumer.wakeup 方法。若你在主執行緒運行消費者迴圈，可以透過 ShutdownHook 達成相同目的。注意 consumer.wakeup 是消費者唯一可以從不同執行緒安全呼叫的方法。呼叫喚醒方法會使 poll() 帶著 WakeupException例外離開迴圈，若 consumer.wakeup 呼叫時執行緒並沒有在 poll 方法中等待接收訊息，例外會在下一輪執行 poll() 時拋出。不需處理 WakeupException，但離開執行緒前，你必須呼叫 consumer.close。關閉消費者若需要時會遞交偏移值並通知群組協調者即將離開。群組協調者會立即啟動再平衡，不需等待 session 逾時，離開的消費者，其擁有的分區將會轉移所有權給群組內的其他消費者。

下列是消費者運行於主執行緒的程式碼範例，說明離開的程序。範例有經過部份修剪，完整範例可在 *http://bit.ly/2u47e9A* 取得。

```
Runtime.getRuntime().addShutdownHook(new Thread() {
        public void run() {
            System.out.println("Starting exit...");
            consumer.wakeup(); ❶
            try {
                mainThread.join();
            } catch (InterruptedException e) {
                e.printStackTrace();
            }
        }
    });

...

try {
        // 在迴圈內運行直到遭遇 ctrl-c 強制中止，此時 shutdown hook 會啟動清理與關閉流程
        while (true) {
            ConsumerRecords<String, String> records =
```

```
            movingAvg.consumer.poll(1000);
            System.out.println(System.currentTimeMillis() + "
               --  waiting for data...");
            for (ConsumerRecord<String, String> record :
              records) {
                System.out.printf("offset = %d, key = %s,
                  value = %s\n",
                  record.offset(), record.key(),
                  record.value());
            }
            for (TopicPartition tp: consumer.assignment())
                System.out.println("Committing offset at
                  position:" +
                  consumer.position(tp));
            movingAvg.consumer.commitSync();
        }
    } catch (WakeupException e) {
        // 忽略 ❷
    } finally {
        consumer.close(); ❸
        System.out.println("Closed consumer and we are done");
    }
}
```

❶ ShutdownHook 運行於獨立的執行緒中,因此唯一能夠採取的安全行為便是呼叫 wakeup 中斷 poll 迴圈。

❷ 另外一個呼叫 wakeup 的執行緒會使 poll 拋出 WakeupException。你可能會希望抓取此 例外確保應用程式不會無預期停止,但沒有必要進行處理。

❸ 離開之前,確保關閉消費者。

反序列化器

如同前面章節所討論，Kafka 生產者需要**序列化器**將物件轉換成位元組陣列並送至 Kafka。相似地，Kafka 消費者也需要**反序列化器**將從 Kafka 接收到的位元組陣列轉換回 Java 物件。先前的範例中，我們僅僅假設每個訊息的鍵與值皆為字串並在消費者設定中使用預設的 StringDeserializer。

第三章討論 Kafka 生產者時說明了如何序列化客製化型別以及如何使用 Avro 與 AvroSerializers 從綱要定義中產生 Avro 物件並在生產訊息到 Kafka 時序列化這些資料。我們現在接著討論如何為你的物件建立客製化反序列化器以及如何使用 Avro 反序列化。

明顯地生產訊息事件到 Kafka 的序列化器必須與消費事件時使用的反序列化器匹配。若透過 IntSerializer 序列化並以 StringDeserializer 反序列化將取得不明結果。這代表開發人員必須持續追蹤寫入每個主題的訊息所使用的序列化器為何，並確保每個主題只擁有你的反序列化器可以解譯的資料。這也是使用 Avro 與 Schema Repository 進行序列與反序列化的優點之一，AvroSerializer 可以確保所有寫入特定主題的資料與主題的綱要相容，意謂著可以透過匹配的反序列化器以及綱要執行反序列化。任何相容性上的錯誤——無論是發生在生產者或是消費者端——皆可輕易從錯誤訊息中發現，這代表序列化失敗時不需要嘗試從位元組陣列中除錯。

我們會快速展示如何撰寫客製化反序列化器，即便這種作法甚少使用。接著我們會說明如何使用 Avro 反序列訊息的鍵值。

客製化反序列化器

我們使用與第三章相同的客製化物件撰寫反序列化器：

```
public class Customer {
    private int customerID;
    private String customerName;

    public Customer(int ID, String name) {
        this.customerID = ID;
        this.customerName = name;
    }

    public int getID() {
        return customerID;
    }
```

```
    public String getName() {
     return customerName;
     }
  }
```

客製化反序列化器的範例如下：

```
import org.apache.kafka.common.errors.SerializationException;

import java.nio.ByteBuffer;
import java.util.Map;

public class CustomerDeserializer implements
  Deserializer<Customer> { ❶

  @Override
  public void configure(Map configs, boolean isKey) {
   // 不進行設定
  }

  @Override
  public Customer deserialize(String topic, byte[] data) {

    int id;
    int nameSize;
    String name;

    try {
      if (data == null)
        return null;
      if (data.length < 8)
        throw new SerializationException("Size of data received by
          IntegerDeserializer is shorter than expected");

      ByteBuffer buffer = ByteBuffer.wrap(data);
      id = buffer.getInt();
      nameSize = buffer.getInt();

      byte[] nameBytes = new byte[nameSize];
      buffer.get(nameBytes);
      name = new String(nameBytes, "UTF-8");

      return new Customer(id, name); ❷

    } catch (Exception e) {
```

```
      throw new SerializationException("Error when serializing
        Customer
        to byte[] " + e);
    }
  }

  @Override
  public void close() {
    // 不關閉物件
  }
}
```

❶ 消費者端也必須實作 Customer 類別,並且生產者與消費者應用程式的類別與序列化器必須匹配。因為大型組織中擁有許多消費者與生產者會共享資料,而這會是一個挑戰。

❷ 在此僅是反轉序列化器的邏輯——從位元組陣列取得客戶 ID 與姓名並使用這些資料建立所需的物件。

使用序列化器的消費者程式碼範例如下:

```
Properties props = new Properties();
props.put("bootstrap.servers", "broker1:9092,broker2:9092");
props.put("group.id", "CountryCounter");
props.put("key.deserializer",
   "org.apache.kafka.common.serialization.StringDeserializer");
props.put("value.deserializer", CustomerDeserializer.class.getName());

KafkaConsumer<String, Customer> consumer =
  new KafkaConsumer<>(props);

consumer.subscribe("customerCountries")

while (true) {
    ConsumerRecords<String, Customer> records =
      consumer.poll(100);
    for (ConsumerRecord<String, Customer> record : records)
    {
    System.out.println("current customer Id: " +
      record.value().getID() + " and
       current customer name: " + record.value().getName());
    }
    consumer.commitSync();
}
```

再次強調，並不建議實作客製化序列與反序列化器。這讓生產者與消費者的關係緊密，而這會當脆弱且容易發生錯誤。較好的解決方案是使用標準的訊息格式例如 JSON、Thrift、Protobuf 或 Avro。稍後會檢視如何在 Kafka 消費者端使用 Avro 反序列化器。要了解 Apache Avro 的基礎知識、綱要、以及綱要相容性的能力，請參閱第三章。

在 Kafka 消費者中使用 Avro 反序列化器

我們直接使用第三章已經實作完畢的 Avro Customer 物件。為了從 Kafka 消費這些物件，必須實作消費者應用程式，範例如下：

```
Properties props = new Properties();
props.put("bootstrap.servers", "broker1:9092,broker2:9092");
props.put("group.id", "CountryCounter");
props.put("key.deserializer",
    "org.apache.kafka.common.serialization.StringDeserializer");
props.put("value.deserializer",
    "io.confluent.kafka.serializers.KafkaAvroDeserializer"); ❶
props.put("schema.registry.url", schemaUrl); ❷
String topic = "customerContacts"

KafkaConsumer<String, Customer> consumer = new KafkaConsumer<>(props);
consumer.subscribe(Collections.singletonList(topic));

System.out.println("Reading topic:" + topic);

while (true) {
    ConsumerRecords<String, Customer> records =
        consumer.poll(1000); ❸

    for (ConsumerRecord<String, Customer> record: records) {
        System.out.println("Current customer name is: " +
            record.value().getName()); ❹
    }
    consumer.commitSync();
}
```

❶ 使用 KafkaAvroDeserializer 反序列化 Avro 訊息。

❷ schema.registry.url 是新的參數。簡單地指向儲存綱要的位置。如此消費者可以使用生產者註冊好的綱要反序列化訊息。

❸ 指定先前產生好的類別（`Customer`）作為紀錄值的型別。

❹ `record.value` 是 `Customer` 實例，可以根據需求應用。

獨立消費者：為何需要以及如何使用獨立消費者

目前為止，已經討論過消費者群組，每個分區會自動的分配給群組內的消費者並在消費者加入或退出群組時自動平衡。一般來說這是預期的行為，但有些案例中可能希望一個更簡易的架構，若某單一消費者總需要從某個主題的所有分區中讀取資料，或是讀取主題內特定的分區。在這類案例中，並沒有理由使用群組或再平衡的機制——僅需分配消費者指定的主題或分區，消費訊息並定期遞交偏移值即可。

當明確知道消費者需要讀取的分區為何時，則不需訂閱（subscribe）主題——取而代之的是直接分配（assign）指定分區即可。消費者可以訂閱主題（並作為消費者群組內的一部分），也可以直接分配分區，但兩者同時只能選擇其一。

下列是消費者如何分配指定主題的所有分區並從中開始消費的範例：

```
List<PartitionInfo> partitionInfos = null;
partitionInfos = consumer.partitionsFor("topic"); ❶

if (partitionInfos != null) {
    for (PartitionInfo partition : partitionInfos)
        partitions.add(new TopicPartition(partition.topic(),
          partition.partition()));
    consumer.assign(partitions); ❷

    while (true) {
        ConsumerRecords<String, String> records =
          consumer.poll(1000);

        for (ConsumerRecord<String, String> record: records) {
            System.out.printf("topic = %s, partition = %s, offset = %d,
              customer = %s, country = %s\n",
              record.topic(), record.partition(), record.offset(),
              record.key(), record.value());
        }
        consumer.commitSync();
    }
}
```

❶ 首先確認叢集內主題中的可用分區。若只想消費某個指定分區，可忽略此步驟。

❷ 取得分區後，呼叫 assign 並傳遞列表。

除了沒有再平衡機制以及必須手動指定分區外，其他的操作與一般消費者皆相同。請留意如果有人為主題新增分區，消費者將不會被通知。你必須定期透過 consumer. partitionsFor() 檢查或是在新增分區後簡易地重新啟動。

較舊的消費者 API

本章所討論的 KafkaConsumer 客戶端是 org.apache.kafka.clients 套件。撰寫本書的時候，Apache Kafka 還有兩個較舊的的客戶端（以 Scala 實作），並屬於 kafka.consumer 的一部分。這些消費者端稱為 SimpleConsumer（雖然使用上並不簡易）。SimpleConsumer 是 Kafka API 的一個輕量包裹器允許從特定分區以偏移值進行消費。另外一個較舊的 API 被稱為高階消費者或 ZookeeperConsumerConnector。此高階消費者有點類似現行版本的消費者，有消費者群組與分區再平衡機制，但其透過 Zookeeper 管理消費者群組並缺少控制遞交或再平衡行為等功能。

總結

本章一開始先深入探討 Kafka 的消費者群組機制以及多個消費者共享主題並從中讀取事件串流的作法。接著討論一些理論，並搭配消費者訂閱主題來持續讀取事件資料的實際範例。接著說明消費者配置最重要的設定以及這些設定為消費者行為所帶來的影響。另外本章花費大量篇幅討論偏移值以及消費者如何持續追蹤。了解消費者是如何遞交偏移值在撰寫可靠的消費者系統時相當關鍵，因此我們仔細地解釋各式不同的作法。此外我們還討論了一些消費者 API 用法，包含處理再平衡以及關閉消費者等。

最後結束前，我們探討了用於將位元組陣列轉換成 Java 物件使應用程式得以處理資料的反序列化器。另外還說明了 Avro 反序列化器的使用方式與一些細節，雖然這只是眾多反序列化器中的一種，但此序列化器在 Kafka 中被廣泛使用。

現在你已經知道如何藉由 Kafka 生產與消費事件，下一章將會解釋一些 Kafka 內部實作機制。

## 第五章

Kafka 內部機制

要在生產環境運行 Kafka 或撰寫相關的應用程式並沒有強制要求先了解 Kafka 內部運作原理。然而，理解 Kafka 的運作原理在問題排除或是觀察 Kafka 行為時相當有用。因為解釋每個類別的實作或設計細節已經超出本書的範疇，本章將專注在下列三個與 Kafka 實務特別有關係的主題：

- Kafka 副本的運作原理
- Kafka 如何處理生產者與消費者的請求
- Kafka 如何儲存檔案格式與索引

深入了解這些主題在調校 Kafka 時特別有用，理解這些機制後在調校 Kafka 參數時將會更確實並且精準，而不是漫無目的的嘗試。

叢集成員

Kafka 使用 Apache Zookeeper 維護叢集內的代理器成員列表。每個代理器都有一個唯一的辨識符，此辨識符可透過系統自動產生或是手動指定。每次代理器啟動時，會先將此辨識符作為 ID 在 Zookeeper 中註冊為**短暫節點**（*ephemeral node*）（*http://bit.ly/2s3MYHh*）。不同的 Kafka 元件皆可訂閱代理器註冊於 Zookeeper 中的路徑 /brokers/ids，如此一來當代理器新增或移除時便可收到通知。

如果嘗試啟動一個擁有相同 ID 的代理器，將會產生一個錯誤事件——因為在 Zookeeper 中已經擁有相同節點的 ID，新的代理器在嘗試註冊會失敗。

當代理器與 Zookeeper 的連線失效時（一般情況是代理器關閉時，但也有可能是網路發生分區問題或是長時間的垃圾收集暫停），代理器啟動時創建的暫時節點將會被 Zookeeper 自動移除，而關注代理器列表的 Kafka 各個元件將會收到通知有節點從列表中移除。

即便代理器中止時，代表代理器的暫時節點會被移除，代理器 ID 仍存在其他的資料結構內。例如每個主題的副本列表中（請參考 97 頁的「副本」一節）包含副本所在的代理器 ID 資訊。因此，若中止一個代理器並用相同的 ID 名稱啟動一個新代理器，該代理器會立即加入叢集取代原先代理器的位置，並取得與原代理器相同的主題與副本。

控制器

控制器是 Kafka 代理器中的一員，除了一般代理器的任務外，還負責選擇分區領導者（在下一節會討論分區領導者及其任務）。第一個加入叢集中的代理器會成為控制器，並在 Kafka ZooKeeper 中建立一個位於 /controller 的暫時節點。其他代理器啟動時，也會嘗試建立此節點，但會收到「節點已存在」的例外，這會使得他們「了解」控制器節點已經存在叢集中。這些代理器會建立 *Zookeeper Watch*（*http://bit.ly/2sKoTTN*）並觀察控制者節點，因此若該節點狀態發生改變，各個代理器便會收到通知。透過這種方式我們可以保證同時只有一個代理器存在叢集內。

當控制代理器中止或與 Zookeeper 的連線中斷時，臨時節點將會消失。叢集內的其他代理器會透過 Zookeeper Watch 收到通知，並各自嘗試在 Zookeeper 中建立控制者節點。第一個在 Zookeeper 中建立控制者節點的代理器將成為新的控制代理器，而其他節點又會收到「節點已存在」的例外並再次在新的控制器路徑上建立 Zookeeper Watch。每次控制器選舉時，皆會透過 Zookeeper 條件式遞增操作產生一個新的（並且更大）**控制器時代**序列號碼。每個代理器會接收到此序列號碼，並若從較舊的控制器（有較舊的序列號碼）收到訊息，代理器會逕行忽略。

當控制器注意到代理器離開叢集時（透過觀察相關的 Zookeeper 節點路徑），會為該節點上的分區領導者選出新的領導者。它會收集所有需要選出新領導者的分區，並決定每個分區的新領導者為何（簡單地選擇副本列表中的下一個代理器作為新的分區領導者代理器），並傳送請求給所有該分區的代理器（無論是作為領導者或跟隨者），該請求包含分區的領導者與跟隨者資訊。收到請求後，分區領導者知道必須開始服務生產者與消費者的請求而跟隨者會開始從新的領導者分區中複製資料。

當控制器發現代理器加入叢集時，控制器會檢視代理器的 ID 是否存在副本資料，若有則會將此變動通知新加入以及既有的代理器，新代理器上的副本會從既存的分區領導者複製資料。

總言之，Kafka 使用 Zookeeper 暫時節點的功能選出控制器並在節點加入或離開叢集時即時通知控制器。控制器還負責選出每個分區的領導者。控制器使用時代序列號碼避免「腦裂」現象，預防兩個節點皆自認為控制者。

副本

副本是 Kafka 架構的核心概念。Kafka 官方文件在介紹時便說明 Kafka 為「分散式、分區並擁有副本機制的日誌遞交服務」。當 Kafka 有節點失效時，副本也是保證資料可用性及持久性的關鍵。

如同我們所討論過的，Kafka 將資料組織成各個主題。每個主題有著多個分區，而每個分區則可以有多個副本。這些副本資料儲存在各個代理器中。一般來說每個代理器會儲存數百甚至數千個副本，這些副本可能隸屬於不同的主題以及分區。

副本可分為兩種類型：

領導者副本

> 每個分區皆有一個副本被指定為領導者。所有生產者與消費者的請求皆由領導者副本服務，以保證資料一致性。

跟隨者副本

> 所有非屬於領導者的副本皆為跟隨者副本。跟隨指副本並不服務客戶端的請求：他們僅負責持續從領導者副本中複製資料。當領導者副本失效時，某個跟隨者副本會被晉升為領導者。

領導者副本的另外一項任務是確定跟隨者是否有隨著領導者更新資料。當資料寫入領導者副本時，跟隨者會嘗試持續從領導者更新資料，但同步的過程中可能因為各種原因失敗，例如網路壅塞或代理器失效導致所有位於該代理器的副本都停止同步，直到代理器重新啟動為止。

為了與領導者副本保持同步，跟隨者副本會傳送 Fetch 請求給領導者，這與消費者為了消費訊息而傳遞請求本質上相同。為了處理這些請求，領導者會傳遞訊息給跟隨者副本。這些 Fetch 請求中包含跟隨者副本希望接收的訊息偏移值,這些偏移值總是有序的。

跟隨者副本會請求訊息 1,接著請求訊息 2、訊息 3 等,並且不會在尚未收到前面的訊息之前請求訊息 4。這代表領導者在收到訊息 4 的請求時,必須確保跟隨者副本已經接收了訊息 3。藉由檢視每個副本請求的最後一個偏移值,領導者可以確認每個跟隨者的同步進度。若跟隨者副本沒有在 10 秒內發出請求,或是有發出請求但是 10 秒沒有同步到最新進度,此時該跟隨者副本將被視為**非同步副本**。若跟隨者副本無法跟上領導者,則在領導者副本失效時無法成為領導者的候選人——畢竟,該跟隨者沒有擁有完整的訊息資料。

另一方面,擁有最新資料的副本則被視為**同步副本**。當領導者失效時,只有同步副本是分區領導者的合法候選人。

跟隨者落後領導者的容許時間(而不被視為非同步副本)可透過 `replica.lag.time.max.ms` 參數設定。此設定會牽連客戶端的行為以及領導者選舉期間資料的保存。我們將在第六章討論可靠性時進一步探討此議題。

除了現存的領導者副本外,每個分區還有一個**偏好領導者**副本——也就是原先主題建立時各分區的領導者副本。會偏好這些副本是因為主題建立時,各個分區領導者會平均分散在代理器間(本章稍後會解釋在代理器間分散副本與領導者的演算法)。因此我們期待偏好領導者實際擔任領導者副本時,負載會平均分散在各個代理器間。預設 Kafka 會將 `auto.leader.rebalance.enable` 設定為 `true`,這會檢查偏好領導者是否為實際的領導者,若不是領導者,並且處於同步狀態,則會觸發領導者選舉使得偏好領導者副本可以成為領導者。

找尋偏好領導者副本

指認目前偏好的領導者副本最好的方式就是觀察副本的副本列表(可以透過 kafka-topics.sh 工具觀察每個分區與副本的細節資訊,我們會在第十章討論其他的管理工具)。列表中的第一個副本總會是偏好領導者副本。無論是現在的領導者副本為何,甚至副本被手動重新分配到其他代理器,這個條件仍會成立。實際上,手動重新分配副本時,要特別注意所指定的第一個副本將會成為偏好副本。因此確保這些偏好副本會散落在不同的代理器,以避免代理器間負載不平均。

處理請求

Kafka 代理器最重要的任務就是處理從客戶端、分區副本與控制器等傳送至分區領導者的請求。Kafka 擁有一個二進位協定（架構在 TCP 層之上），協定中會指定請求的格式與代理器的回應方式──無論是請求成功處理或是處理過程中發生錯誤。一般客戶端會初始化連線然後傳送請求，而代理器便會處理請求並返回回覆。單一客戶端送至代理器的所有請求皆會根據接收的順序依序處理──此作法使得 Kafka 就像個訊息佇列並提供訊息儲存的順序保證。

所有請求皆有標準的標頭格式，其中包含：

- 請求型別（也被稱為 API 鍵）
- 請求版本（代理器可以據此處理不同版本的客戶端以及回應）
- 關聯 ID：請求的唯一識別碼，也會用於回覆與錯誤日誌中（此 ID 可用於除錯用途）
- 客戶端 ID：用於辨識哪個應用程式傳送的請求之用。

在此不特別說明協定的內容，而 Kafka 官方文件對協定有詳盡的說明（*http://kafka.apache.org/protocol.html*）。然而，了解請求是如何被代理器處理相當有幫助──稍後當我們討論到如何監控 Kafka 與眾多設定選項時，將幫助你了解關於佇列與執行緒的相關量測值與設定參數。

每個代理器監聽的埠口都會運行一個**接收者**執行緒，該執行緒負責建立連線並將請求傳給**處理者**執行緒進行處理。處理者執行緒的數量（又稱為**網路執行緒**）可以進行調整。網路執行緒負責從客戶端連線提取請求，並將請求放置於**請求佇列**，並從**回應佇列**中提取回覆傳送回客戶端（如圖 5-1 所示）。

一旦請求被放置於請求佇列中，**IO 執行緒**會負責取出並進行處理，最常見的請求類型為：

生產請求

   由生產者傳送的請求，並攜帶著向 Kafka 代理器寫入的訊息。

提取請求

   當消費者與跟隨者副本需要從 Kafka 代理器端讀取訊息時產生的請求。

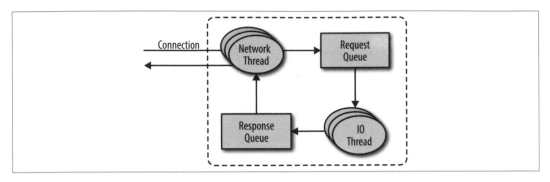

圖 5-1　Apache　Kafka 的請求處理程序

生產者與提取請求皆必須透過分區領導者副本處理。若代理器皆收到的請求，其目標分區與領導者不存在該代理器上，傳送生產請求的客戶端會收到「Not a Leader for Partition」錯誤訊息。而提取某個代理器中不存在的分區請求也會產生相同的錯誤。Kafka 客戶端會負責將請求與提取傳遞給擁有相關分區領導者的代理器。

客戶端如何得知傳遞請求的目的代理器？ Kafka 客戶端使用另外一種請求稱為「元數據請求」來取得客戶端感興趣的主題列表。列表中會註明每個主題的分區副本與領導者位於何處。綱要請求可以傳送給任意的代理器因為所有代理器都有維護元數據資料。

通常客戶端會快取此元數據資訊並應用於 produce 與 fetch 請求傳送給正確的代理器。另外必須定期發送元數據請求更新（可透過 `metadata.max.age.ms` 設定頻率）元數據資料，並反應主題元數據資訊的變化——舉例來說，若加入新的代理器或某些副本被移至新的代理器（如圖 5-2）。除此之外，如果客戶端發送請求後接收到「Not a Leader」的錯誤訊息回覆，在重新嘗試傳送請求之前也會更新綱要資訊，因為客戶端維護的綱要資料有可能已經過時並將請求傳送給錯誤的代理器。

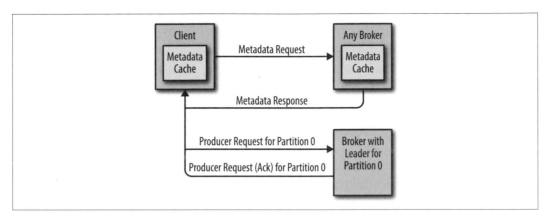

圖 5-2　客戶端請求流程

生產請求

如同第三章所述，參數設定 acks 代表訊息被視為成功寫入之前，需要回覆的代理器數量。生產者寫入訊息時可以控制「寫入成功」的定義，有可能只要領導者副本（acks=1）回覆即可、所有同步副本都必須回覆（acks=all）、或是訊息傳遞出去後直接視為寫入成功不等待代理器的回覆（acks=0）。

當擁有領導者副本的代理器收到對應分區的生產請求後，便會執行一系列驗證：

- 傳送資料的使用者對該主題是否擁有寫入權限？

- 請求所設定的 acks 數量條件是否正確（只允許設定為 0、1、「all」）？

- 若 acks 為 all，同步副本的數量是否足夠？（代理器可以設定同步數量的副本數的門檻值，若低於此值則拒絕訊息的寫入請求，第六章討論 Kafka 的持久性與可靠度保證時會進一步討論此設定）。

若檢驗通過代理器會將新訊息寫入本機磁碟。但在 Linux 作業系統上訊息會被寫入檔案系統快取，而這不能保證何時資料會被持久化到磁碟。Kafka 不會等到資料被持久化才回覆── Kafka 依靠副本機制確保資料的持久性。

一旦訊息寫入分區領導者副本，代理器會檢驗 acks 參數──若 acks 設定為 0 或 1 則代理器會立即回覆客戶端；若 acks 設定為 all，則請求會暫存於一個名為 *purgatory* 的緩衝區內，直到領導者觀察到追隨者副本已複製了訊息為止，然後才會回覆客戶端。

提取請求

代理器處理提取請求與處理生產請求的方式非常相似。客戶端傳送請求要求代理器從對應主題列表、分區與偏移值中回傳訊息——與「請將位於主題 Test 中分區 0 偏移值 53 與分區 3 偏移值 64 起始的訊息依序傳遞給我」。客戶端也會限制代理器每個分區每次能夠提取並返回的訊息數量。此限制相當重要因為客戶端必須分配記憶體給這些從代理器返回的訊息。若沒有此限制，代理器返回的訊息可能過於龐大而使得客戶端的記憶體耗盡。

如同先前所討論，客戶端發送請求時必須指定傳遞給分區領導者並且必要時會發送元數據請求以確保提取請求的正確性。領導者接收後，會先確認請求內容是否正確——請求的分區偏移值是否存在？若客戶端請求的訊息過舊已經從分區中移除或是偏移值尚未存在，代理器也會返回錯誤訊息。

若偏移值存在，代理器會從分區中的偏移值開始讀取對應的訊息，直到客戶端於請求中設定的訊息上限數量為止，接著將訊息返回給客戶端。Kafka 的知名特色便是使用 zero-copy 機制將訊息回傳給客戶端——這意謂著 Kafka 會直接地從檔案系統（更有可能的是從 Linux 檔案系統快取）將訊息透過網路傳遞給客戶端，而無須任何中介暫存層。這種資料傳遞方式與大多數資料庫系統大相逕庭，資料庫系統通常會在資料傳遞給客戶端前將資料儲存於本地快取層，而透過 zero-copy 方式進行傳遞效能要好得多。

客戶端除了會限制代理器端返回資料量的上限外，還能設定返回資料量的下限。舉例來說，若將下限設定為 10K 位元組，意謂著客戶端告訴代理器「只有在訊息量超過 10K 位元組才返還給我」。這種方式在客戶端從低網路速度的主題中讀取資料時，可以有效降低處理器與網路頻寬的使用量。如此客戶端便不會每隔數毫秒便發送提取請求給代理器，然後返回非常少量的訊息甚至沒有，客戶端送出提取請求後，代理器會收集到一定量的資料後才會返回。客戶端收到回覆後才會發送下一次的提取請求（如圖 5-3 所示）。兩種方式的資料讀取量相同，但請求往返的次數要少上許多，並節省許多資料消耗。

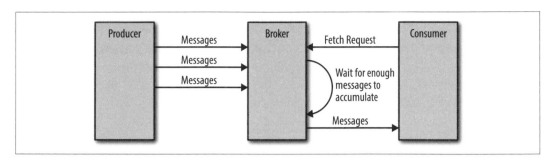

圖 5-3　代理器在收集到足夠資料量前延遲返還

當然，我們並不希望客戶端永無止盡的等待代理器收集一定量的資料。等待一定的時間後，將目前既有的資料返回給客戶端進行處理是相當合理的作法。因此，客戶端也可以定義逾時值告訴代理器「若在 x 毫秒後仍沒有滿足最低資料量，就直接返回現有資料吧。」

另外必須注意不是所有存在分區領導者內的資料客戶端皆能使用。多數客戶端僅能讀取已經寫入所有同步副本（跟隨者副本雖然算是消費者，但免除此限制，否則副本機制便無法運作）內的訊息。先前已經討論過分區領導者會知道訊息被複製到哪個副本上，當訊息被寫入所有同步副本前，都不會傳送給客戶端。嘗試提取這些訊息不會回傳錯誤訊息，僅會回傳空的內容。

這種設計方式的緣由是因為當訊息沒有複製到足夠的副本之前會被視為「不安全」的狀態──若分區領導者失效由另外一個副本接替，這些訊息將等同於不存在 Kafka 系統中。若允許客戶端讀取這些僅存於領導者節點中的訊息，可能會引起訊息不一致的情況。舉例來說，若消費者讀取了某個訊息後領導者分區失效並且其他代理器尚未擁有該訊息，該訊息便會從系統中消失。沒有其他消費者有辦法讀到相同的訊息，這會與讀取到該筆資料的消費者產生不一致的現象。取而代之的作法是，等到所有同步副本皆接收到該訊息後，消費者才被允許讀取該筆訊息（如圖 5-4 所示）。這意謂著若代理器間的複製動作因為某些因素執行緩慢，會延遲新訊息傳遞給消費者的時間（因為必須先等待訊息同步）。這個延遲時間可以藉由 replica.lag.time.max.ms 控制──副本複製訊息時，在耗費多久時間內仍可被視為同步副本。

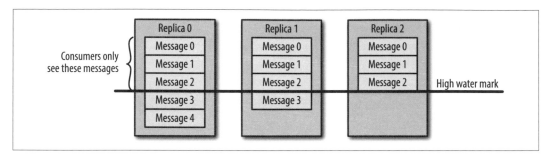

圖 5-4　消費者僅能讀取已複製到同步副本的訊息

其他請求

我們僅討論了 Kafka 客戶端最常發出的請求類型：Metadata、Produce 與 Fetch。還必須注意客戶端使用於網路層的泛用二進位協定。雖然 Apache Kafka 專案實作並維護了 Java 客戶端，仍有其他許多語言的客戶端例如 C、Python、Go 等。可以在 Apache Kafka 網頁（*http://bit.ly/2sKvTjx*）觀看客戶端完整列表，而這些客戶端都透過相同的網路協定與 Kafka 溝通。

此外，Kafka 代理器間也使用相同的協定進行溝通。這些屬於內部請求並不會被客戶端使用。例如當控制器宣佈分區擁有新領導者時會發送 LeaderAndIsr 請求給新領導者（因此該領導者會開始接收客戶端的請求）以及跟隨者副本（因此跟隨者副本會開始跟隨新的領導者）。

目前 Kafka 協定處理了 20 種不同的請求類型，而未來會加入更多種的請求。隨著客戶端加入功能，協定也仍持續演進中以符合需求。舉例來說，過去 Kafka 消費者使用 Apache Zookeeper 追蹤從 Kafka 讀取訊息的偏移值。因此當消費者啟動後，會透過 Zookeeper 檢查上次最後讀取的訊息分區偏移值為何以便接下去讀取。爾後因為許多因素決定捨棄使用 Zookeeper 追蹤偏移值，並將偏移值的追蹤功能實現於某個特別的 Kafka 主題內。為了實作此功能，特別在協定中添加了幾個請求類型：OffsetCommitRequest、OffsetFetchRequest 與 ListOffsetsRequest。現在當應用程式呼叫客戶端 API 來遞交偏移值時，客戶端不會將偏移值紀錄在 Zookeeper 內，而會傳送 OffsetCommitRequest 請求給 Kafka。

創建主題仍是透過命令列工具直接更新 Zookeeper 內的主題列表，並且代理器會監視此列表得知新的主題加入。目前專案正在改良 Kafka 並加入 CreateTopicRequest 使得所有客戶端（即便是沒有 Zookeeper 函式庫的程式語言）可以藉由發送請求給 Kafka 代理器直接建立主題。

除了在協定中增添新的請求類型外，我們有時候也選擇修改既有請求來擴充功能。舉例來說，Kafka0.9.0 與 Kafka0.10.0 時決定修改元數據請求新增額外資訊使得客戶端得以知道目前的控制器為何者，因此新版的元數據就此產生。如此一來，0.9.0 版本的客戶端傳送版本代號 0 的元數據請求（因為 0.9.0 版客戶端沒有版本 1 的請求類型）。而代理器，無論是 0.9.0 還是 0.10.0 版，皆能回傳版本 0 的回覆訊息，而此版本中沒有控制器訊息。這種作法沒有問題，因為 0.9.0 客戶端並不期待收到控制器的資訊並且不知道如何解析這段訊息。若是使用 0.10.0 客戶端，將會傳送版本代號 1 的元數據請求並且 0.10.0 版的代理器將會回傳版本 1 的回覆訊息，內含控制器的資訊，而 0.10.0 客戶端將會利用這些訊息。若 0.10.0 版客戶端傳送版本代號 1 的元數據請求給 0.9.0 版的代理器，代理器將不知道該如何處理並且會回報錯誤。為此我們建議升級任何客戶端前，先升級代理器，新版本的代理器知道如何處理舊版本的請求，而反之則否。

0.10.0 版中新增了 ApiVersionRequest，此請求允許客戶端詢問代理器每個請求所支援的版本為何並根據回應使用合適的請求版本。客戶端可以透過此功能，查詢舊版代理器所支援的協定版本，並據此與舊版的代理器進行溝通。

物理儲存

Kafka 基礎儲存單元為分區副本。一個分區不能切割分散至多個代理器中，甚至在代理器中分區也無法跨磁碟進行儲存。因此一個分區的容量上限受限於單一掛載點的容量（一個掛載點通常會掛載一個磁碟，若透過 JBOD 或 RAID 配置則能掛多顆磁碟，請參考第二章）。

設定 Kafka 時，管理者會定義一個分區能夠儲存資料的目錄列表，也就是 log.dirs 設定參數（請別與 Kafka 儲存錯誤日誌的位置混淆，此位置定義於 log4j.properties 檔案中）。此參數設定通常會指定所有分配給 Kafka 使用的掛載點位置。

讓我們來觀察 Kafka 是如何使用這些目錄儲存資料。首先我們希望了解資料如何分配給叢集中的代理器與代理器中的各個資料目錄。接著我們會討論代理器如何處理這些檔案——尤其實現儲存保證。接著我們會進一步探討檔案與索引的格式。最後將說明 Log Compaction 功能，此進階功能允許 Kafka 長期儲存資料，我們會描述此功能如何運作。

分區的分配

建立主題時，Kafka 會先決定如何將主題分散在代理器間。若叢集中共有 6 個代理器而主題擁有 10 個分區，並且副本數為 3 份。故 Kafka 現在擁有 30 個分區副本必須分散在 6 個代理器中。進行分配時，以下為考量的要點：

- 將副本平均分散在各個代理器間——以上述情境為例需確保每個代理器持有 5 個副本。

- 確保每個分區的各個副本分散在不同的代理器上。若分區 0 的領導者副本位於代理器 2 號上，跟隨者副本可分配給代理器 3 號與 4 號，但不能分配給代理器 2 號或兩個跟隨者副本都在代理 3 號。

- 若代理器擁有機架資訊（Kafka 0.10.0 版開始提供的功能），每個分區的副本會盡可能分散於不同的機架上。這種策略能確保因為某些事件以致某機架整座失效時，分區資料仍可用。

為此，系統首先隨機選擇代理器（假設是代理器 4 號）並以平均分配（round-robin）的方式分配分區領導者副本給各代理器。因此若分區 0 的領導者位於代理器 4 號，分區 1 的領導者將位於代理器 5 號，分區 2 的領導者將位於代理器 0 號（別忘記我們僅有 6 個代理器）依此類推。接著從分區領導者所在的代理器開始，以遞增的方式分配跟隨者副本所在的代理器。若分區 0 的領導者位於代理器 4 號，則第一個跟隨者副本將位於代理器 5 號，而第二個跟隨者副本將位於代理器 0 號。同樣地，分區 1 的領導者位於代理器 5 號，則第一個跟隨者副本將位於代理器 0 號，而第二個跟隨者副本將位於代理器 1 號。

當啟動機架感知功能時，取代數字順序選取代理器的作法是以每個機架上擁有的代理器進行分配。假設我們知道代理器 0、1 與 2 號位於相同的機架，而代理器 3、4 與 5 號位於另一座機架。取代傳統由編號 0 到 5 依序選擇代理器的作法，現在代理器會排列成 0,3, 1, 4, 2, 5 ——位於兩座機架上的代理器彼此交互排序（如圖 5-5 所示）。此案例中，若分區 0 的領導者位於代理器 4 號，則第一個跟隨者副本將位於代理器 2 號，與前一個代理器所處的機架不同。這種設計方式相當好，因為若第一個機架完全失效，其他機架仍有存活的副本因此分區仍可用。每個分區副本都會用相同的概念進行分配，因此若機架失效時，仍能確保資料的可用性。

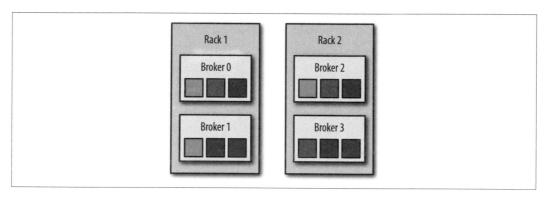

圖 5-5　分區與副本分配至不同機架上的代理器

為每個分區與副本選擇合適地代理器後,接著必須為新的分區決定寫入的資料目錄。每個分區的寫入的資料目錄皆為獨立,而規則非常簡單:系統會計算每個目錄已經分配到的分區數量,並將新的分區分配給目前分區數量最少的目錄。這意謂著若新添磁碟,新的分區都會先將資料存於此磁碟直到各磁碟擁有的分區數量平衡為止。

留心磁碟空間

注意分配分區給各個代理器時並沒有考量每個代理器的可用儲存空間或負載狀況,而為分區指定使用的磁碟目錄時僅考量分區數量,而沒有考慮磁碟空間使用量。這代表若某些代理器較其他代理器擁有較多磁碟空間(有可能在混合型叢集中發生)、某些分區異常的龐大或是相同代理器中各個磁碟的容量空間不一時,必須要特別留意分區的分配狀況。

檔案管理

資料保留在 Kafka 中是一個重要的概念—— Kafka 並不會永久保留資料,也不會等待所有消費者消費過後才進行刪除。取而代之的是 Kafka 管理者必須為每個主題配置恰當的保留週期——可能是訊息被刪除前可保留的時間長度或是容量。

因為在大型檔案中尋找需要清除的訊息以及刪除部份檔案相當耗時並且容易出錯,因此 Kafka 將每個分區切分成多個資料段(*segments*)。預設每個資料段會包含 1GB 或一週長度的資料(以先達成的條件為主)。當 Kafka 代理器將資料寫入分區時,若已經達資料段的限制,Kafka 會關閉該資料段並建立另外一個新資料段。

目前正在寫入的資料段被稱為**活躍資料段**。活躍資料段絕不會被移除，因此若設定僅保留一天的日誌資料，但每個資料段卻包含了五天長度的資料，實際上資料會被保留五天因為資料段直到被關閉前不會被移除。若選擇儲存一週的資料並且每日會產生新的資料段，將可以觀察到每日都會產生新的資料段並且移除最舊的資料段——因此大部分的時間分區都會維持七個資料段。

如同第二章所述，Kafka 代理器會為每個分區中的每個資料段開啟一個檔案描述符——即便是非活躍資料段。這使得一般來說檔案描述符開啟數量會相當高，而作業系統必須進行恰當地調校。

檔案格式

每個資料段皆被儲存成一個單一資料檔案。檔案中儲存著 Kafka 訊息以及對應的偏移值。磁碟上的資料格式與當初透過生產者傳遞給代理器的訊息以及之後代理器提供給消費者使用的格式皆如出一轍。讓磁碟中與在網路中傳輸時的資料格式一致可以讓 Kafka 使用零複製的方式在傳遞訊息給消費者時最佳化，並且避免對生產者傳入的壓縮訊息反覆地解壓縮與壓縮。

每個訊息中除了包含鍵、值以及偏移值外，還包含了諸如訊息大小、檢查碼（允許我們驗證資料正確性）、魔術位元組（代表訊息格式的版本）、壓縮編碼（Snappy、GZip 或是 LZ4）以及時間戳記（在 0.10.0 版加入）。時間戳記，根據設定可由生產者傳遞訊息時或是代理器接收到訊息時加入。

若生產者傳遞的是壓縮後的訊息，所有位於單一生產者批次內的資料皆會被一起壓縮並當作一個「包裹訊息」的「值」進行傳送（如圖 5-6）所示。因此代理器傳送給消費者端時，也是一整筆的包裹訊息。但在消費者解壓縮包裹訊息後，批次中的每筆資料皆擁有各自的時間戳記與偏移值。

這代表若在生產者端使用壓縮機制（這是建議的作法！），傳送較大的批次並壓縮將有助於網路以及代理器磁碟的使用量。這也意謂著若要修改消費者端使用的訊息格式（例如在訊息中加入時間戳記），網路傳輸的協定與磁碟上的資料格式都必須一併修改，而 Kafka 代理器在版本升級時，必須知道如何處理檔案內的資料在兩種不同格式間的轉換。

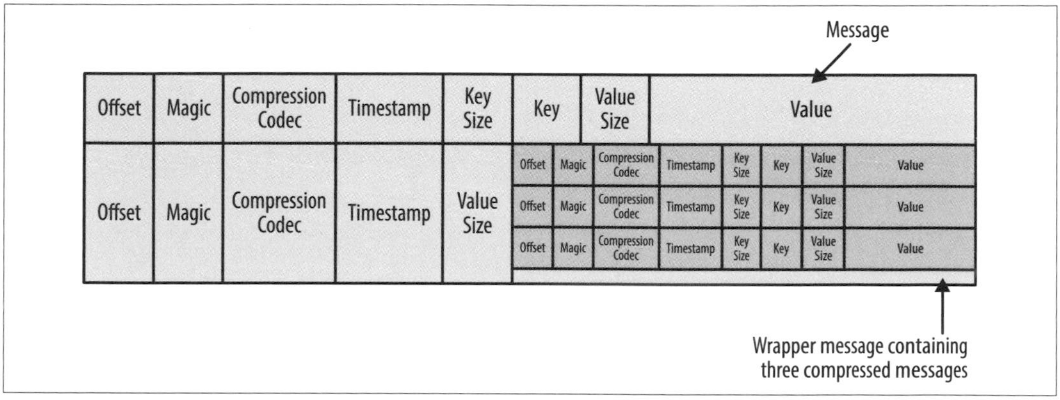

圖 5-6　一般訊息與包裹訊息

Kafka 代理器中提供 `DumpLogSegment` 工具讓使用者能直接觀察檔案系統中的分區資料段並檢視內容。工具還會顯示每筆訊息的偏移值、檢查碼、魔術位元組、大小以及壓縮編碼。可以透過下列方式使用工具：

```
bin/kafka-run-class.sh kafka.tools.DumpLogSegments
```

若使用 `--deep-iteration` 參數，則會顯示壓縮於包裹訊息中的訊息。

索引

Kafka 允許消費者從任何有效偏移值開始提取訊息。這代表若消費者從偏移值 100 開始請求 1MB 資料量的訊息，代理器必須能夠快速定位到偏移值 100 之處（可能位於任何一個分區資料段中）並從該處開始讀取訊息。為了讓代理器能夠根據偏移值快速定位訊息的位置，Kafka 維護了每個分區的索引。索引會映射資料段檔案的偏移值以及檔案中的位置。

索引也整合在資料段中，因此在清除舊資料時索引也會被一併清除。Kafka 沒有維護索引的檢查碼。若索引失效，Kafka 會從對應的日誌資料段直接再次讀取訊息並紀錄對應的偏移值與檔案中的位置以重建索引。管理者若因需要而刪除索引也會是安全的行為── Kafka 在必要時會自動自行重建。

壓縮

Kafka 一般會儲存訊息一段時間後便將過期的訊息清除。然而，試著想像若透過 Kafka 儲存客戶郵寄地址。此案例中，僅維護每個客戶最新的地址比維護近一週或一年的資料要來的合理的多。這種維護方式無須擔心舊地址，並且客戶若客戶沒有搬遷資料也不會被清除。另外一個使用案例是應用程式透過 Kafka 儲存狀態相關資訊。每次當狀態改變時，應用程式會將新的狀態寫入 Kafka。當應用程式從失效中恢復時，會從 Kafka 讀取最新狀態並更新。此案例中應用程式僅關心失效前的最後狀態，而不是運行中每次狀態的改變。

Kafka 可以支援這樣的使用情境，透過將主題的資料保留策略由 *delete*，這會將過期的資料清除，改為 *compact*，這種作法僅會保留主題中每個鍵的最新值。明顯地這種策略僅對應用程式產生的是擁有鍵值形式的資料有效。若資料的鍵部值為空，則壓縮會失敗。

壓縮工作原理

日誌段會被切割成兩個部份（如圖 5-7 所示）：

Clean

曾經壓縮過的訊息。此部份每個鍵僅包含一個值，也就是最近一次壓縮過後所產生的值。

Dirty

在最後一次壓縮執行後才寫入的訊息。

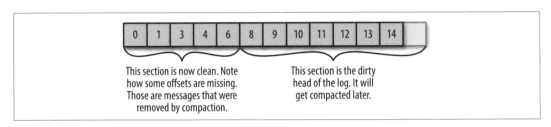

圖 5-7　乾淨與髒污的日誌段

若 Kafka 啟動時即開啟壓縮功能（藉由一個名稱怪異的參數 *log.cleaner.enabled* ），每個代理器會啟動一個壓縮管理者執行緒以及數個壓縮執行緒。這些執行緒會負責執行壓縮任務。這些執行緒會選擇髒污訊息比率最高的分區優先進行壓縮。

壓縮分區內的日誌時，執行緒會讀取分區中的髒污訊息的日誌段並在記憶體中建立映射表。表中每個實體都是一個壓縮過的的日誌鍵雜湊碼（16 位元組）與前一個擁有相同鍵的訊息的偏移值（8 位元組）。這代表每個映射表實體僅佔用 24 位元組。若資料段為 1GB 並且假設每個資料段中每個訊息最大為 1KB，那資料段即包含一百萬筆訊息，而僅需 24MB 的映射表來壓縮資料段（可能使用量會多餘或少於此值，端看鍵的重複程度，若許多資料的鍵皆重複，那就會重複使用相同的雜湊碼進而減少記憶體使用量）。這種作法相當有效率。

設定 Kafka 時，管理者會配置壓縮執行緒可以用於此偏移值映射表的記憶體量。雖然每個執行緒擁有自己的映射表，此設定僅限制所有執行緒的記憶體映射表總量。若為壓縮偏移值映射表配置 1GB 的記憶體並且擁有五個執行緒，每個執行緒將獲得 200MB 的使用量。Kafka 不會要求整個分區髒污部份要能的完整存入偏移值映射表，但至少要能容納一個完整的日誌段。若無法 Kafka 會紀錄錯誤訊息而管理者需要分配更多記憶體給偏移值映射表或降低執行緒的數量。若僅有能容納數個日誌段，Kafka 會先壓縮映射表中最舊的日誌段。剩餘髒污的部份則等待下次的壓縮。

一旦執行緒建立偏移值映射表後，會先抄寫乾淨日誌段的資料（由舊到新），並檢視是否有出現在偏移值映射表中。若沒有發現則代表訊息仍是該鍵的最新資料，則將該筆日誌資料複製到另外一個資料段。若發現該筆資料的鍵值有出現在偏移值映射表中，則該筆資料會被忽略因為代表該鍵在分區中已經有更新的資料。抄寫完畢後，新的資料段會取代既有的資料段並依序壓縮下一個資料段。當壓縮任務完畢後，每個鍵皆僅會保留一個最新值（如圖 5-8 所示）。

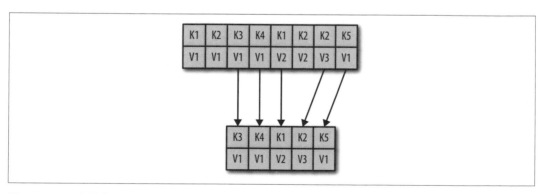

圖 5-8　分區資料段壓縮前後示意圖

刪除事件

若我們總是希望保留每個鍵的最後一筆訊息,當我們希望刪除某個鍵的所有訊息時該如何處理?若使用者棄用服務,而法律上必須將使用者的所有資料從系統中移除時該如何處理?

為了將某個鍵值從系統中完整移除而不儲存最新的一筆訊息,應用程式必須產生該鍵的空訊息。當執行緒發現此筆資料時,首先會執行一般壓縮流程,並且保留空值作為訊息內容。代理器會保留此特殊訊息(又被稱為**墓碑訊息**)一段可設定的時間長度。這段時間內,消費者可以消費此訊息並且得知該訊息已經被移除。因此若消費者從 Kafka 讀取資料並寫入關聯式資料庫,應用程式可以觀察到墓碑訊息並從資料庫移除使用者的相關資料。隨後該鍵就會從 Kafka 分區中移除。重要的是要給予消費者足夠時間讀取墓碑訊息,若消費者失效數個小時而錯失墓碑訊息,重啟繼續消費後就無法取得該鍵的訊息而無法得知該鍵已經從 Kafka 被移除或是更新資料庫。

主題何時壓縮?

與 delete 策略下活躍資料段絕對不會被移除的模式相同,compact 也不會壓縮目前的資料段。僅有非活躍的資料段能夠壓縮。

在 0.10.0 版以及先前的版本中,Kafka 會在主題中含有 50% 髒污訊息時啟動壓縮任務。此目的是降低壓縮頻率(因為壓縮會影響主題的讀寫效能),但也不希望主題中含有許多髒污訊息(因為會佔用磁碟空間)。花費 50% 的磁碟空間儲存主題內的髒污訊息然後超過門檻值後進行一次性壓縮似乎是合理的作法,而門檻值為可調。

未來的版本中計畫加入優雅區間保證訊息不會壓縮的時間長度。這讓需要知道每筆訊息皆有寫入主題的應用程式有足夠的時間進行確認,即便應用程式消費時時間上稍有落差。

總結

明顯地 Kafka 內部機制的內容不僅僅如此而已,但我們希望本章所介紹的內容對專案中使用 Kafka 時的設計決定以及最佳化所有助益,並解釋一些使用 Kafka 時容易感到困惑的行為與參數設定。

若有興趣進一步了解 Kafka 內部機制，直接閱讀程式碼是最佳的方式。Kafka 開發者郵件清單 （dev@kafka.apache.org）是個非常友善的社群並且總是願意回答一些關於 Kafka 內部運作機制的問題。閱讀程式碼的過程中，你可能也能修正一兩個臭蟲——開放原始碼專案總是歡迎大家齊力貢獻。

## 第六章

可靠資料傳送

可靠的資料傳送是系統無法事後添加的特性。就如同效能一般，需要在打造系統初期時即納入考量，並且無法在系統完成後才添加可靠性。此外，可靠性是系統的特徵之一，而不是一個單一元件，因此當我們談及 Apache Kafka 的可靠度保證時，你必須考量整體系統以及其使用案例。涉及可靠度的討論時，與 Kafka 整合的系統與 Kafka 自身同樣重要。而可靠度的範圍為整體系統，不會為單一人員的責任。所有相關人員—— Kafka 維運人員、Linux 維運人員、網路與儲存系統維運人員以及應用程式開發人員必須協同打造一個可靠的系統。

Apache Kafka 在資料傳遞可靠度上非常有彈性。Kafka 有著各式各樣的使用案例，從追蹤網站點擊事件或是信用卡支付系統等。某些使用案例需要極高的資料傳遞可靠度，而某些案例中速度與簡易性的重要性大於可靠度。Kafka 的實作讓客戶端 API 能動態有彈性地調整可靠度的高低。

因為 Kafka 的彈性，使用時可能會不小心搬石頭砸了自己的腳——認為自己的系統相當可靠但實際上並非如此。本章將會開始討論關於不同層級的可靠度與其在 Apache Kafka 中代表的意義。接著會探討 Kafka 副本機制以及此機制與可靠度間的關聯性。此外也會談論到 Kafka 的代理器與主題在面對不同使用案例時該如何配置。而我們還會討論關於客戶端、生產者與消費者在不同可靠度需求中的使用情境。最後，因為不能一廂情願地信任系統是可靠的，本章將討論關於系統可靠度驗證的議題，可靠度必須被實際測試驗證。

可靠度保證

當談及可靠度時，我們通常會討論的是**可靠度保證**的層級，這代表不同情境時系統皆能保證的行為。

可能最知名的可靠度保證為 ACID，此為一般關聯式資料庫能夠提供支援的可靠度保證。ACID 為 *atomicity*（原子性）、*consistency*（一致性）、*isolation*（隔離性）、*durability*（持久性）的縮寫。當廠商解釋他們的資料庫相容 ACID 時，即意謂該資料庫保證某些關於交易行為的可靠性。

這些保證是人們在關鍵應用案例中採用關聯式資料庫的信任來源，因為用戶知道系統可以保證的事務以及在不同情況下的行為為何，因此可以安心撰寫安全的應用程式。

了解 Kafka 提供的可靠度保證對於欲建立可靠應用程式的使用者來說相當關鍵，這使得系統開發人員得以知曉在不同失效情境下 Kafka 的表現行為。那麼，Apache Kafka 提供了哪些可靠度保證？

- Kafka 提供分區內訊息傳遞的順序保證。若訊息 B 在訊息 A 之後寫入並使用同一個生產者且位於相同的分區內，則 Kafka 保證訊息 B 的偏移值必定會大於訊息 A，並且消費者依序讀取分區內的訊息時必定會先讀取到訊息 A 才會讀取到訊息 B。

- 產生的訊息在寫入所有同步副本（in-sync replicas）後才被視為「已遞交」（但不需沖洗到磁碟中）。生產者可以選擇當訊息被完整遞交時、寫入分區領導者時或在網路上傳送時是否要接收到確認訊息。

- 已遞交的訊息只要有一個副本存活時即保證不會遺失。

- 消費者僅能讀取已經遞交完成的訊息。

在建立可靠系統時可以應用這些基本保證特性，但僅依靠這些保證本身並不能讓系統完整可靠。建立可靠系統時有一些權衡考量，並且 Kafka 允許管理者與開發者根據需求透過參數調整可靠度。可靠性的權衡通常會包含儲存訊息的可靠性與一致性與其他重要因素的比較，例如可用性、高吞吐量、低延遲以及硬體成本等。我們接著檢視 Kafka 的副本機制、說明相關名詞定義並討論 Kafka 可靠性與其關聯性。隨後也會探討相關的參數設定。

副本

Kafka 的副本機制使得每個分區能夠擁有多個副本,這也是 Kafka 所有可靠性保證的根本來源。寫入多個副本的資料能讓 Kafka 代理器失效時仍能有效地保存資料。

第五章已經深入的說明了 Kafka 的副本機制,但我們仍小結重點。

Kafka 的主題皆分割成數個分區,分區乃是資料集的邏輯基本區塊。每個分區皆儲存於某個磁碟中。Kafka 保證一個分區內的資料順序性,而分區的狀態可分為上線(可用)與離線(非可用)。每個分區皆可擁有多個副本,其中一個副本會被指定為分區領導者。所有欲產生或消費的訊息皆透過分區領導者提供服務。其他副本僅需持續與分區領導者即時地同步資料。若分區領導者失效,則其中某個同步副本(in-sync replica)將成為新的領導者。

若該副本為分區領導者,則本身可視為同步副本。而跟隨者副本則必須:

- 在 Zookeeper 中存有活動 session,代表過去六秒內(可設定)有傳遞過心跳訊息給 Zookeeper。
- 過去十秒內(可設定)曾從分區領導者副本提取資料。
- 過去十秒內曾從分區領導者副本提取最新的資料,這代表此副本不僅與分區領導者同步資料,並且幾乎沒有任何延遲。

若一個副本與 Zookeeper 連線中斷,停止提取新的訊息或進度落後無法在十秒內再次提取資料,該副本則被視為非同步(out-of-sync)副本。當非同步副本重新與 Zookeeper 連線並追上進度從領導者提取到最新資料時,即可返回同步狀態。這經常發生於網路臨時中斷時,且若副本代理器失效時間較久,回覆所需時間亦會拉長。

非同步副本

當許多副本快速的在同步與非同步狀態中來回切換時,這通常是叢集系統有某部份出問題的警訊。原因經常是不恰當地設定代理器 Java 垃圾收集的行為。配置不正確的垃圾收集可能會讓代理器停頓數秒,在此期間與 Zookeeper 的連線會中斷。當連線中斷時,該代理器上的副本會被視為非同步副本,導致副本在兩種狀態間頻繁切換。

一個稍慢延遲的同步副本會延遲生產者與消費者，因為必須等待所有同步副本接收到訊息才視為完成**遞交**。一旦一個副本離開同步狀態，就不再需要等待此副本取得訊息。該副本進度仍落後，但此時已經沒有效能上的影響。問題是較少的同步副本數量在停機時或資料遺失上有較高的風險。

下一節將以實務解釋其意義。

代理器配置

代理器中有三個設定參數會影響關於 Kafka 訊息儲存的可靠度。就如同其他許多代理器配置參數般，這些參數可以作用於代理器層級，影響所有系統內的主題，或是主題層級，僅影響某個特定主題。

能權衡控制每個主題的可靠度代表 Kafka 可以同時擁有可靠與非可靠的主題。舉例來說，銀行業中，管理者可能會預設整座叢集為高可靠性的主題，但針對儲存客訴資料的主題則另外設定較低的資料可靠性並容忍部份資料遺失。

讓我們一一檢視這些參數並了解這些參數是如何影響資料儲存的可靠性與設定時的考量。

副本數

主題層級的參數 replication.factor。若是要在代理器叢集層級進行設定則是透過 default.replication.factor，該參數會為自動建立的主題指定副本數。

此外，本書中多數情況皆假設主題的副本數為三，代表每個分區皆擁有三份座落在不同代理器的副本。這是 Kafka 預設的情境，因此這個假設相當合理，但使用者也能手動調整配置。即便主題已經存在，用戶仍能調整副本數來新增或移除副本。

副本數 N 的主題能在 $N-1$ 個代理器失效時仍能正常提供讀寫服務。因此較高的副本數擁有較高的可用性、較高的可靠性以及較低的災難事件發生次數。另一方便，N 個副本數代表系統至少要有 N 個代理器並儲存 N 份相同的資料，這代表需要 N 倍於原始資料的儲存空間，一般來說硬體成本與高可用性之間必須權衡考量。

因此該如何為主題配置合適的副本數量？答案是根據該主題的重要程度以及願意為高可用性付出多少成本，此外也跟使用者的擔心程度有關。

若能夠接受某個特定的主題在單一代理器重啟時（這可能是叢集維運流程內的正常操作）便失效，或許該主題的副本數設定為一便足夠。別忘記確認管理者與使用者也同意這樣的情境，這會節省磁碟或伺服器，但也喪失高可用性。兩份副本代表一個代理器失效時仍能提供存取服務，這聽起來還不錯，但注意遺失一個代理器有時（多數時在使用舊版 Kafka 的系統上）會讓叢集處於不穩定的狀態，強迫用戶必須重啟另外一個代理器，也就是 Kafka 控制器。這代表副本數為二時，為了從失效的狀態中復原，用戶可能被強迫進入暫時非可用的狀態，而這會是個艱困的決定。

根據上述原因，我們建議任何考慮高可用性的主題的副本數為三。某些稀少的例子可能還會認為三份還不夠，我們見識過銀行將主題的副本數設定為五份。

副本存放方式非常重要。預設 Kafka 會確保每個分區的副本分散在獨立的代理器中。然而對某些使用案例這種分配方式可能還不夠安全。若一個分區的所有副本皆分散在相同機架的代理器中，只要機架上的網路交換器失效，無論該分區有幾份副本皆會直接失效。為了防止機架層級的災難，建議將代理器分散在不同機架並使用 broker.rack 配置參數來為每個代理器指定其機架的名稱。若有設定機架名稱，Kafka 的分區的副本會分散在多個機架中以達到更高的可用性。第五章有討論過 Kafka 如何將副本存放在各個機架的代理器中，若感興趣可以前往查閱以取得更多資訊。

模糊領導者選舉

此配置僅在代理器層級（實務上通常是叢集層級），參數名稱為 unclean.leader.election. enable 並且預設值為 true。

如同前面所解釋，當分區領導者失效，其中一個同步副本將會被選為新的領導者。此領導人選舉為「乾淨的」代表其保證不會遺失任何已遞交的資料，以定義來說，已遞交的資料存於所有同步副本之中。

但若當領導者副本失效並且在該時沒有任何同步副本存在時該如何？

此現象可能發生在下列兩者狀況中：

- 分區擁有三個副本，而其中兩個跟隨者副本已經失效（我們假設兩個代理器失效了）。此情況下，若生產者持續寫入資料至領導者副本，所有訊息將會被回應並完成遞交（因為領導者節點便是唯一的同步副本）。現在我們假設領導者失效了（也就是又一台代理器故障了）。此時若一個非同步跟隨者恢復。我們便擁有一個非同步副本並且是該分區唯一的可用副本。

- 分區擁有三個副本，並且由於網路問題其中兩個跟隨者處於落後的狀態，即便他們仍上線並持續複製資料中，仍算是非同步狀態。而領導者持續接收訊息並且為唯一的同步副本，當領導者副本失效時，兩個可用的副本並非為同步副本。

遇到這兩情境時，必須做一個困難的抉擇：

- 若我們不允許非同步副本成為新的領導者，分區將會持續處於下線狀態直到舊領導者（也就是最後一個同步副本）恢復上線為止。某些情況下（例如更換記憶體等），這可能會耗費數小時之久。

- 若允許非同步副本成為新的領導者，將遺失所有非同步副本沒有同步的資料，並且可能會導致不同消費者間資料不一致的情況。為何會如此？試想當副本 0 與 1 失效時，寫入了偏移值 100 到 200 的訊息至副本 2 中（也就是領導者副本）。現在副本 2 失效而副本 0 成為新的領導者。副本 0 僅有偏移值 0 到 100，而沒有 100-200 的訊息。若允許副本 0 成為新的領導者，並且讓生產者與消費者對其生產或消費訊息。此時新領導者將接收全新偏移值 100 到 200 的訊息。首先，必須注意有些消費者可能已經讀取過舊的偏移值 100 到 200 的訊息，有些消費者則是讀取了新的偏移值 100 到 200 的訊息，而某些消費者可能混合了兩種情況。這可能會讓某些任務產生不好的結果例如觀察下游報告等。此外，副本 2 可能會恢復並成為新領導者的跟隨者。此時，該副本會移除先前所有超前領導者的訊息。而那些訊息未來將不會再被任何消費者讀取到。

總言之，若允許非同步副本成為領導者，則可能會有資料遺失與不一致的風險。若不允許非同步副本成為領導者，則可用性會降低並且必須等待原始領導者重新上線後分區才能恢復服務。

將 unclean.leader.election.enable 設定為 true 代表允許非同步副本成為領導者（又稱為**模糊選舉**），需知道發生時可能會引起資料遺失。若將其設定為 false，則代表選擇等待原始領導者重新上線，使得可用性降低。一般來說資料品質與一致性相當重要的系統會關閉模糊選舉（將其設定為 false）功能，例如銀行業的系統等（多數銀行的信用卡交易系統停止服務數分鐘甚至數個小時的風險也小於交易資料不正確）。而對於重視高可用性的系統來說，例如即時點擊流分析系統等，一般會開啟模糊領導者選舉功能。

最低同步副本數

此設定在主題與代理器層級的設定皆稱為 min.insync.replicas。

如同我們已經見識過的，即便將主題設定擁有三個副本數，仍有可能只有一個副本維持同步。若該副本在某刻失效，我們就必須在可用性與一致性之間抉擇，而這種抉擇通常很艱難。注意到此問題某部份是由於 Kafka 可靠性保證的機制，當資料被寫入全部的同步副本時才視作完成遞交，即便在此全部僅剩一份副本而當該副本也失效時資料也會遺失。

若希望確保已遞交資料寫入多份副本，必須將最低同步副本數量調高。若主題擁有三個副本並將 min.insync.replicas 設定為 2，則只有在至少有兩個副本處於同步狀態時資料才能寫入。

當三個副本皆處於同步狀態時，所有處理流程都會非常正常，而在一個副本失效時狀況也不變。然而，若三個副本中有兩個副本失效，代理器就不再接受生產者的請求，而該狀況下生產者會接收到 NotEnoughReplicasException。消費者仍可以持續地讀取既存資料。事實上，透過此設定，單一同步副本僅能被讀取無法寫入。這設定可以預防某種程度的資料讀寫異常現象，這僅在模糊選舉時才會發生。為了從唯讀狀態中恢復，必須讓兩個失效的副本之一重新生效（可能透過重啟代理器）並等待副本重新追上並進入同步狀態。

在可靠系統中使用生產者

即便將代理器盡可能的設定為可靠，若沒有配合可靠的生產者，整體系統仍可能意外的遺失資料。

兩個例子如下所述：

- 配置代理器擁有三份副本並關閉模糊選舉，則當訊息成功遞交至 Kafka 叢集後便可保證不會遺漏。然而，當生產者傳遞訊息時的 acks 值為 1 時，生產者所傳遞的訊息寫入分區領導者節點後即可回覆生產者訊息「寫入操作成功」，即便資料尚未與同步副本進行同步。此時若領導者節點失效，而有其他副本仍被視作同步副本（注意將副本從同步狀態移除需要一些時間）並被選為新的領導者，那些尚未同步的資料便會遺失，但生產者應用程式卻認為寫入操作已經成功。因為沒有任何消費者可以讀取遺失資料（因為資料尚未完成遞交），因此從系統面來看資料仍保有一致性，但若從生產者的觀點來說已經遺失了資料。

- 配置代理器擁有三份副本並關閉模糊選舉。經由上一個例子的學習而將 acks 設定為 all。假設我們嘗試寫入資料到 Kafka 時，分區領導者正好失效並且仍在選舉新的領導者，Kafka 將會回覆「無可用分區領導者」。此時，若生產者沒有正確的處理例外事故並且重新嘗試直至寫入成功為止，訊息即可能遺失。再一次地，這並不是代理器本身的可靠性問題，因為代理器根本尚為接收到此訊息；這也不是資料一致性問題，因為消費者也沒有消費過此訊息。但若生產者沒有正確地處理例外事件，則也可能遺失資料。

因此該如何避免這些悲劇發生呢？如同範例所述，任何產生資料到 Kafka 的應用程式都必須注意兩個要點：

- 根據可靠性的需求設定合適的 acks 值
- 在設定與程式碼邏輯上皆正確地處理錯誤事件

第三章中已經深入地討論過關於生產者的議題，但在此我們仍再次強調某些要點。

發送後的回覆確認

生產者可以選擇三種不同的回覆確認模式：

- acks=0 代表生產者將訊息透過網路傳遞出去後便視為成功寫入 Kafka，仍有可能因為訊息序列化問題或網路卡失效而產生錯誤，但若分區甚至整座 Kafka 叢集失效，仍不會接收到任何錯誤訊息。這意謂即便採用乾淨選舉，生產者仍有可能遺失資料因為領導者節點失效而新的領導者還在選舉時它並不會知曉。運行 acks=0 時訊息傳遞非常快速（這也是為何許多量測指標皆是使用此配置）。此配置可以獲得驚人的吞吐量並最大化頻寬的利用率，但若選擇此配置將有可能遺失某些訊息。

- acks=1 代表分區領導者接收到資料並寫入分區資料檔案（但不需同步刷洗到磁碟中）後，會回覆一個確認訊息或錯誤訊息。這代表若傳遞訊息時領導者仍在投票中，則生產者將會接收到「LeaderNotAvailableException」例外，而若生產者正確地處理此錯誤事件（請參考下一節），則生產者會重新嘗試傳送訊息，而訊息最後將安全地傳送給新的分區領導者。若某刻訊息成功寫入領導者但還尚未與其他跟隨者副本同步，此時領導者節點失效將造成資料遺失。

- acks=all 代表分區領導者會等到所有同步副本皆收到資料後才會回覆確認訊息（或是傳送錯誤訊息）。與代理器的 min.insync.replicas 參數搭配可以讓用戶控制回覆前同步副本達到的最低數量。這是最安全的配置方式——生產者在完全遞交前會持續嘗試傳遞資料。這也是傳遞速度最慢的設定——生產者會等待直到所有副本皆接收到訊息後才視該筆訊息完成寫入操作。此緩慢的狀況可以透過非同步傳遞方式，一次傳遞一批資料來減輕影響，但一般來說此設定的吞吐量仍較低。

配置生產者重新嘗試參數

在生產者中處理錯誤分為兩部份：生產者可自動處理的錯誤，以及使用生產者函式庫的開發者必須手動處理的錯誤。

生產者能夠處理代理器回傳的**可重試**（*retriable*）類型錯誤。當生產者傳遞訊息給代理器，代理器可能回覆成功訊息或是失敗代碼。這些失敗代碼可分為兩大類——重新嘗試傳送後可能能處理，與無法透過重試解決的錯誤。舉例來說，若代理器回傳錯誤代碼 `LEADER_NOT_AVAILABLE`，則生產者可以嘗試重新傳送訊息，此時新的領導者可能已經選出因此第二次嘗試傳送得以成功。這意謂 `LEADER_NOT_AVAILABLE` 屬於**可重試**類型的錯誤。另一方面，若代理器回傳 `INVALID_CONFIG` 例外，因為重新傳送仍不會修改配置。此錯誤隸屬為**不可重試**類型的錯誤。

一般而言，若目標為不遺失訊息，最佳的方式則是將生產者配置成當遭遇可重新嘗試類型的錯誤時即持續不斷地重新嘗試傳送。原因為一些造成錯誤的事件例如缺少分區領導者或是暫時網路分區現象經常僅會維持數秒，因此僅需讓生產者持續嘗試重新傳遞訊息直至成功為止，而你不需手動處理這類錯誤事件。一般讀者會想知道「該為生產者配置幾次的重新嘗試次數？」，而這一般與生產者重新嘗試的次數達到上限，放棄並拋出例外後，要執行的後續計畫相關。若答案為「捕捉例外並且再次重新嘗試傳送幾次」，那可以直接將重新嘗試次數調高並讓生產者自動重新嘗試多次。但若答案為「考慮丟棄該筆訊息」或是「將訊息寫至其他處稍後再處理」，則例外發生後，就沒有動機繼續重新嘗試。注意 Kafka 跨資料中心的複製工具（MirrorMaker，第八章會介紹）預設的設定會永無止盡的重新嘗試傳送（也就是 retries=MAX_INT）——因為這類需要高可靠性的訊息複製工具不能輕易遺漏任何一筆資料。

注意到重新嘗試傳送訊息會有一些訊息重複的風險，導致兩筆相同的訊息寫入代理器。舉例來說，有可能網路問題讓代理器的成功回覆訊息無法傳送回生產者，此時資料已經成功寫入代理器，但生產者卻因為沒有收到回覆訊息以致重新嘗試傳送訊息。此情況下，代理器最終將會收到兩筆相同的訊息。重新嘗試搭配錯誤處理機制可以保證每筆訊息被儲存**至少一次**（*at least once*），但目前版本的 Kafka（0.10.0）無法保證訊息僅被儲存**恰好一次**（*exactly once*）。許多現實世界的應用中會在每個訊息中加入唯一識別符偵測重複訊息並在消費時進行清除。另外某些應用程式讓訊息擁有**冪等**特性，代表即便相同訊息被傳遞兩次，資料正確性仍不受影響。舉例來說，訊息「帳戶餘額為 110 元」便擁有冪等性質，傳遞此訊息多次仍不會改變其餘額。而訊息「此帳戶餘額增加 10 元」便不具備冪等性質，每次傳遞此訊息時皆會改變餘額結果。

額外的錯誤處理

使用生產者內建的重試機制可以輕鬆的處理多數的錯誤事件並且不遺漏資料，開發者仍需處理一些其他無法重新嘗試的錯誤，其中包含：

- 無法重新嘗試的代理器錯誤，例如訊息大小錯誤、權限錯誤等
- 發生在送達代理器前的錯誤，例如訊息序列化錯誤等。
- 生產者消耗完重新嘗試次數後仍存在的錯誤，或由於生產者重新嘗試時會暫存資料，而可用記憶體達到上限時的錯誤。

第三章已經討論過如何撰寫同步與非同步傳遞訊息的錯誤處理方式。錯誤處理的邏輯與應用程式以及其目的息息相關。你可能會希望拋棄「不良的訊息」、紀錄錯誤事件、將這些訊息儲存在本機磁碟、或是回呼另外一個應用程式等。這些決定與應用程式的架構有關。特別注意若所有的錯誤處理皆採用重新嘗試傳遞，則盡可能依靠生產者自動重新嘗試傳送的機制。

在可靠系統中使用消費者

已經如何知道在生產資料時一併考量 Kafka 可靠性保證機制後，接著來檢視如何消費資料。

如同本章第一部份所述，僅有當資料完成遞交後消費者才能夠進行存取——這代表資料已經寫入所有同步副本之中，因此消費者消費資料時可以保證資料一致性。消費者端唯一需要注意的是確保哪些資料已經被消費過了而哪些資料尚未被消費。這是消費者確保不漏失消費訊息的關鍵。

從一個分區副本讀取資料時，消費者會提取一批事件訊息，檢視該批次最後一個資料的偏移值，而發起下一個請求時會接續該偏移值。這保證 Kafka 消費者總是以正確的順序讀取新資料並且不會遺漏。

當某個消費者中止消費訊息時，其他的消費者必須知道該從何處接續該任務，因此需要取得消費者中止前最後一個消費的偏移值。原本消費者重啟後也能成為「其他」的消費者。這並不重要，消費者會從該分區接續消費，為此必須知道該從哪個偏移值開始。這也是為何消費者必須「遞交」消費過的偏移值。對每個正在消費的分區來說，消費者會儲存目前的偏移值位置，因此該消費者或其他消費者可以在重啟後接續消費。消費者遺漏訊息的主要原因為訊息已經完成遞交但仍尚未處理完畢。此情況下，當其他消費者接替該消費任務時，該筆訊息將會被忽略不會再次被處理。這也是為何設計偏移值的遞交時機非常重要。

> 遞交訊息與遞交偏移值
>
> 遞交偏移值與先前討論過的遞交訊息不同。遞交訊息代表訊息已經寫入所有同步副本內並且能夠被消費。而遞交偏移值則是消費者回覆 Kafka 該偏移值已經被消費過。

第四章中我們深入討論了消費者 API 以及多種遞交偏移值的作法。稍後將會討論其中的幾個重點，但完整使用 API 的方式可以回頭參考第四章的內容。

可靠訊息處理系統中重要的消費者參數

要設定可靠的消費者資料處理流，有四個重要的消費者參數。

首先是 group.id，如同第四章所描述。一般的概念為若兩個消費者擁有相同的群組 ID 並且消費相同的主題，每個消費者會分配到部份分區並且各自獨立讀取擁有分區內的資料（但整體來看主題內的所有資料都會被消費）。若你需要某個消費者消費主題內的每一筆資料，則需要為該消費者設定唯一的 group.id。

第二個相關的配置是 auto.offset.reset。此參數控制當消費者沒有過去遞交歷史時（例如新群組 ID 的消費者），或消費者想消費的偏移值不存在於代理器內時。在此僅有兩個選項。若選擇 earliest，當消費者無法消費期望的偏移值時，將會從分區內的第一筆訊息開始消費，這可能會讓消費者重複處理許多訊息，但這能保證最小化資料遺漏處理的可能性。若選擇 latest，消費者會從分區的最晚端接續消費。這能最小化資料重複處理的可能性，但消費者可能會遺漏某些訊息。

第三個相關的設定是 enable.auto.commit。此設定相當重要，你是否要讓消費者自動定期為你遞交偏移值，或是計畫在程式中自行控制遞交的時機？自動遞交偏移值的主要好處是實作消費者客戶端時少了一個需要處理的事務。若消費者 poll loop 內包含所有需要對消費資料處理的任務，則自動遞交偏移值則能保證不會遞交到尚未處理的資料（若不熟悉 consumer poll loop 可以參考第四章的說明）。自動遞交的主要缺點是可能會重複處理已經處理過的訊息（例如當消費者處理了某些訊息後，但在自動遞交前便異常中止了）。若運用了多執行緒的架構，將訊息傳遞到別的執行緒去處理。則自動遞交行為可能在訊息尚未被處理前便已經完成遞交。

第四個參數與第三個息息相關，也就是 auto.commit.interval.ms。若選擇自動遞交偏移值，則此設定可以控制遞交的頻率。預設值為每五秒鐘。一般來說，較頻繁的遞交會增加一些成本，但當消費者異常中止時，可以降低重複訊息的數量。

在消費者端明確遞交偏移值

若採用自動遞交機制，則不需要明確遞交偏移值的步驟。但若採用手動遞交，無論是為了最小化重複訊息發生的機率或是在消費者 poll loop 外進行資料處理，都必須謹慎考慮偏移值的遞交時機。

在此我們不會深入說明遞交偏移值的行為，第四章針對此部份已經有詳盡的說明。我們將檢視開發可靠資料處理消費者應用的一些重要考量。我們先說明一些明顯並且顯而易見的要點，然後在逐步深入探討其他比較複雜的情境。

總在訊息被處理完成後才遞交

若所有資料處理的邏輯皆在 poll loop 內完成並且不需要在 poll loop 間維護狀態（例如聚合類的任務），此條件則顯得相當容易。可以採用自動遞交機制或在每個 poll loop 結束前遞交。

遞交頻率需在效能成本與失效時產生多少重複資料之間的權衡

即便是最單純的應用案例（所有資料處理的邏輯皆在 poll loop 內完成並且不需要在 poll loop 間維護狀態），也能選擇在 loop 中手動進行多次遞交作業（甚至是處理完一筆資料即遞交）或是完成數個 loop 才遞交一次。遞交作業需付出一些效能成本（就像將 acks 設定為 true），這必須根據需求權衡。

確保知道遞交的偏移值為何

在 pool loop 內遞交常見的陷阱便是拉取資料後便立即遞交最後一筆資料的偏移值，而不是遞交最後一個已經處理完畢的資料偏移值。記住總是遞交已經處理完畢的偏移值相當重要，遞交了僅讀取但尚未處理的資料偏移值有可能讓消費者遺漏資料。進一步說明可以參考第四章。

再平衡

設計應用程式時，注意消費者可能發生再平衡而你必須恰當地處理這種行為。第四章已經舉出了數個例子，而大方向為舊分區要被回收並清除狀態前要執行遞交偏移值作業。

消費者可能需要重新嘗試

某些情況呼叫 poll 後，某些訊息可能沒有被完整處理，並且稍後需要再次處理。例如可能嘗試將訊息從 Kafka 寫入資料庫，但資料庫當時處於失效狀態，而你希望稍後再次嘗試。注意不像傳統的發佈 / 訂閱訊息系統，Kafka 允許遞交偏移值但不會確認（ack）訊息。這代表若處理 #30 訊息失敗但 #31 成功時，不該遞交 #31 訊息的偏移值——這會遞交所有在 #31 之前的訊息，包含 #30 訊息，而這通常不是想要的結果。取而代之的是可以透過下列兩種方式處理。

第一個選項為，當遇到可重試錯誤時，遞交最後一個成功處理的訊息。接著暫存需要再次被處理的訊息（因此這些訊息會被保留到下個 poll）並持續嘗試處理這些訊息（更多細節請參考第四章）。此外可以利用消費者端的 pause 方法確保 poll 不會拉取更多資料，好讓重試更容易。

第二種方式是遭遇可重試錯誤時，將訊息寫入另外一個獨立的主題後繼續運行。可以用另外的獨立消費者群組從重試主題中消費訊息進行重試，或是消費者可以同時訂閱主要主題與重試主題，但在重試時暫停重試主題。這種作法類似序列系統中的死亡信件並常見於許多訊息系統中。

消費者可能需要維護狀態

某些應用中，可能需要在多次 poll 呼叫間維護狀態。例如若是要計算移動平均，每次從 Kafka 拉取新的事件時便需要進行更新。若程序重新啟動，則不僅需要從最後一個偏移值接續消費，還必須還原先前對應的移動平均值。一種作法是遞交偏移值時將最新的累計值寫入「結果」主題中。這代表當執行緒啟動時即可獲取最新的累計值並接續計算。

然而，因為 Kafka 尚未提供交易保證，這種作法並沒有完全解決問題。應用程式可能在遞交偏移值與寫入結果主題之間失效。一般來說這是相當複雜的問題，與其自行解決，我們建議可以採用 Kafka Streams 函式庫，函式庫為聚合、關聯、視窗與其他複雜任務提供了高階的 DSL-like API。

耗時處理議題

某些時候訊息的處理需耗費大量時間。例如呼叫了阻斷式服務或是非常複雜的計算。注意某些版本的 Kafka 消費者中，無法停止 poll 超過數秒（詳情請見第四章）。即便不希望取得更多訊息，仍必須持續拉取好讓客戶端能傳送心跳訊息給代理器。這類問題的常見作法是將訊息傳入執行緒池並讓多個執行緒加速處理速度。將訊息傳遞給工作執行緒後，可以選擇暫停直到工作執行緒任務完畢（仍會持續 poll 但不會拉取新的訊息）。一旦處理完畢，即可恢復消費者。因為消費者從未停止拉取，因此心跳訊息便會正常發送並且不會觸發再平衡機制。

唯一一次傳遞

某些應用不滿足於至少一次的語義保證（代表不會遺失資料），還需要唯一一次的語義保證。雖然目前 Kafka 沒有支援提供完整的唯一一次功能，消費者端仍可透過某些策略確保每筆在 Kafka 的訊息寫至外部系統一次（注意到在此沒有討論訊息可能重複發送到 Kafka 的議題）。

最簡單並且可能是最常見的唯一一次保證作法是將結果寫入一些支援唯一鍵的系統中，其中包含鍵值儲存系統、關聯式資料庫、Elasticsearch 以及許多其他的資料儲存系統。當結果寫入關聯式資料庫或是 Elasticsearch 時，訊息自身可能擁有唯一鍵（這非常常見），或是可以利用主題名稱、分區以及偏移值組合出 Kafka 訊息的唯一鍵。若寫入的訊息含有唯一鍵，稍後因為意外事故導致再次消費相同的訊息，對外部系統來說也僅是覆寫了相同的訊息。資料儲存系統將會覆蓋原本的訊息，而從結果來說是否有重複訊息並無影響。這種寫入模式被稱為**冪等寫入**（*idempotent write*），這種模式非常常見並且相當有用。

另外一種作法則是將訊息寫入擁有交易保證的外部系統。關聯式資料庫是最常見的例子，而 HDFS 擁有原子性改名操作並經常用於實現這類交易操作。主要作法是在一個交易操作內寫入訊息與其偏移值以確保其同步。當應用程式啟動時，會使用從外部系統搜尋最後一筆寫入訊息的偏移值並透過 consumer.seek() 方法接續消費。相應的範例請參考第四章。

系統可靠度驗證

確認系統所需的可靠度並據此配置了代理器、客戶端以及使用情境中最佳的 API 使用方式後，便可以放鬆並將其運行於生產環境中並且保證萬無一失，是嗎？

是這樣沒錯，但需要進行一些驗證工作。我們建議分三個層面進行驗證：配置驗證、應用程式驗證以及於生產環境中的應用程式監控。接著來檢視每個驗證層級所需的執行步驟。

配置驗證

從應用程式的邏輯中，個別驗證代理器與客戶端的配置相當容易，為此有以下兩個原因：

- 這可以協助判斷所選的配置是否能滿足需求。
- 解釋預期的系統行為是相當好的練習。本章的內容稍偏理論，故檢視所了解的理論其對應的真實狀況相當重要。

Kafka 包含兩個重要的工具可以協助此驗證任務。`org.apache.kafka.tools` 套件內的 `VerifiableProducer` 與 `VerifiableConsumer` 類別。這兩個類別可以如命令列工具般執行，或是與自動化測試框架整合。

可驗證的生產者類別會產生一系列從 1 開始的數列（由你指定）。設定方式與一般生產者無異，設定合適的 acks 值、重試值與訊息生產的頻率。生產者執行時，根據 acks 設定值會印出每個傳送到代理器的訊息是否傳遞成功。而可驗證的消費者類別則能再次驗證。其消費訊息（一般來說訊息會來自可驗證生產者端）並依序印出訊息。它也會印出關於遞交或是再平衡的相關資訊。

另外還必須考慮某些事件的驗證，例如：

- 領導者選舉：若將領導者移除會發生什麼事？生產者與消費者需要花費多少時間才能恢復正常執行任務？
- 控制者選舉：系統在控制者重啟後需多久才能恢復？
- 滾動重啟：是否允許一次重啟一台代理器並且不會遺失任何訊息？

- 模糊領導者選舉測試：若依序刪除某個分區的副本（確保每個副本處於非同步狀態）並啟動某個非同步的代理器時將會如何？該如何做才能恢復運作？此作法是否能接受？

確認過後，挑選想要測試的情境並啟動可驗證的生產者與消費者並據此執行。舉例來說，刪除正在寫入資料的分區領導者。若預期會有短暫的暫停接著系統將恢復正常繼續運作並且不會遺失任何訊息，請確認生產者生產的訊息數與消費者所消費的數量一致。

Apache Kafka 專案儲存庫有提供額外的測試套件（*https://github.com/apache/kafka/tree/trunk/tests*）。套件中許多測試皆基於相同的應用原則，例如透過可驗證的生產者與消費者確認滾動升級是否正常等。

驗證應用程式

確認代理器與客戶端配置滿足需求後，是時候測試你的應用程式是否能執行所需的任務了。測試可能包含客製化的錯誤處理程式碼、偏移值遞交、再平衡聆聽器以及其他與 Kafka 客戶端函式庫互動的程式段邏輯。

因為應用程式的邏輯因人而異，在此僅能提供測試的方向與概要。希望你的應用程式開發流程中有包含整合測試。此外無輪如何測試你的應用程式，我們建議在以下數種情境中測試應用程式：

- 客戶端與伺服器端斷線（系統維運人員能夠協助你模擬網路失效的情況）
- 領導者選舉
- 代理器的滾動重啟
- 消費者端的滾動重啟
- 生產者端的滾動重啟

每個情境對開發應用程式時，皆有**預期的行為**，可以實際運行這些情境的測試檢視是否與預期相符。例如計畫滾動重啟消費者時，你可能會預期消費者因再平衡會短暫的暫停接著會繼續消費，而重複消費的訊息不會超過 1000 筆。你的測試會呈現應用程式遞交偏移值與再平衡結果是否如預期。

生產環境中的可靠度監控

測試應用程式相當重要，但仍需持續監控生產環境中的系統來保證資料處理流如預期般運作。第九章將說明如何監控 Kafka 叢集的細節，但除了監控叢集的健康程度，監控客戶端以及系統資料串流也相當重要。

首先，Kafka 的 Java 客戶端包含 JMX 指標可以用來監控客戶端的狀態與發生的事件。對生產者而言，兩個與可靠度高度相關的指標為每個訊息的錯誤率與重試率（為聚合值）。留意這兩個指標，因為錯誤或重試率上升皆表示系統某處發生了問題。此外也可以監控任何生產者日誌中 WARN 等級以上的事件，例如某行錯誤日誌為「Got error produce response with correlation id 5689 on topic-partition [topic-1,3], retrying （two attempts left）. Error: ...」若事件已無重試次數（attempts 為 0），代表生產者耗盡重試次數，此時根據先前於「在可靠系統中使用生產者」所討論，你可能可以增加重試次數，或是解決導致錯誤發生的原因。

另一方面，最重要的指標是消費者落後指標。此指標代表目前消費者與每個分區最後一筆遞交訊息的落後數量。理想的情況下，此指標維持在 0 並且消費者總是能讀取到最新的訊息。但實務上，因為呼叫 poll() 方法會拉取一批訊息而消費者必須花費時間進行處理，因此落後指標總是會稍微波動。最重要的是確保消費者有跟上資料寫入的速度。因為消費者落後的情況會隨時波動，用一般的方式告警數值相當有挑戰。Burrow（*https:// github.com/linkedin/Burrow*）是 LinkedIn 開發的消費者落後檢查器，可以簡化此任務。

監控資料串流也意謂確保生產的資料如時被消費（「如時」的定義根據你的需求而定）。為了確保資料準時被消費，你必須知道資料何時被產生。Kafka 從 0.10.0 開始為所有訊息添加了時間戳記說明產生的時間。若你運行早期的客戶端，我們建議你為每筆訊息紀錄時間戳記、產生訊息的應用程式名稱以及主機名稱，這在問題發生時能夠協助你進行追蹤。

為了確保所有生產的資料在合理的時間內被消費，你需要應用程式紀錄生產事件訊息的數量（一般來說是每秒產生的訊息數）。消費者需要紀錄消費的訊息數（同樣是每秒訊息數）以及藉由時間戳記紀錄訊息從生產到消費的落後時間。接著還需要協調生產者與消費者端確保沒有訊息遺漏，以及合理的訊息產生頻率。為取得更佳的監控效果，針對關鍵主題可以額外添加一個監控消費者比較生產端與主題內的訊息數量。如此一來即便某個時間點沒有消費者消費該主題，仍可取得生產端的正確監控值。建置這些端到端的監控系統相當有挑戰性並且耗時。就我們所知目前並沒有開放原始碼實作這類系統，但 Confluent 實作並為商業版本 Confluent Control Center（*http://www.confluent.io/product/ control-center*）的某部份功能。

總結

如同本章一開始所述，可靠性不能僅依賴 Kafka 的功能。你必須打造一個完整的可靠系統，其中牽涉應用程式架構、應用程式使用生產者與消費者 API 的方式、消費者與生產者的配置、主題配置與代理器配置。系統可靠性與應用程式複雜度、效能、高可用性或是磁碟使用空間等議題之間經常必須權衡。透過了解所有可利用的選項以及常見模式後，根據你的使用案例需求決定應用程式可靠性以及合適的 Kafka 應用方式。

## 第七章

打造資料串流

當人們討論使用 Apache Kafka 打造資料串流時，通常是指以下幾種使用案例。第一種是資料串流中，兩端之一為 Apache Kafka。例如從 Kafka 讀取資料並寫入 S3，或將 MongoDB 中的資料擷取至 Kafka。第二種使用案例涉及兩個系統之間的工作流，而使用 Kafka 作為中間媒介。這方面的例子像是將資料從 Twitter 發送到 Elasticsearch，首先資料從 Twitter 發送到 Kafka，然後再從 Kafka 轉導至 Elasticsearch。

Apache Kafka 在 0.9 版添加了 Kafka Connect，我們注意到 LinkedIn 和其他大型企業在前述的兩種案例中都採用了 Kafka。但每個企業要將 Kafka 整合到資料串流中都存在了特定的挑戰。因此，Kafka 決定新增 API 來解決其中的某些挑戰，如此一來組織便不需要重新處理這些議題。

Kafka 的主要價值是為資料串流提供大量且可靠的暫存服務，並可有效地將資料串流內的資料生產者和消費者分離。這種解耦與可靠性、安全性，和效率相互結合，使 Kafka 適合應用在多數資料串流中。

將資料整合到情境裡

有些組織認為 Kafka 是資料串流的端點。他們研究諸如「如何從 Kafka 提取資料到 Elastic？」之類的問題。這是一個值得提出的問題──尤其是 Kafka 中存有 Elastic 所需的資料時──我們將會解答這個問題，但包含更多使用情境，其中至少會包括兩個（可能還更多）不是 Kafka 的端點。我們鼓勵任何面臨資料整合問題的用戶考慮更完整的大局觀，而不僅關注於端點。短視近利的整合，可能就是導致最終資料整合得一塌糊塗的主因。

本章將討論建構資料串流時需要考慮的常見問題。這些挑戰並非專屬於 Kafka，而是一般的資料整合議題。儘管如此，我們將展示為什麼 Kafka 非常適合資料整合的使用案例，以及它如何解決這類挑戰。我們將討論 Kafka Connect API 與普通生產者和消費者客戶端的不同之處，以及各種客戶端類型應該在何時被使用。接著將詳細介紹一些 Kafka Connect 的細節。雖然完整討論 Kafka Connect 超出了本章的範圍，但我們將展示基本用法的範例來幫助讀者入門。最後將會討論其他資料整合系統，以及它們是如何與 Kafka 整合。

建構資料串流的注意事項

本章雖然無法提供所有建立資料串流的詳細資訊，但會強調一些多系統整合時，軟體架構的設計要點。

即時性

有些系統希望資料每天一次大量的匯入；有些則是希望資料在生成的數毫秒內到達。多數資料情境流都座落這兩種極端情境之間。良好的資料整合系統可以讓資料串流滿足不同的即時性需求，也能隨著商業需求的變化配合變動。Kafka 是一個高擴展性與可靠性的串流資料平台，不論是幾近於即時的工作流，或是每小時批次的操作皆可支援。生產者可以根據需求頻繁或偶爾地寫入 Kafka，消費者也可以在資料到達時讀取並傳遞最新的事件。或消費者亦可批次的運作：每小時運行一次，連接到 Kafka，並讀取前一小時累積的事件。

在這種情境下可將 Kafka 視為一個大型的暫存空間，可以解耦生產者和消費者之間的關聯。生產者可以在消費者處理批量事件時即時地寫入事件，反之亦然。這也讓背壓（back-pressure）運作變得易如反掌——Kafka 對生產者有施行 back-pressure（在需要時延遲確認（ack）），讓消費速率由消費者控制。

可靠性

我們希望避免單點失效，並期望從各種故障事件中快速自動恢復。資料串流通常會負責將資料傳送到關鍵的商業系統；失敗超過幾秒鐘可能即會造成極大的破壞，特別是當即時性的要求接近於幾毫秒時。可靠性的另一個重要考慮因素是傳遞保證——有些系統可以承受遺失資料，但多數情況下需要**至少一次性**（*at-least-once*）的傳遞，這意味著來源系統中的每個事件都將到達其目的地，但有時因重試而導致資料重複。但有時系統甚至需要恰好一次性（*exactly-once*）的傳遞——即來源系統的每個事件都將到達目的地，且不會遺失或重複。

第六章深入討論了 Kafka 的可用性和可靠性保證。正如討論所述，Kafka 本身提供至少一次性的特徵，當與具有交易模型（transactional model）或唯一鍵的外部資料儲存系統作結合時，則可提供恰好一次性。由於許多端點都是資料儲存系統，可以為恰好一次性傳遞提供正確的語義，所以基於 Kafka 的工作流通常都能實現恰好一次性。值得強調的是，Kafka 的 Connect API 在處理偏移值時，提供許多與外部系統整合的 API，使得連接器更容易建置端到端的恰好一次性工作流。實際上，有許多開放原始碼連接器支援恰好一次性的資料傳遞。

高吞吐量與變化量的資料串流

建構的資料串流應該能夠擴展到非常高的吞吐量，這是現代資料系統中不可或缺的能力。更重要的是，若吞吐量突然增加，系統應該要能夠適應。

由於 Kafka 扮演了生產者和消費者之間的緩衝區，因此消費者吞吐量與生產者吞吐量不再互相耦合。也不再需要自行實作複雜的背壓機制，若生產者吞吐量超過消費者，資料將累積在 Kafka，直到消費者追上。Kafka 可分別擴展消費者或生產者的吞吐量，這允許動態擴展工作流的任一端以滿足不斷變化的要求。

Kafka 是高吞吐量的分散式系統——在小型的叢集上每秒即能處理數百 MB 的資料——因此，不用擔心工作流不能隨著需求的增長而擴展。此外，Kafka Connect API 除了擴展性外也專注於平行化。後續章節將會描述平台如何允許資料來源和匯聚端在多執行緒間分配工作並使用 CPU 資源（即使是在單台機器上運行）。

Kafka 還支援幾種類型的壓縮（compression），允許隨著吞吐量需求的增加，讓使用者和管理員控制網絡和儲存資源的使用。

資料格式

資料串流中最重要的考量之一是協調不同的資料格式和資料型別。支援的資料型別會因不同的資料庫和其他儲存系統而異。目前可能將 XML 和關聯式資料載入 Kafka，並在 Kafka 中使用 Avro，隨後將資料轉換為 JSON 並寫入 Elasticsearch，或是將資料轉換為 Parquet 寫入 HDFS，又或是將資料轉換成 CSV 寫入 S3 等。

Kafka 本身和 Connect API 完全不知曉資料格式。正如前面章節所討論，生產者和消費者可以使用任何的序列化器表示任意格式的資料。Kafka Connect 有自己的物件表示方法（存於記憶體中），其中包含資料型別和綱要，我們很快就會討論到，它有著可抽換的轉換器，且允許以任何格式儲存這些記錄。這意味著無論在 Kafka 中採用何種資料格式，都不會限制連接器的選擇。

許多來源端和匯聚端都有綱要，我們可以從資料來源中讀取綱要、儲存它，並用來驗證相容性，甚至能更新匯聚端資料庫中的綱要。有個典型的例子是從 MySQL 到 Hive 的資料串流。若有人在 MySQL 中添加了一個欄位，一個良好的工作流將可確保在匯入新資料時，該欄位也會被添加到 Hive。

此外，將資料從 Kafka 寫入外部系統時匯聚端的連接器將負責資料寫入外部系統的格式。某些連接器選擇讓格式是可抽換的。例如，HDFS 連接器允許在 Avro 和 Parquet 格式之間進行選擇。

僅支援不同類型的資料是不夠的，通用的資料整合框架還應該處理各種來源端和匯聚端之間的行為差異。舉例來說，Syslog 是推送資料的來源端，而關聯式資料庫需要框架來拉取資料。HDFS 只能追加（append-only），我們只能向其寫入資料，而大多數系統允許我們追加資料和更新現有的記錄。

轉換處理

轉換處理較其他需求更具爭議性。一般來說有兩個建立資料串流的派別：ETL 和 ELT。ETL，代表 *Extract-Transform-Load*，表示資料串流在通過時會被修改，這種做法有節省時間和儲存的好處，因為不需要先儲存資料，然後修改並再次儲存資料。取決於轉換處理，這種好處有時是實際的，但有時會將計算和儲存的負擔轉移到資料串流本身，這可能不是我們要的。此作法主要缺點為資料串流中對資料的轉換行為，與想要存取這些資料的用戶綁定了。如果在 MongoDB 和 MySQL 之間建構工作流的人決定過濾某些事件或從記錄中刪除欄位，則在 MySQL 中就只能存取剩餘的資料。如果後續需要存取缺少的欄位，則需要重建資料串流，並且需要重新處理歷史資料（假設仍存在的話）。

ELT 代表 *Extract-Load-Transform*，意味著資料串流只進行最小的轉換（主要是圍繞著資料型別轉換），目標是確保目的端與來源端資料盡可能的相似。這也稱為高保真（high-fidelity）資料串流或資料湖（data-lake）架構。在這些系統中，目標系統收集「原始資料」，並且所有必需的處理都在目標系統上完成。這樣做的好處是，系統為目標系統的用戶提供了最大限度的靈活度，因為可以存取到所有的資料。這些系統也更容易排除故障，因為所有資料處理都被限制於一個系統內，而不是分散在資料串流和其他應用程式之間。缺點是，為了轉換處理目標系統將耗費額外 CPU 與儲存資料。某些情況下，這類系統很昂貴，若可以的話，盡可能的將計算移出這些系統。

安全性

安全性始終是被關心的一個議題。就資料串流而言，主要的安全議題為：

- 能否確保傳輸的資料已加密？這是跨越資料中心的資料串流不得不關心的問題。

- 誰允許修改資料串流？

- 如果資料串流需要從被存取控制的地方讀取或寫入，是否可以正確的進行驗證？

Kafka 允許對傳輸的資料進行加密，因為資料會從來源端傳輸到 Kafka，再從 Kafka 傳輸到匯聚端。另外還支援身份驗證（透過 SASL）和授權——所以可以確定若主題包含了敏感資訊，未授權的人將無法存取並複製到較低安全性的系統中。Kafka 還提供稽核日誌追蹤未經授權和被授權的存取紀錄。透過撰寫一些額外的程式碼，還能追蹤每個主題中的事件來自何處，以及誰修改過它們，所以可以記錄日誌的完整修改脈絡。

故障處理

假設資料無時無刻都安全無虞是相當危險的想法。事前規劃故障處理非常重要。能否防止錯誤的記錄進入資料串流？可否將無法解析的記錄復原？壞記錄是否可以修復（也許是以人工的方式）並重新處理？如果壞掉的事件看起來與正常事件完全相同，而幾天後才發現該如何處理？由於 Kafka 長時間儲存事件，因此可以即時回溯並在需要時從錯誤中恢復。

耦合與敏捷

資料串流最重要的目標之一便是解耦資料來源和目的端。耦合可能由多種意外的方式發生：

隨意的資料串流

一些公司最終為他們想要連接的每一對應用程式建構了自定義的工作流。例如，他們使用 Logstash 將日誌轉存到 Elastic-search，或是用 Flume 將日誌轉存到 HDFS，或透過 GoldenGate 從 Oracle 汲取資料到 HDFS，又或是以 Informatica 將資料從 MySQL 和 XML 寫入 Oracle 等。這使得工作流與特定端點緊密耦合，並創建了大量的整合連接點，這將造成大量的部署、維護和監控負擔。也意味著公司採用的每個新系統都需要建立額外的工作流，增加新技術的導入成本，也抑制了創新構想。

元數據遺失

如果資料串流不保留綱要的元數據，並且不允許綱要演化（schema evolution），最終會使來源處生成資料的軟體，與目的端使用資料的軟體產生緊密的耦合。如果沒有綱要資訊，兩個軟體產品都需要了解如何解析和解讀資料。如果資料從 Oracle 流向 HDFS，並且 DBA 在 Oracle 中增加了新欄位時未保留綱要資訊並允許綱要演化，那麼每個從 HDFS 讀取資料的應用程式都會產生錯誤，或者所有開發人員都需要同時升級其應用程式。這兩種選擇都不靈活，若能在資料串流中支援綱要演化，那麼每個團隊都可以按照自己的進度修改他們的應用程式，而不必擔心事情會被搞砸。

極端處理

如同資料轉換處理時所述，對資料的某些處理是資料串流中必須的。畢竟，在不同系統間移動資料，使不同的資料格式是有其意義的，並且支援不同的使用案例。但過多的處理會使所有下游系統與建立資料串流時所做的決定綁定。例如要保留哪些欄位、如何聚合資料等。隨著下游應用程式需求的變化，這會導致工作流不斷變化，這並非靈活、高效，或安全的做法。更敏捷的方法是盡可能的多保留原始資料，允許下游應用程式自行決定資料處理和聚合。

使用 Kafka Connect 的時機

從 Kafka 讀寫資料時，如第三章與第四章所述，可以選擇使用傳統的生產者和消費者客戶端，或使用 Connect API 和連接器。在深入了解 Connect 的細節之前，應該先檢視：「什麼時候使用哪一種？」

正如我們所見，Kafka 客戶端會嵌入應用程式中，讓應用程式得以將資料寫入 Kafka 或從 Kafka 讀取資料。當可以修改負責讀寫 Kafka 的應用程式程式碼時，請使用 Kafka 客戶端。

當不想寫程式來存取資料，或是無法修改既有的應用程式程式碼時，可以使用 Connect 連接到 Kafka。Connect 可以將資料從外部資料儲存系統拉取到 Kafka，或將資料從

Kafka 推送到外部儲存區。對於已存在且用於資料儲存的連接器，可由非開發人員使用 Connect 進行處理，僅需設定連接器即可。

若需要將 Kafka 連接到資料儲存系統但連接器尚未存在，可以選擇透過 Kafka 客戶端或 Connect API 撰寫應用程式。然而我們建議使用 Connect，連接器提供了許多內建功能如管理設定、偏移值儲存、平行化、錯誤處理、多種資料型別的支援等，以及標準管理的 REST API。撰寫一個將 Kafka 連接到資料儲存系統的小型應用程式聽起來很簡單，但是需要處理許多讓任務運作正常的資料型別和設定的細節。Kafka Connect 處理了大部分內容，讓用戶可以專注與外部儲存系統之間傳輸資料。

Kafka Connect

Kafka Connect 是 Apache Kafka 的一部分，提供了可擴展且可靠的方式，用於 Kafka 和其他資料儲存系統之間移動資料。它提供了 API 和執行期（runtime），可用來開發和執行**連接器的外掛程式**（*connector plugins*）──Kafka Connect 執行及負責移動資料的函式庫。Kafka Connect 工作者叢集的架構運行。在工作者上安裝連接器的外掛程式，並指定的設定運行連接器，然後使用 REST API 設定和管理連接器。**連接器會啟動多個任務**，以平行的方式移動大量資料，這讓工作者節點上的可用資源更有效率地被利用。來源連接器的任務只需要從來源系統讀取資料，並將 Connect 的資料物件提供給工作者程序。匯聚端連接器的任務則是從工作者獲取連接器的資料物件，並負責寫入目標資料系統。**Kafka Connect 使用轉換器**能在 Kafka 中以多種格式儲存資料物件內建即支援 JSON 格式，而 Confluent Schema Registry 則額外提供了 Avro 轉換器。這允許使用者選擇 Kafka 中資料的儲存格式，這與使用的連接器無關。

本章無法深入說明 Kafka Connect 及其眾多連接器的所有細節，這足以單獨寫一整本書。我們會概述 Kafka Connect 與其使用方法，並指出其他參考資源。

運行 Connect

Apache Kafka 套件中即包含 Kafka Connect，因此無需單獨安裝。對於生產級用途（特別是計劃使用 Connect 移動大量資料或運行多個連接器）。應該在不同的伺服器上運行 Connect。這種情境下，會在所有機器上安裝 Apache Kafka，並在一些伺服器上啟動代理器（broker），在其他伺服器上啟動 Connect。

啟動 Connect 工作者與啟動代理器非常相似——呼叫啟動腳本並以設定檔作為參數：

```
bin/connect-distributed.sh config/connect-distributed.properties
```

Connect 工作者有幾個關鍵設定：

- bootstrap.servers：Connect 將使用的 Kafka 代理器列表。連接器會將資料傳輸到這些代理器，或從這些代理器把資料傳輸出去。不需要指定叢集中的每個代理器，但建議至少指定其中三個代理器。

- group.id：具有相同群組 ID 的工作者都屬於同一個 Connect 叢集。叢集上啟動的連接器可以在任意的工作者上運行。

- key.converter 和 value.converter：Connect 可以處理 Kafka 中的多種資料格式。這兩個設定會為 Kafka 中的訊息設定鍵與值的轉換器。預設是 JSON 格式搭配 Apache Kafka 的 JSONConverter。這些設定也可以改為 AvroConverter，它屬於 Confluent Schema Registry 服務的一部分。

一些轉換器有特定的設定參數。例如，JSON 訊息可以包含綱要或無綱要。可以分別設置 key.converter.schemas.enable=true 或 false。可將 value.converter.schemas.enable 設定為 true 或 false，相同的設定也適用值得轉換器。Avro 訊息還包含了綱要，但需要透過 key.converter.schema.registry.url 和 value.converter.schema.registry.url 指定 Schema Registry 的位置。

通常會使用 Kafka Connect 的 REST API 設定和監視連接器。可以透過 rest.host.name 與 rest.port REST API 指定 532u 埠口。

工作者在叢集中啟動後，可以透過 REST API 確保已經啟動並運行：

```
gwen$ curl http://localhost:8083/
{"version":"0.10.1.0-SNAPSHOT","commit":"561f45d747cd2a8c"}
```

存取基本的 REST URI 會回傳正在運行的版本。目前運行的是 Kafka 0.10.1.0（預發行版）的快照版本。還可以檢查有哪些連接器可用：

```
gwen$ curl http://localhost:8083/connector-plugins

[{"class":"org.apache.kafka.connect.file.FileStreamSourceConnector"},
{"class":"org.apache.kafka.connect.file.FileStreamSinkConnector"}]
```

由於運行的是一般的 Apache Kafka，因此可用的連接器僅有檔案來源接收器和檔案匯聚端接收器。

讓我們看看如何設定和使用這些連接器。

獨立模式（*Standalone Mode*）

請注意，Kafka Connect 還具有獨立模式。這類似分散式模式──只需運行 bin/connect-standalone.sh 而非 bin/connect-distributed.sh。還可以在命令列傳遞連接器設定檔而非透過 REST API。此模式下，所有連接器和任務群都在一個獨立工作者程序上運行。通常獨立模式適用於開發和故障排除，以及需要連接器和任務在特定主機上運行的案例（例如，syslog 連接器監聽埠口，因此需要知道運行在哪台主機上）。

連接器範例：File Source 和 File Sink

此範例將使用 Apache Kafka 內建的檔案來源連接器和 JSON 轉換器。為了順利執行以下內容，請確保已啟動並運行 Zookeeper 和 Kafka。

首先，讓我們運行一個分散式的 Connect 工作者。在真實的生產級環境中，至少需要運行兩到三個才能提供高可靠性。本例中只會啟動一個工作者：

```
bin/connect-distributed.sh config/connect-distributed.properties &
```

現在是時候啟動檔案來源連接器。本例中連接器將讀取 Kafka 的設定檔──簡單來說 Kafka 的設定檔內容將會寫入一個 Kafka 主題中：

```
echo '{"name":"load-kafka-config", "config":{"connector.class":"FileStreamSource","file":"config/
server.properties","topic":"kafka-config-topic"}}' | curl -X POST -d @- http://localhost:8083/
connectors --header "content-Type:application/json"

{"name":"load-kafka-config","config":{"connector.class":"FileStreamSource","file":"config/server.
properties","topic":"kafka-config-topic","name":"load-kafka-config"},"tasks":[]}
```

為了建立連接器，我們撰寫了一個 JSON，其中包含連接器的名稱 load-kafka-config，和連接器的對應設定，其中包含連接器類別、要讀取的檔案，以及檔案內容寫入的目標主題。

接著讓使用 Kafka Console 消費者檢查是否已將設定檔內容寫入主題中：

```
gwen$ bin/kafka-console-consumer.sh --new-consumer --bootstrap-server=localhost:9092 --topic kafka-
config-topic --from-beginning
```

若一切順利，應該可以看到以下內容：

```
{"schema":{"type":"string","optional":false},"payload":"# Licensed to the Apache Software
Foundation (ASF) under one or more"}

<more stuff here>

{"schema":{"type":"string","optional":false},
"payload":"########################### Server Basics
###########################"}
{"schema":{"type":"string","optional":false},"payload":""}
{"schema":{"type":"string","optional":false},"payload":"# The id of the broker. This must be set to
a unique integer for each broker."}
{"schema":{"type":"string","optional":false},"payload":"broker.id=0"}
{"schema":{"type":"string","optional":false},"payload":""}

<more stuff here>
```

實際上這是 *config/server.properties* 檔案的內容，因為被逐行轉換為 JSON 並由連接器寫入於 kafka-config-topic 中。請注意，預設 JSON 轉換器會為每筆記錄提供綱要。範例中的綱要非常簡要——只有單一欄位，名為 payload，型別為 string，裡面包含了一筆記錄，這些記錄就是原本檔案中的每一行。

現在讓我們使用檔案匯聚端轉換器將該主題內的內容轉存到檔案中。結果產生的檔案應會與原始的 server.properties 檔案完全相同，因為 JSON 轉換器會將 JSON 記錄轉換回簡單的文字行：

```
echo '{"name":"dump-kafka-config", "config":
{"connector.class":"FileStreamSink","file":"copy-of-server-properties","topics":
"kafka-config-topic"}}' | curl -X POST -d @- http://localhost:8083/connectors --header
"content-Type:application/json"

{"name":"dump-kafka-config","config":
{"connector.class":"FileStreamSink","file":"copy-of-server-properties",
"topics":"kafka-config-topic","name":"dump-kafka-config"},"tasks":[]}
```

請注意來源設定的改動：使用的類別是 FileStreamSink 而不是 FileStreamSource。仍須提供一個檔案位置的設定，但現在代表的是目的地檔案而不是來源檔，且現在可指定多個主題，之前則是一個。注意這其中的差異──可以使用匯聚端連接器將多個主題寫入一個檔案，而使用來源連接器只允許寫入一個主題。

如果一切順利，應該有一個名為 *copy-of-server-properties* 的檔案，這與寫入 kafka-config-topic 的 *config/server.properties* 完全相同。

要刪除連接器，可以執行：

```
curl -X DELETE http://localhost:8083/connectors/dump-kafka-config
```

若在刪除連接器後查看 Connect 工作者日誌，應該可看到其他連接器重新啟動了它們的任務，這是為了重新平衡工作者之間的剩餘任務，並確保剩餘連接器的工作負載均衡。

連接器範例：從 MySQL 到 Elasticsearch

看過簡單的例子之後，讓我們做一些更有用的事情。我們將從 MySQL 表，以串流的型式將資料傳輸到 Kafka 主題，並在隨後寫入 Elasticsearch，此外也會對內容進行索引。

在 MacBook 上運行測試時，若要安裝 MySQL 和 Elasticsearch，只需運行：

```
brew install mysql
brew install elasticsearch
```

下一步是確保有連接器。若運行的是 Confluent OpenSource，連接器應該已視作為平台的一部分進行安裝。否則，可以從 GitHub 取得連接器：

1. 瀏灠 *https://github.com/confluentinc/kafka-connect-elasticsearch*

2. 複製（clone）儲存庫（repository）

3. 運行 mvn install 以建置專案

4. 在 JDBC 連接器頁面（*https://github.com/confluentinc/kafka-connect-jdbc*）重覆進行這些動作

將每個連接器 target 目錄下建立的 jar 複製到 Kafka Connect 的類別路徑中：

```
gwen$ mkdir libs
gwen$ cp ../kafka-connect-jdbc/target/kafka-connect-jdbc-3.1.0-SNAPSHOT.jar libs/
gwen$ cp ../kafka-connect-elasticsearch/target/kafka-connect-elasticsearch-3.2.0-SNAPSHOT-package/
share/java/kafka-connect-elasticsearch/* libs/
```

若還未運行 KafkaConnect，請務必啟動它們，並檢查是否有列出新的連接器外掛：

```
gwen$  bin/connect-distributed.sh config/connect-distributed.properties &

gwen$  curl http://localhost:8083/connector-plugins
[{"class":"org.apache.kafka.connect.file.FileStreamSourceConnector"},
{"class":"io.confluent.connect.elasticsearch.ElasticsearchSinkConnector"},
{"class":"org.apache.kafka.connect.file.FileStreamSinkConnector"},
{"class":"io.confluent.connect.jdbc.JdbcSourceConnector"}]
```

可以看到，叢集中提供了額外的連接器。JDBC 來源連接器還需要 MySQL 驅動程式才能使用。從 Oracle 網站下載 MySQL 的 JDBC 驅動程式，解壓縮，並將 *mysql-connector-java-5.1.40-bin.jar* 複製到 *libs/* 目錄下。

下一步在 MySQL 中建立一個資料表，之後就可以使用 JDBC 連接器將其以串流的方式傳輸到 Kafka：

```
gwen$ mysql.server restart

mysql> create database test;
Query OK, 1 row affected (0.00 sec)

mysql> use test;
Database changed
mysql> create table login (username varchar(30), login_time datetime);
Query OK, 0 rows affected (0.02 sec)

mysql> insert into login values ('gwenshap', now());
Query OK, 1 row affected (0.01 sec)

mysql> insert into login values ('tpalino', now());
Query OK, 1 row affected (0.00 sec)

mysql> commit;
Query OK, 0 rows affected (0.01 sec)
```

上例建立了一個資料庫以及一個資料表，並插入了幾列記錄作為範例。

下一步是設定 JDBC 來源連接器。可以查閱文件找出可用的設定選項，也可以使用 REST API 查看可用的設定選項：

```
gwen$ curl -X PUT -d "{}" localhost:8083/connector-plugins/JdbcSourceConnector/config/validate
--header "content-Type:application/json" | python -m json.tool
```

```
{
    "configs": [
        {
            "definition": {
                "default_value": "",
                "dependents": [],
                "display_name": "Timestamp Column Name",
                "documentation": "The name of the timestamp column to use
                to detect new or modified rows. This column may not be
                nullable.",
                "group": "Mode",
                "importance": "MEDIUM",
                "name": "timestamp.column.name",
                "order": 3,
                "required": false,
                "type": "STRING",
                "width": "MEDIUM"
            },
            <more stuff>
```

可以請求 REST API 驗證連接器的設定，並發送一組空的設定。收到的回應裡會以 JSON 描述的所有可用設定。我們再透過 Python 處理輸出，使 JSON 更具可讀性。

記住這些訊息後，是時候建立和設定 JDBC 連接器：

```
echo '{"name":"mysql-login-connector", "config":{"connector.class":"JdbcSourceConnector",
"connection.url":"jdbc:mysql://127.0.0.1:3306/test?user=root","mode":"timestamp","table.
whitelist":"login","validate.non.null":false,"timestamp.column.name":"login_time","topic.
prefix":"mysql."}}' | curl -X POST -d @- http://localhost:8083/connectors --header "content-
Type:application/json"

{"name":"mysql-login-connector","config":{"connector.class":"JdbcSourceConnector","co
nnection.url":"jdbc:mysql://127.0.0.1:3306/test?user=root","mode":"timestamp","table.
whitelist":"login","validate.non.null":"false","timestamp.column.name":"login_time","topic.
prefix":"mysql.","name":"mysql-login-connector"},"tasks":[]}
```

從 *mysql.login* 主題中讀取資料確保已順利運行：

```
gwen$ bin/kafka-console-consumer.sh --new-consumer --bootstrap-server=localhost:9092 --
topic mysql.login --from-beginning

<more stuff>

{"schema":{"type":"struct","fields":
```

```
[{"type":"string","optional":true,"field":"username"},
{"type":"int64","optional":true,"name":"org.apache.kafka.connect.data.Timestamp","
version":1,"field":"login_time"}],"optional":false,"name":"login"},"payload":{"
username":"gwenshap","login_time":1476423962000}}
{"schema":{"type":"struct","fields":
[{"type":"string","optional":true,"field":"username"},
{"type":"int64","optional":true,"name":"org.apache.kafka.connect.data.Timestamp","
version":1,"field":"login_time"}],"optional":false,"name":"login"},"payload":{"
username":"tpalino","login_time":1476423981000}}
```

若收到錯誤訊息，指出該主題不存在或看不到任何資料，請檢查 Connect 的工作者日誌
觀察是否存在錯誤，例如：

```
[2016-10-16 19:39:40,482] ERROR Error while starting connector mysql-loginconnector
(org.apache.kafka.connect.runtime.WorkerConnector:108)
org.apache.kafka.connect.errors.ConnectException: java.sql.SQLException: Access
denied for user 'root;'@'localhost' (using password: NO)
        at io.confluent.connect.jdbc.JdbcSourceConnector.start(JdbcSourceConnector.
java:78)
```

日誌顯示了任務嘗試了多次連線，請確認連線字串是正確的。其他問題可能和類別路徑
中的驅動程式，或是資料表的讀取權限有關。

請注意，在連接器運行時，如果在 *login* 資料表中插入新資料，應該要立即看到它們反
應於 *mysql.login* 主題中。

將 MySQL 資料發送到 Kafka 相當有用，現在讓我們將資料寫入 Elasticsearch 使任務變
得更有趣。

首先先啟動 Elasticsearch 並透過存取本機端的埠口來驗證是否已順利啟動：

```
gwen$ elasticsearch &
gwen$ curl http://localhost:9200/
{
  "name" : "Hammerhead",
  "cluster_name" : "elasticsearch_gwen",
  "cluster_uuid" : "42D5GrxOQFebf83DYgNl-g",
  "version" : {
    "number" : "2.4.1",
    "build_hash" : "c67dc32e24162035d18d6fe1e952c4cbcbe79d16",
    "build_timestamp" : "2016-09-27T18:57:55Z",
    "build_snapshot" : false,
    "lucene_version" : "5.5.2"
  },
```

```
            "tagline" : "You Know, for Search"
        }
```

接著啟動連接器：

```
echo '{"name":"elastic-login-connector", "config":{"connector.class":"ElasticsearchSinkConnector","
connection.url":"http://localhost:
9200","type.name":"mysql-data","topics":"mysql.login","key.ignore":true}}' |
curl -X POST -d @- http://localhost:8083/connectors --header "content-
Type:application/json"

{"name":"elastic-login-connector","config":{"connector.class":"Elasticsearch-
SinkConnector","connection.url":"http://localhost:9200","type.name":"mysqldata","
topics":"mysql.login","key.ignore":"true","name":"elastic-loginconnector"},"
tasks":[{"connector":"elastic-login-connector","task":0}]}
```

需要先說明一些設定內容。connection.url 將指向先前設定的本機端 Elasticsearch 伺服器的 URL。預設情況下，Kafka 中的每個主題都將成為 Elasticsearch 中一個單獨的索引，其名稱與主題相同。我們需要為寫入主題內的資料定義型別。在此假設主題中所有事件的型別皆相同，所以只需固定 type.name=mysql-data。我們寫入 Elasticsearch 的唯一主題是 mysql.login。在 MySQL 中定義資料表時並沒有設定主鍵。因此 Kafka 中的事件具有空的鍵。因為 Kafka 中的事件缺少鍵值，我們需要告訴 Elasticsearch 連接器使用的主題名稱、分區 ID，和偏移值作為每個事件的唯一鍵值。

讓我們檢查是否已建立了帶有 mysql.login 資料的索引：

```
gwen$ curl 'localhost:9200/_cat/indices?v'
health status index        pri rep docs.count docs.deleted store.size pri.store.size
yellow open   mysql.login  5   1     3            0          10.7kb       10.7kb
```

如果索引不存在，請在 Connect 工作者日誌中查詢錯誤訊息。常見的錯誤原因為缺少了設定或是函式庫。若一切順利，可以在索引中搜索到相關的記錄：

```
gwen$ curl -s -X "GET" "http://localhost:9200/mysql.login/_search?pretty=true"
{
  "took" : 29,
  "timed_out" : false,
  "_shards" : {
    "total" : 5,
    "successful" : 5,
    "failed" : 0
  },
  "hits" : {
```

```
      "total" : 3,
      "max_score" : 1.0,
      "hits" : [ {
        "_index" : "mysql.login",
        "_type" : "mysql-data",
        "_id" : "mysql.login+0+1",
        "_score" : 1.0,
        "_source" : {
          "username" : "tpalino",
          "login_time" : 1476423981000
        }
      }, {
        "_index" : "mysql.login",
        "_type" : "mysql-data",
        "_id" : "mysql.login+0+2",
        "_score" : 1.0,
        "_source" : {
          "username" : "nnarkede",
          "login_time" : 1476672246000
        }
      }, {
        "_index" : "mysql.login",
        "_type" : "mysql-data",
        "_id" : "mysql.login+0+0",
        "_score" : 1.0,
        "_source" : {
          "username" : "gwenshap",
          "login_time" : 1476423962000
        }
      } ]
    }
  }
```

如果在 MySQL 資料表中添加新的記錄,它們將自動出現在 Kafka 中的 *mysql.login* 主題和對應的 Elasticsearch 索引中。

在瞭解如何建構和安裝 JDBC 來源連接器和 Elasticsearch 匯聚端連接器後,可以依此和使用任何符合使用案例的連接器。Confluent 維護了所有已知的連接器列表(*http://www.confluent.io/product/connectors/*),其中包括由企業和社群所貢獻的連接器。可以在列表中選擇想要試用的連接器,從 GitHub 程式庫建置,並根據文件或 REST API 中返回的資訊進行設定──接著在 Connect 工作者叢集上運行。

打造自己的連接器

Connector API 是公開的，任何人都可以建立新的連接器。事實上，這就是為何大多數連接器是 Connector Hub 成員的原因，因為人們實作了連接器並貢獻出來。因此，若要進行資料儲存但 Connector Hub 中沒有適用的連接器時，我們建議可自行撰寫，甚至可以貢獻給社群以便其他人可以發現和使用。討論建立連接器所涉及的所有細節超出了本章的範圍，可以在官方文件（*http://docs.confluent.io/3.0.1/connect/devguide.html*）中取得進一步的資訊。我們建議以現有的連接器作為起點，並使用 maven archtype（*http://bit.ly/2sc9E9q*）進行快速啟動。我們也鼓勵在 Apache Kafka 社群郵件列表（*users@kafka.apache.org*）上尋求幫助或展示你打造的連接器。

深入了解 Connect

要瞭解 Connect 的工作原理，需要知道三個基本概念以及它們如何互動。正如先前解釋並透過範例展示的，使用 Connect 需要運行一個工作者叢集並啟動／停止連接器。之前未提到的另一項細節是以轉換器處理資料——這是將 MySQL 列記錄轉換為 JSON 記錄的元件，然後由連接器將其寫入 Kafka。

讓我們更深入地了解各個系統以及它們之間的互動方式。

連接器和任務

連接器外掛實作了連接器 API，其中包括兩部分：

連接器（*Connector*）

連接器負責三件重要事項：

- 決定任務數量

- 分配各個任務資料複製的工作

- 從工作者獲取任務設定並傳遞

  例如，JDBC 來源連接器會連接到資料庫尋找要複製的資料表，並藉此決定需要多少任務——根據 tasks.max 設定和資料表數量，兩者取其低者。確定任務數量後，連接器會根據設定為每項任務產生一個設定（例如 connection.url），並指定各任務要複製的資料表。taskConfigs() 方法會回傳一個映射表（即各任務的設定）。接著，工作者負責啟動任務並為每個任務提供專屬的唯一設定，以便任務從資料庫中複製資料表中獨立的子資料集。請注意，透過 REST API 啟動連接器時，它可能在任何節點上運行，隨後連接器啟動的任務也可能在任何節點上執行。

任務（*Task*）

任務負責實際將資料寫入和輸出 Kafka。任務工作者接收的上下文會初始化所有任務。來源連接器的上下文包括一個物件，該物件允許來源連接器的任務儲存來源記錄的偏移值（例如，在檔案連接器中，偏移值是檔案中的位置；在 JDBC 來源連接器中，偏移值可能是資料表中的主鍵 ID）。匯聚端連接器的上下文包括了允許連接器控制從 Kafka 接收記錄的方法——這用於諸如實現背壓、重試，和外部排序偏移值以實現恰好一次性傳遞。初始化任務後，接下來將會使用 Properties 物件啟動，該物件包含 Connector 為該任務建立的設定。任務啟動後，來源任務將輪詢外部系統，並回傳工作者發送給 Kafka 代理器的記錄列表。匯聚端任務透過工作者從 Kafka 接收記錄，並負責將記錄寫入外部系統。

工作者（Worker）

Kafka Connect 工作者程序是一個內部執行了連接器和任務的「容器」程序，負責處理定義連接器及設定的 HTTP 請求，此外也負責儲存連接器的設定、啟動連接器及其任務群，以及傳遞適當的設定等。如果工作者程序停止或崩潰，Connect 叢集中的其他工作者將會知曉（透過 Kafka 消費者協定中的心跳機制）並將該工作者上運行的連接器和任務重新分配給其餘的工作者。若新工作者加入叢集，其他工作者會分配連接器或任務給它以確保所有工作者負載平衡。工作者還負責自動遞交來源和匯聚端連接器兩者的偏移值，以及在任務拋出例外錯誤時處理重試。

理解工作者最好的方式是認識連接器和任務負責資料整合中「資料搬移」部分，而工作者同時也負責 REST API、設定管理、可靠性、高可用性、擴展，和負載平衡的任務。

關注點分離是使用 Connect API 較傳統消費者 / 生產者 API 佳的原因。有經驗的開發人員要撰寫從 Kafka 讀取資料，並將其插入資料庫的程式碼可能僅需一兩天，而且若是還要處理設定、錯誤、REST API、監控、部署、向上和向下擴展、以及故障處理，可能需要幾個月的時間才能完成。藉由連接器資料複製時，連接器會被工作者管理中，並負責處理一些複雜的維運問題。

轉換器和 Connect 的資料模型

Connect API 最後一塊難題便是連接器資料模型和轉換器。Kafka 的 Connect API 包括一個資料 API，它包含了資料物件和描述該資料的綱要。例如 JDBC 來源連接器從資料庫中讀取欄位並根據回傳的欄位資料類型建構 Connect Schema 物件。然後，它使用綱要建構一個包含資料庫記錄中所有欄位的 Struct（結構）。每個欄位的名稱和值皆存在其所屬的欄位中。每個來源連接器都做相似的事情 —— 從來源系統讀取事件，並產生一組 Schema 和 Value。匯聚端連接器則執行相反的操作 —— 獲取一對 Schema 和 Value，並使用 Schema 解析值，接著將其寫入到目標系統中。

雖然來源連接器知道如何基於 Data API 產生物件，還有一個問題是 Connect 工作者如何在 Kafka 中儲存這些物件。這就是轉換器的用途所在。當使用者設定工作者（或連接器）時，也會選擇要使用哪種轉換器在 Kafka 中儲存資料。目前可用的選項是 Avro，JSON，或字串。JSON 轉換器可以設定在記錄中是否包含綱要，所以可以支援結構化和半結構化資料。當連接器回傳此 Data API 記錄給工作者後，工作者透過轉換器將記錄轉換為 Avro、JSON 或字串物件，然後將結果存入 Kafka 中。

相對之下，匯聚端連接器的過程則相反。當 Connect 工作者從 Kafka 讀取記錄時，它使用設定的轉換器將記錄從 Kafka 中（Avro、JSON 或字串格式）轉換為 Connect Data API 物件，然後將其傳遞到匯聚端連接器寫入目標系統。

這允許 Connect API 支援將不同類型的資料儲存於 Kafka 中，轉換器與連接器是獨立的實作（也就是說，只要有可用的轉換器 A，連接器可以處理任一種資料格式）。

偏移值管理

偏移值管理是工作者為連接器執行的便利服務之一（除了透過 REST API 進行部署和設定管理）。它的理念是連接器需要知道哪些資料已經處理完畢，這可以使用 Kafka 提供的 API 來維護已經處理過哪些訊息。

對來源連接器來說，這意味著連接器回傳給 Connect 工作者的記錄之中包括著邏輯分區和偏移值。這些不是 Kafka 的分區和偏移值，而是根據來源系統的需要所產生的分區和偏移值。例如檔案來源連接器中，分區是檔案而偏移值可以是檔案中的行號或字元數。在 JDBC 來源連接器中，分區可能是資料庫表，偏移值則是資料表中記錄的 ID。編寫來源連接器所涉及的最重要的設計決策之一，便是以良好的方式在來源系統中對資料進行分區以及追蹤偏移值——這將影響連接器可以實現的平行度，以及它是否能夠提供至少一次或完全一次的傳遞語義。

當來源連接器回傳記錄列表時（包括每個記錄的來源分區和偏移值）時，工作者會將記錄發送給 Kafka 代理器。若代理器成功確認記錄，則工作者將儲存發送給 Kafka 紀錄的偏移值。儲存機制是可抽換的，通常是使用 Kafka 的主題。這允許連接器重新啟動或崩潰後從最近儲存的偏移值開始處理事件。

匯聚端連接器有著相反但相似的工作流程：讀取 Kafka 記錄，而那些記錄已經有了主題、分區，和偏移值的身份識別。然後呼叫連接器的 put 方法，將資料寫入目標系統。若連接器回報成功，會使用一般消費者遞交的方法將偏移值遞交回 Kafka。

框架本身提供的偏移值追蹤讓開發人員在使用不同的連接器時更容易撰寫連接器，並保證了一定程度的一致性。

Kafka Connect 的替代方案

目前為止，我們已經一定程度地說明了 Kafka 的 Connect API。雖然喜歡 Connect API 提供的便利性和可靠性，但它們並不是將資料輸入和寫入 Kafka 的唯一方案。讓我們看看其他替代方案以及它們常被用於何時。

為其他資料儲存系統挑選框架

雖然我們傾向將 Kafka 做為資料中心，但有些人並不這麼認為。有些人圍繞 Hadoop 或 Elasticsearch 等系統打造了大部分資料架構。這些系統有自己的資料擷取工具——Flume for Hadoop 和 Logstash 或 Fluentd for Elasticsearch。當 Kafka 是架構中不可或缺的一部分並且目標是連接大量來源端和匯聚端時，我們建議使用 Kafka 的 Connect API。若是在打造以 Hadoop 為中心或以 Elastic 為中心的系統，而 Kafka 只是該系統的眾多資料源之一，使用 Flume 或 Logstash 則更為合適。

圖形化使用者介面（GUI）的 ETL 工具

從 Informatica 這樣的老牌系統、其開發原始碼方案 Talend 和 Pentaho 到新興的 Apache NiFi 和 StreamSets，都支援 Apache Kafka 作為資料來源和目的地。如果已經在使用這些系統——例如大量使用 Pentaho，你可能不需要單純為 Kafka 添加另一個資料整合系統。若使用基於 GUI 的方法建構 ETL 工作流，這些系統的主要缺點是它們通常是為繁複的工作流所建構，若任務只是將資料輸入和寫入 Kafka，那這類方案則顯得太過龐大而複雜。如 134 頁的「轉換處理」一節所述，我們認為資料整合應側重於在忠實地傳遞訊息，而大多數 ETL 工具增加了不必要的複雜性。

我們鼓勵將 Kafka 視為一個資料整合（使用 Connect）、應用程式整合（生產者和消費者），以及串流處理的平台。Kafka 可以替代僅用於整合資料儲存用途的 ETL 工具。

串流處理框架

幾乎所有串流處理框架都具備從 Kafka 讀取事件並將其寫入其他系統的能力。若目標系統有支援，並且計畫使用串流處理框架處理來自 Kafka 的事件，那麼使用相同的資料整合框架相當合理。這通常會節省處理串流工作中的步驟（無需在 Kafka 中儲存已處理的事件——只需讀出它們並將其寫入另一個系統），缺點是可能難以解決資料遺失和損壞等問題。

結論

本章先討論了使用 Kafka 進行資料整合的作法。從使用 Kafka 說明為何使用 Kafka 整合資料開始，我們先介紹了一般資料整合解決方案所需的注意事項。我們展示了為什麼會認為 Kafka 及其 Connect API 是合適的工具。然後我們提供幾個在不同場景中應用 Kafka Connect 的範例。花了一些時間來說明 Connect，討論了一些 Kafka Connect 的替代方案。

無論最終使用何種資料整合解決方案，最重要的是它能夠在故障的情況下繼續提供訊息。基於可靠性與多種情況下的驗證成果，我們相信 Kafka Connect 相當可靠——但重要的是你也可以像我們一樣測試所選擇的系統。確保資料整合系統能夠在終止的程序、崩潰的主機、網路延遲，和高負載的情況下服務，而不會遺失訊息。畢竟，資料整合系統只有一個工作——傳遞這些訊息。

雖然可靠性通常是整合資料系統時最重要的要求，但選擇資料系統時還是必須先審視需求（請參閱第 132 頁的「建構資料串流的注意事項」），然後確保選擇的系統滿足這些需求。但這還不夠，你還必須充分瞭解所選擇的資料整合解決方案，確保以滿足需求的方式使用它。Kafka 自身支援至少一次語義的傳遞是不夠的，必須確保相關設定不會降低整體可靠度。

## 第八章

跨叢集資料鏡射

本書所討論的設定、維運與使用方式多數圍繞在單一座 Kafka 叢集上。然而，某些應用情境可能需要多座叢集。

某些案例中每座叢集皆可完全獨立。這些叢集屬於不同部門或不同的應用案例，因此沒有理由將資料由一座叢集複製到另一座。然而，有些時候，不同的 SLA 或是工作負載會讓單一叢集難以同時滿足各式各樣使用案例，或是這些叢集有各自的安全性需求。對這些案例來說相當容易——如同維運單一座叢集般維護各自的 Kafka 叢集。

在某些案例中，叢集間互相牽連並且維運人員需要持續將資料在叢集間複製。對多數資料庫來說，持續在資料庫間複製資料的行為稱為副本（*replication*）。因為「副本」已經用於描述同一座叢集內，節點間資料的複製行為，因此跨 Kafka 叢集資料複製的行為將稱為鏡射（*mirroring*）。Apache Kafka 內建的跨叢集資料複製工具名為 *MirrorMaker*。

本章將討論跨叢集鏡射全部或部份資料的議題。我們將從某些常見的跨叢集鏡射使用者案例開始討論，接著展示某些案例中的實作架構並討論其優缺點。接著會說明該如何使用 MirrorMaker。此外也會分享一些管理要點，其中包含部署與效能調校，最後會介紹 MirrorMaker 的替代工具。

跨叢集資料鏡射的使用案例

下列是跨叢集鏡射的案例列表。

區域與中心叢集

某些案例中，企業在不同地理位置區域、城市或是洲擁有一座以上的資料中心。每個資料中心內皆各自擁有 Kafka 叢集。某些應用程式可以與某個本地叢集溝通資料即可，但某些應用程式需要跨多個資料中心的資料（否則不需要尋找跨資料中心的資料鏡射解決方案）。許多案例有這類需求，例如公司根據供需狀況調整當地的產品售價，而公司在每個城市皆有資料中心存放當地的供需資訊，並據此調整價格。所有相關的訊息會鏡射到中央叢集讓商業分析師可以計算公司整體的收入狀況。

冗餘備援（DR）

有些應用程式能運行於一座 Kafka 叢集上並且不需要來自其他處的資料，但考量因故整座叢集失效的可能性。為此，需要第二座 Kafka 叢集存放原始 Kafka 叢集的完整資料。若發生意外事故時，可以將應用程式切換至第二座叢集繼續運作。

雲端搬移

如今許多企業將商業任務同時運行於企業內部的資料中心與雲端服務上。有時應用程式為了冗餘備援會執行在多個區域的雲服務上，或是採用多個雲端服務。這些案例中，通常企業內部與雲端服務上至少各自有一座 Kafka 叢集。應用程式透過這些 Kafka 叢集有效率地在多個資料中心間傳遞資料。舉例來說，若一個新的應用程式部署在雲端服務上但需要企業內部某些應用程式更新至本地資料庫內的資料時，可以透過 Kafka Connect 拉取資料庫中的更新資料寫入本地端的 Kafka 叢集，接著再鏡射到雲端 Kafka 叢集上讓新應用程式取用。這能夠有效的控制跨資料中心流量並增進管理與安全性。

複數叢集架構

看過一些複數 Kafka 叢集需求的案例後，接著檢視這類需求常見的架構。討論架構前，我們先快速檢視關於跨資料中心資料交換的現實。若不說明網路狀況的權衡考量，直接討論架構 A 將會顯得過於複雜。

跨資料中心溝通的一些議題

以下是跨資料中心溝通的考量事項：

高延遲性

兩座 Kafka 叢集間的通訊延遲會隨著距離以及網路傳導次數增加。

頻寬限制

一般來說廣域網路（WAN）的頻寬遠較單一資料中心內部頻寬低的多，並且可用頻寬量隨時都在變動。此外，較高的延遲使得利用所有可用頻寬變得更為困難。

高成本

無論在雲端或是企業內部運行 Kafka 服務，叢集間的通訊成本總是比較高，因為頻寬有限而增加頻寬可能非常昂貴。此外服務商可能根據兩座資料中心、區域或雲服務間傳送的資料量計價。

Apache Kafka 代理器與客戶端皆圍繞單一資料中心進行的設計、開發與測試調校，這從預設的逾時設定與多種暫存空間配置可以很明顯觀察得知，Kafka 假設客戶端與代理器間的網路環境為高頻寬並且低延遲。因此，不建議將 Kafka 代理器分散安裝至多個資料中心（除了某些特別情境，後續會討論）。

多數應用情境中，最好避免將資料寫入遠端的資料中心，否則必須考量較高的延遲以及更多網路失效的情況。可能需要增加生產者重試次數以及替較長的延遲增加暫存空間。

若資料需要在叢集間複製，由上述可知不考慮透過內部代理器通訊，或是生產者與代理器間的資料傳送方案，最後僅剩代理器與消費者通訊模式方案。事實上，這也是最安全的跨叢集通訊方式，因為網路分區錯誤可能會阻擋消費者存取資料，但資料仍安全地儲存在 Kafka 內。通訊議題解決後，消費者便能繼續讀取訊息。藉由這種方式可以保證網路分區錯誤發生時不會遺漏資料。然而，由於頻寬限制，若某個資料中心內有多個應用程式需從另外一座資料中心的 Kafka 服務中讀取資料，我們建議在每個有需要的資料中心內部署 Kafka 叢集並將所需的資料複製到本地端的 Kafka 叢集內，而避免多個應用程式跨廣域網路消費訊息。

後續會探討更多關於 Kafka 跨資料中心通訊的調校方式，但多數架構會遵循下列所題的原則：

- 每座資料中心至少都擁有一座 Kafka 本地叢集

- 每個訊息的副本僅在資料中心間複製一次（除了錯誤發生時的重新傳送）

- 若可能，盡量從遠端資料中心消費，而不要生產訊息到遠端資料中心

軸輻式架構

此架構是為多個本地 Kafka 叢集與一座中央叢集所提出（如圖 8-1 所示）。

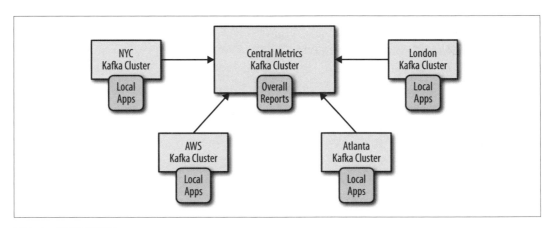

圖 8-1　軸輻式架構

此架構也有簡易版本的變形，僅需兩座叢集——領導者與跟隨者叢集（如圖 8-2 所示）。

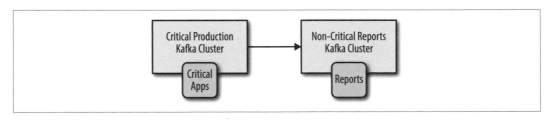

圖 8-2　簡易軸輻式架構

此架構適用於多個資料中心皆會產出資料並且某些消費者需要存取完整的資料集的情境。此架構也允許每個資料中心內的應用程式僅處理本地端的資料。但不是每座資料中心皆能存取完整的資料集。

此架構主要的優點是資料總是產生在本地資料中心，並且每筆訊息僅會複製一次——送往中央資料中心。處理單一資料中心內資料的應用程式可以部署在該資料中心。需處理完整資料集的應用程式部署於中央資料中心內，所有資料將會複製到該處。因為複製的資料串流為單一方向而且每個消費者僅需從單一叢集內讀取資料，所以此架構相當容易部署、設定與監控。

此架構的主要缺點也是源於架構的簡易性。單一區域資料中心的處理服務無法存取其他資料中心內的資料。要了解此限制可以透過下述範例：

一間大型銀行企業在多個城市中皆有分行。假設公司決定將使用者檔案與其帳號交易歷史資料儲存在各自城市中的 Kafka 叢集內，而所有的資料也會匯集到中央叢集以便進行商業分析。當用戶連結到銀行網頁或拜訪當地分行時，相關事件訊息會在本地叢集中進行存取。然而，假設用戶前往不同城市的分行，因為使用者資訊並沒有儲存在當地的叢集中，這迫使分行必須從遠端叢集存取資料（這不是建議的作法）或是面對沒有該用戶資料的窘境。因此，此系統架構僅限不同區域的資料中內所儲存的部份資料集能夠被完整獨立應用的情境。

建立此架構時，中央資料中心與每個區域資料中心之間至少需要一個複製程序。此程序會持續從每個遠端區域中心消費資料並生產至中央叢集。若某些相同的主題名稱同時儲存在多個資料中心，可以將這些資料彙整到中央叢集的同一個主題內，或是根據不同資料中心個別儲存。

雙主動架構

此架構用於兩座以上的資料中心共享部份或全部資料，並且每座資料中心皆會生產並消費訊息（如圖 8-3 所示）。

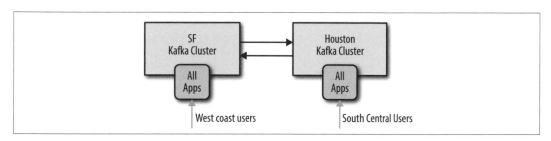

圖 8-3　雙主動架構

此架構最大的優點是能夠服務來自鄰近資料中心的用戶，有效能上的優勢，並且不會由於資料完整度犧牲功能性（如同在軸輻式架構中所見）。第二個優點則是資料冗餘備份與彈性。因為每個資料中心皆具備完整的功能，若一座資料中心失效，則引導用戶存取其他座資料中心即可。一般來說此轉換僅需重導向用戶的網路連線，而這也是最簡單且直接的作法之一。

這種架構最明顯的缺點為當資料在多個地點非同步讀取或更新時，必須避免資料衝突。而複製資料時也相當有挑戰，例如如何避免相同的事件在資料中心間穿梭無窮盡的複製？但更重要的是，維護兩座資料中心的資料一致性相當困難。以下是一些可能面臨的挑戰：

- 若用戶傳送事件到某座資料中心並立即從另外一座資料中心讀取資料，此時有可能資料尚未到達第二座資料中心。對用戶來說，實際情境有可能是用戶把書本加入希望清單中，但點擊清單列表時，該書並不在清單內。為此，採用此架構時，開發者通常會透過某些方式讓用戶「黏著」在特定的資料中心並確保多數時間存取相同的叢集（除非用戶從遠端進行連線或是資料中心失效）。

- 某個資料中心的訊息顯示使用者訂閱了書籍 A 而差不多的時間點在另外一座叢集卻是顯示了使用者訂閱了書籍 B。經過資料複製後，兩座叢集皆擁有這兩筆衝突資料。在兩座資料中心內的應用程式必須知道如何處理這類情境。是將其中一筆訊息視為「正確」訊息？若此，則需要一個一致的規則確保兩座資料中心的應用程式皆會產生相同的選擇結果。或是將兩筆資料皆視為正確並且將兩本書皆送至用戶端，並讓其他部門處理後續議題？或許 Amazon 的相關服務可以依此處理，但企業的股票交易則不容許。每個用來最小化衝突的規則必須根據情境進行客製設計。特別注意若採用此架構，則將會遭遇一致性衝突議題並且需要處理。

若應用情境中有方式能處理從多個地區非同步讀寫到相同資料集的議題，則相當建議採用此架構。我們觀察到這是最具擴張性、恢復性、彈性以及價格性能比的選項。因此相當值得花成本處理循環複製的問題，讓使用者多數時候存取相同的資料中心，並在衝突發生時進行處理。

雙主動架構的部份挑戰來自於資料複製，尤其是架構中擁有超過兩座以上資料中心時，這代表每座資料中心皆必須有雙向的資料複製機制。若有五座資料中心則至少會有二十個，甚至是四十個複製程序（有很高的機率），而每個資料複製機制皆必須是冗餘備份以滿足高可用性。

此外，必須避免相同事件永無止盡的在資料中心間進行複製傳送。為此可以為每個資料中心內的主題定義「邏輯主題」以確保避免複製來自遠方資料中心的主題內容。例如某座資料中心的用戶邏輯主題為 *SF.users*，而另外一座則稱為 *NYC.users*。複製程序會從 SF 複製 *SF.users* 主題到 NYC，並從 NYC 複製 *NYC.users* 到 SF。如此一來每個事件僅會被複製一次，但兩座資料中心皆擁有 *SF.users* 與 *NYC.users* 的資料。若消費者想讀取所有使用者事件則必須消費 **.users*。另一種方式則是將每個資料中心內的資料視為不同的命名空間（namespace），以範例來說則是有 NYC 與 SF 命名空間。

注意不久之後（可能在你閱讀本書之前），Apache Kafka 會添加訊息標頭。這種作法允許為事件貼上來源資料中心的標籤並透過其標頭訊息避免複製迴圈的產生，此外也能允許獨立為每座資料中心處理事件訊息。你也能透過結構化資料手動實作類似的功能（avro 即為一個良好的案例），並在訊息中包含標籤與標頭內容。然而，這種作法在複製資料時需要格外小心，因為沒有任何現行複製工具支援自定義的標頭格式。

主被動架構

在某些案例中，多叢集架構僅為了實現某些災難還原的需求。或許在相同的資料中心內有兩座叢集。而應用程式全部使用其中某一座叢集，但第二座叢集擁有與前者（幾乎）相同的資料集，如此一來便能在第一座叢集失效時進行切換。又或者架構上需要地理位置上的彈性，例如完整的商業應用建立在加州的資料中心內，但會在地震較少發生的德州建立另外一座資料中心提供備援功能。位於德州的資料中心可能存放的是來自應用程式非活躍的「冷」資料，而管理人員可以在緊急情況時進行切換（如圖 8-4 所示）。這經常是基於營運而不是商業獲利的需求，但仍需為此進行準備。

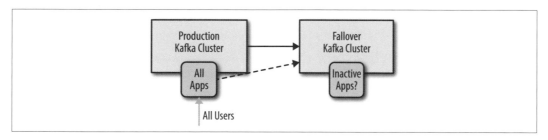

圖 8-4　主被動架構

此架構的優點為設定簡便並且可以用於多數的應用場景中。僅需簡單地安裝第二座叢集並設定資料複製程序讓串流資料從原始的叢集流入即可，而不需要擔心資料存取、衝突處理與其他複雜架構所衍生的議題等。

此架構的缺點是浪費一座叢集僅複製資料。然而，切換 Kafka 叢集遠較想像中的複雜許多。事實上現階段切換 Kafka 叢集無法保證不遺漏資料或產生重複資料（常見的狀況是兩者皆發生）。有多種方式可以最小化這些狀況，但無法完全摒除。

明顯地叢集除了災難發生外不提供服務是浪費資源的作法。因為災難通常（或必須）不常發生，多數時間這些設備都沒有提供服務。某些企業組織嘗試讓災難恢復用（DR, disaster recovery）叢集的規模較正式環境小的多。而另外一些組織偏好讓叢集在沒有災難發生時負責一些讀取請求的工作負載，這意味著架構已經轉換成非常小的軸輻式架構（僅有一個軸）。

更麻煩的問題是，如何切換服務到災難恢復用的 Kafka 叢集？

首先，必須先說無論選擇哪種切換方式，網站可靠性（SRE）團隊必須在平常就將轉移任務納入訓練範疇。今日能夠運行的轉移方式，或許在版本升級後便不適用，或者新的使用案例讓既有流程顯的過時。每季一次轉移演練是最低要求。健壯的 SRE 團隊會更頻繁的演練轉移任務。Netflix 知名的 Chaos Monkey 服務會隨機產生災難情境，讓任何一天皆是轉移的演練日。

現在，讓我們進一步檢視轉移任務。

非計畫中轉移導致資料遺失與非一致現象

因為許多 Kafka 資料複製解決方案是非同步傳輸（下一節會討論同步的方案），DR 叢集不會有主叢集最新的串流訊息。因此必須監控 DR 叢集的落後情況是否在合理範圍內。但必須認知到在忙碌的系統中 DR 叢集可能落後主叢集數百甚至數千筆訊息。若 Kafka 叢集每秒處理一百萬筆訊息，而主叢集與 DR 叢集間有 5 毫秒的落差，DR 叢集最佳的情況也會落後主叢集 5000 筆訊息。因此非計畫內的轉移通常會遺失一些訊息，並需為此做準備。若是計畫中的轉移，可以先停止主叢集的服務並等待 DR 叢集完整複製資料，接著再轉移應用程式以避免資料遺失。當計畫外的轉移發生並遺失了數千筆資料，此時要注意因為 Kafka 沒有交易的概念，這代表若多個主題中的訊息有相關性（例如銷售與單項條款資料），其中某些事件訊息在轉移時可能有流入 DR 叢集，而部份則可能遺失。為此應用程式在轉移後必須有能力處理這些例外情境（例如有單項條款卻沒有銷售資料）。

轉移後應用程式的起始偏移值

轉移到另一座叢集最困難之處，可能是確保應用程式知曉該從何處開始消費資料。為此有幾種常見的處理方式。某些方式較為簡易但可能導致額外的資料遺失或重複處理的情況，而某些較為複雜但可以將資料遺失或重複的現象最小化。我們接著一一檢視：

自動重設偏移值

Apache Kafka 消費者端有參數可以控制群組未消費過該主題時，會從每個分區的起始或結束點開始消費。若是既存的消費者並且曾將偏移值遞交給 Zookeeper，若這些遞交資訊沒有複製到 DR 叢集，你必須在兩者間選擇，從頭開始消費資料並處理大量重複資料的議題，或是直接從結尾接續消費，並忽略某些（希望數量不多）尚未處理過的事件。若應用程式能夠處理重複消費的議題，或遺失某部份資料不是大問題，那從中挑選某種作法開始消費是最簡單的處理方式。通常轉移後忽略某部份資料直接從主題結尾接續消費可能仍是最簡便的作法。

複製偏移值主題

若使用新的 Kafka 客戶端（0.9 版以上），消費者會將偏移值遞交到特別的主題：__consumer_offsets。若備份此主題到 DR 叢集，當消費者從 DR 叢集開始消費時，便能夠沿用既有的偏移值接續消費。這聽起來很容易，但有許多要注意的地方。

首先，並沒有保證主叢集的偏移值與另外一座叢集匹配。假設主叢集資料僅保存三天並且一周後開始複製該主題。此時主節點第一個可用的偏移值可能為 57000000（四天前的訊息已經被移除），但 DR 叢集第一個偏移值則是 0。因此若消費者嘗試從 DR 叢集讀取偏移值 57000003 的訊息將會失敗。

其二，即便主題一建立時便開始展開複製並且主叢集與 DR 叢集皆從偏移值 0 開始儲存訊息，消費者端的重傳行為可能會導致兩座叢集的偏移值產生誤差。簡言之，目前 Kafka 資料複製的解決方案並不能保證主叢集與 DR 叢集的一致性。

再者，即便兩座叢集的偏移值相同，因為 DR 叢集相較主叢集間資料落後的現象以及缺乏交易保證的功能，Kafka 消費端遞交的偏移值可能較此偏移值對應的訊息更早傳至 DR 叢集，導致消費者轉移至 DR 叢集後可能發生偏移值找不到對應資料的現象。又或者 DR 叢集最後一個遞交的偏移值可能較主節點舊的情況（如圖 8-5 所示）。

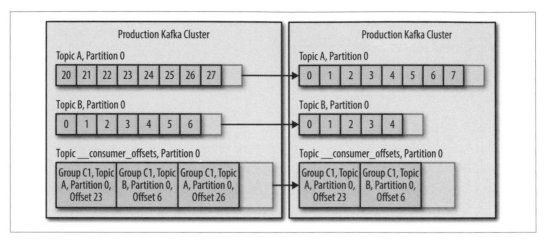

圖 8-5　轉移導致遞交的偏移值沒有對應的訊息

這些案例中，必須了解若 DR 叢集最後一個遞交偏移值較主叢集舊，則會有重複處理資料的情況；又或是重傳讓 DR 叢集的偏移值大於主叢集的現象。因此必須考慮該如何處理 DR 叢集最新遞交偏移值沒有對應資料的情況——要從頭消費主題？或是忽略部份資料從結尾開始？

如同所見，這種方法仍有限制。然而，相較其他作法此選項可以在轉移至 DR 叢集時減少重複或遺漏的訊息數，並且容易實現。

基於時序轉移

若使用新版（0.10.0 或以上）的 Kafka 消費者，每個訊息皆會包含時間戳記代表資料寫入 Kafka 的時間點。在更新的版本（0.10.1.0 或以上）中，代理器擁有索引資訊並提供根據時間戳記搜尋偏移值的 API。因此，若知道切換至 DR 叢集的時間為 4:05AM，可以讓消費者端從 4:03AM 開始消費訊息。這種作法這樣會產生兩分鐘的重複資料，但仍有可能較其他解決方案佳，並在公司內部解釋作法時相對簡單——「我們將從 4:03AM 回滾資料」聽起來比「我們將從最後一個（也有可能不是）的遞交偏移值開始回滾資料」容易理解地多，因此通常是個好的折衷方案。唯一的問題是該「如何讓消費者從 4:03AM」處開始消費資料。

一種作法是在應用程式面處理。透過使用者可定義的選項來設定應用程式起始時間。若此，應用程式會先透過新式 API 根據時間戳記定位對應的偏移值，然後接續消費訊息。

若已經提前讓應用程式支援這種設定方式便無問題。但若沒有呢？最簡單的作法是撰寫一個小型工具程式，透過 API 以時間戳記尋找對應的偏移值，接著為某個消費者遞交這些偏移值。我們期待 Kafka 近期會將這些工具整入套件中，但在此之前必須自行撰寫。運行這類工具時必須先暫停消費者群組，接著於執行完畢後重新啟動。

這種方式適合使用新版 Kafka 並且希望確保轉移過程順利，願意為轉移程序撰寫一些客製化程式碼的用戶。

外部偏移值映射

討論複製偏移值時，最大的挑戰便是主叢集與 DR 叢集偏移值不一致的問題。為此，許多企業組織選擇使用外部資料儲存系統（例如 Apache Cassandra），儲存兩座叢集間的偏移值映射。在透過 Kafka 資料鏡射工具將資料生產至 DR 叢集值時，兩邊的偏移值會保存在外部儲存系統內。或可選擇當兩邊的偏移值不一致時才進行儲存。舉例來說，若主節點偏移值 495 的資料映射到 DR 叢集時偏移值為 500，外部儲存空間會儲存一筆（495,500）的映射資料。若後續由於資料重複讓偏移值 596 也鏡射到 600，則會儲存一筆新的映射值（596,600）。在 495 與 596 之間不需儲存其他映射值，可假設兩邊的差異值會維持一致，因此主叢集偏移值 550 的資料對應到 DR 叢集則是偏移值 555。後續若發生轉移，可利用這些映射值接續消費資料（而不是透過偏移值的時間戳記，這種作法有可能導致些微不正確的結果）。透過上述兩種作法中的其中一種讓消費者端從映射結果得出的偏移值進行消費。雖然採用這種作法仍有可能產生一些例外事件，例如遞交的偏移值早於資料傳遞到 DR 叢集，但仍適用於某些應用場景。

這種作法相當複雜並且不一定值得。這種作法在時間戳記功能提供出來之前經常被用於轉移。現在則建議升級叢集並簡單地採用基於時間戳記轉移的解決方案，因為即便紀錄兩者的偏移值映射，仍無法適用在所有轉移案例中。

轉移之後

假設轉移成功，一切任務在 DR 叢集皆順利運作。接著我們回頭檢視該如何處理主叢集，或許是時候將其轉換成 DR 叢集。

僅需簡易地將反轉複製程序的方向，讓資料由新的主叢集備份到另一外座叢集即可。然而，這裡有兩個嚴重的問題：

- 如何知道該從何處開始複製？複製程序會遇到與先前相同的問題。並且注意先前所述的所有解決方案都有可能導致資料重複或遺失。

- 此外如同前述，因為主叢集擁有的資料可能沒有複製到 DR 叢集。若僅是簡單地啟動並複製新資料，兩座叢集間不一致的現象會延續下去。

為此，最簡單的作法便是清空原始叢集，刪除所有資料與遞交偏移值，接著從新的主節點複製所有資料至 DR 叢集。這種作法可以讓兩座叢集的狀態重新趨於一致。

關於叢集探索的三兩事

計畫備份節點時最重要的事項之一，便是當轉移發生時，應用程式必須能與備份節點進行連線。若在生產者與消費者端直接指定主叢集的主機位置，則要實現這類機制就會面臨挑戰。多數組織會簡易地建立 DNS 並且通常會指向主叢集，當意外發生時 DNS 便會轉指向備份叢集。探索服務（例如 DNS 或其他類似服務）並不需要涵蓋所有 Kafka 代理器——客戶端僅需成功連線到某個代理器便能取得整座叢集的元數據並發現其他代理器的位置。因此通常設定三座代理器便足夠。無論是透過何種探索方式，多數轉換場景在轉換完成後需要重啟消費者應用程式以更新所需消費的偏移值。

延伸叢集

主被動架構經常用於防止商業應用因 Kafka 叢集失效而受影響，在失效時可將應用程式切換至另外一座叢集繼續存取資料。延伸叢集試圖在整個資料中心失效時持續提供 Kafka 服務，為此會跨多個資料中心共同打造一座 Kafka 叢集。

延伸叢集與其他多資料中心情境全然不同。首先，此架構並沒有多座叢集——僅有唯一座。因此，不需要複製程序維護叢集間的資料同步。一般會利用 Kafka 的副本機制保持代理器間的資料一致性。此設定牽涉副本同步機制，生產者通常在資料成功寫入 Kafka 後會收到確認訊息。在延伸叢集中，可以做類似的設定，當資料成功寫入兩座不同的叢集時發出確認訊息。相關設定包含透過機架感知設定確保每個分區的副本座落在不同的資料中心，並藉由設定值 `min.insync.replicas` 與 `acks=all` 確保資料每次成功寫入會存入兩座以上的資料中心內。

此架構的優點在於副本同步——某些商業行為僅簡單地要求 DR 叢集必須隨時與主叢集同步。這種需求很常見並且通常是廣泛要求公司內各類資料儲存系統——其中包含 Kafka。另一項優點為兩座資料中心內的代理器皆有執行任務。不像先前討論主被動架構般會有浪費資源的問題。

此架構主要限制在於能夠防範的災難規模。僅能防範資料中心失效，而無法避免任何應用程式或 Kafka 服務失效。此外維運的複雜度也會提高，並且基礎建設的成本不是任何規模的企業皆能負荷。

若有能力建置 Kafka（含 Zookeeper）於至少三座資料中心上，並且資料中心間用高頻寬低延遲的網路串連，則可實現此架構。例如企業在相同的街道上擁有三座建築物或更常見的情景——雲端服務商在 region 內有三個以上可用的 zone。

至少有三座資料中心非常重要，因為 Zookeeper 要求叢集節點數為奇數並在過半節點存活時持續保持運作。若僅建立在兩座叢集上並且有奇數數量節點，則代表某座叢集總是佔多數成為領導者，若該資料中心失效 Zookeeper 也會隨之失效，並導致 Kafka 中斷服務。若有三座資料中心，可以輕鬆地調配節點，使得沒有一座單一資料中心佔絕對多數。如此一來，若某座資料中心失效，則另外兩座節點因佔據多數使得 Zookeeper 叢集仍可運行，Kafka 也能繼續提供服務。

透過 Zookeeper 群組設定並於問題發生時在兩座資料中心間手動轉移，透過這種方式能讓 Zookeeper 與 Kafka 僅在兩座叢集上建構，但這種作法並不常見。

Apache Kafka 的 MirrorMaker

Apache Kafka 內建一個簡易工具能在兩座叢集間複製資料。此工具稱為 MirrorMaker，其核心為一群消費者集合（因為歷史因素在 MirrorMaker 文件中稱消費者為 *stream*），擁有相同的消費者群組並從設定的主題列表中複製資料。每個 MirrorMaker 程序擁有一個生產者。整個工作流程相當簡易：MirrorMaker 為每個消費者開啟一個執行緒。每個消費者會從來源叢集的主題與分區消費事件串流，並用共享的生產者將資料寫入目標叢集。每 60 秒（預設值）消費者會透過生產者傳遞一批資料並等待回覆確認。接著消費者會聯繫來源端 Kafka 叢集遞交這批事件的偏移值。這種作法可以保證沒有資料遺失（收到確認回覆後才遞交偏移值），並且若 MirrorMaker 失效，資料重複的情況不會超過 60 秒（如圖 8-6 所示）。

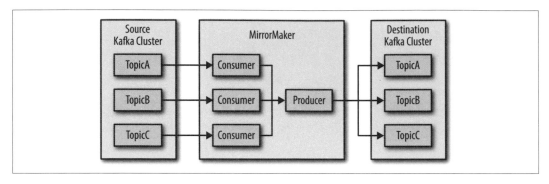

圖 8-6　MirrorMaker 執行流程圖

關於 *MirrorMaker*

MirrorMaker 的設計看起來非常簡單，但由於希望此工具非常有效率並且盡量達到唯一一次傳遞特性，使得此工具的實作相當複雜。在 Kafka 0.10.0.0 版本時 MirrorMaker 已經被重新實作四次，此外未來仍會持續改寫。本節與後續描述的內容適用於 Kafka 0.9.0.0 到 0.10.2.0 間的 MirrorMaker。

如何配置

MirrorMaker 的調整性相當彈性。首先，此工具有一個生產者與多個消費者，因此所有關於生產者與消費者的設定選項皆適用於 MirrorMaker。此外，MirrorMaker 自身也有眾多的配置選項，某些選項間還有複雜的關係。我們將展示一些範例並強調某些重要的設定選項，但詳細解釋 MirrorMaker 的每個設定則超出了本書的範疇。

一個 MirrorMaker 的執行範例如下：

```
bin/kafka-mirror-maker --consumer.config etc/kafka/consumer.properties --
producer.config etc/kafka/producer.properties --new.consumer --num.streams=2 --
whitelist ".*"
```

我們一一檢視 MirrorMaker 的基本參數：

consumer.config

此設定作用於所有從來源叢集提取資料的消費者。這些消費者共享相同的設定檔案，這意謂著僅有一個來源叢集與一個 group.id。所有的消費者皆屬於相同的群組，這也是我們想要的。設定檔中的必要設定僅有 bootstrap.servers（來源叢集）與 group.id。但能添加任何相關的生產者設定。其中某個不建議修改的設定為 auto.commit.enable=false。MirrorMaker 透過自身的機制在訊息成功傳遞到目標叢集後才遞交偏移值。修改此設定可能導致資料遺失。某個可能會想要修改的設定為 auto.offset.reset。此值預設為 latest，代表 MirrorMaker 僅會複製 MirrorMaker 啟動後所產生的訊息。若希望複製 MirrorMaker 啟動前即產生的資料，可將設定值改為 earliest。第 170 頁「調校 MirrorMaker」一節還會討論其他的參數選項。

producer.config

此設定會作用於將資料寫入目標叢集的生產者。唯一一個必要參數為 bootstrap.servers（目標叢集）。在 170 頁「調校 MirrorMaker」一節還會討論其他的參數選項。

new.consumer

MirrorMaker 可以選擇使用 0.8 版或新版 0.9 版消費者。建議使用新版的消費者，因為現階段該版本更為穩定。

new.streams

如同前述，每個 stream 皆為一個從來源叢集讀取資料的消費者。注意到所有消費者會共享一個生產者。過多的 streams 會使生產者不堪負荷。若發生這種情況並需要更高的吞吐量，則需要啟動另外一個 MirrorMaker 程序。

whitelist

所有符合正規表示法的主題名稱將會被複製。例如範例中代表複製所主題，但通常可以用 *prod.** 表示法避免複製到測試主題。若是在雙主動架構中，若 MirrorMaker 需複製來至 NYC 資料中心到 SF 資料中心，則可設定 whitelist="NYC.*" 避免複製到原先隸屬 SF 資料中心的資料。

在生產環境部署 MirrorMaker

先前的範例中是透過指令列執行 MirrorMaker。然而一般在正式環境運行 MirrorMaker 時會希望將其以服務的模式運行，可以透過 nohup 在背景執行並將輸出存於日誌檔案中。技術上來說，此工具於指令列有提供 -daemon 參數可以滿足上述需求，但實務上近期的版本使用上仍有些問題。

多數公司使用 MirrorMaker 時會維護啟動一個腳本，其中包含使用的各項參數。另外也經常透過諸如 Ansible、Puppet、Chef 與 Salt 等生產環境部署系統實現自動化部署並管理眾多設定選項與檔案。

將 MirrorMaker 運行於 Docker 容器內是越來越流行的進階部署方式。MirrorMaker 非具態（stateless）並且不需要任何磁碟空間（所有資料與狀態皆儲存在 Kafka）。將 MirrorMaker 包裹在 Docker 內能讓單一機器運行多個實例。因為單一 MirrorMaker 實例的輸出吞吐量受限於單一生產者，因此實務上經常會啟動多個 MirrorMaker，而 Docker 可以簡化這類任務並且能方便地擴充——在尖峰時段需要更多吞吐量時開啟更多容器，並在離峰時段關閉。若將 MirrorMaker 運行在雲端，也能夠根據吞吐量與需求新增或減少伺服器。

若可能，將 MirrorMaker 運行於目標資料中心。因此若是從 NYC 傳遞資料到 SF，MirrorMaker 則運行於 SF 並從 NYC 消費資料。原因為長距離的網路傳輸相較資料中心的內部傳輸較不可靠。若發生網路分區並讓資料中心間的傳輸斷線，相較生產者無法傳遞訊息，消費者和叢集無法連線要容易處理的多。若消費者無法連線，僅代表無法讀取事件串流，但資料仍保留在來源的 Kafka 叢集不會遺失。另一方面，若事件已經產生但由於網路分區狀況 MirrorMaker 無法生產，則資料有遺失的風險。因此遠端消費相較遠端生產要安全許多。

何時會在本地端消費並生產至遠端？可能的答案是希望訊息在資料中心內部傳遞時無須加密，但在跨資料中心時需要加密的情況。消費者端透過 SSL 加密機制連接 Kafka 時會嚴重影響效能——更甚生產者端。此外也會影響 Kafka 代理器本身的效能。因此若跨資料中心發送加密請求，最好將 MirrorMaker 運行於來源資料中心，使其於本地端接收非加密訊息，接著透過 SSL 加密連線將加密訊息生產至遠端目標資料中心。透過這種方式，僅需生產者端透過 SSL 連線至 Kafka 而消費者不需要，影響效能程度較低。透過這種方式複製資料，需設定 acks=all 確保 MirrorMaker 不會遺漏資料並且有足夠的重傳次數。此外，可以透過設定讓 MirrorMaker 無法傳遞訊息時即中止，這種方式相較其他方式遺漏資料的風險較低。

若來源叢集與目標叢集之間的事件同步率要求相當高，則可能會運行兩個 MirrorMaker 實例在兩個不同的伺服器上並且有著相同的消費者群組。若其中某個伺服器意外中止，另外一個 MirrorMaker 實例仍能持續複製資料。

在生產環境部署 MirrorMaker 時，監控下列事項相當重要：

監控日誌

你肯定需要知道目的叢集落後來源叢集的程度。落後程度的定義為兩座叢集最後一筆資料偏移值的差距（如圖 8-7 所示）。

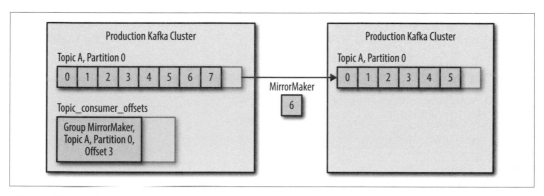

圖 8-7　監控偏移值落後情況

圖 8-7 中，來源端最新的偏移值為 7 而目的端為 5 ——代表落後兩筆訊息。

追蹤落後狀況有兩種方式，但沒有一種是完美的作法：

* 檢視 MirrorMaker 在來源端 Kafka 叢集遞交的最新偏移值。可以使用 kafka-consumer-groups 工具檢查每個 MirrorMaker 正在消費的分區，觀察分區最新的遞交偏移值、MirrorMaker 最新遞交的偏移值、以及兩者間的差距。由於 MirrorMaker 不會隨時都在遞交偏移值，此指標並非百分之百正確。預設 MirrorMaker 每分鐘會遞交一次，因此會觀察到一分鐘內延遲會逐漸上升然後隨即下降。圖中真實的延遲數為 2，但由於 MirrorMaker 尚未遞交最新的偏移值，從 kafka-consumer-groups 工具會回報的延遲數為 4。LinkedIn 的 Burrow 專案會監控相同的資訊，但透過較複雜的方式判定此落後是否正常，因此較不會收到錯誤的警報。

* 檢視 MirrorMaker 所讀取最新一筆資料的偏移值（即便尚未遞交）。MirrorMaker 內的消費者會將重要指標透過 JMX 發送。其中之一便為消費者最大延遲數（在其消費的所有分區中）。此延遲數也不是百分之百正確因為此值根據消費者讀取資料的偏移值但不考量此資料是否已經透過生產者成功傳遞至目標 Kafka 叢集。範例中，由於消費者已經讀取了訊息 6，MirrorMaker 會回報的落後數為 1 而不是 2 ——即便該筆訊息尚未寫入目標叢集。

注意上述無論何種方式都是檢視最新的偏移值指標，因此皆無法偵測 MirrorMaker 是否有遺漏資料。Confluent 的 Control Center 工具會監控訊息數量以及 checksum 來填補這段資訊空缺。

指標監控

MirrorMaker 包含一組生產者與消費者。兩者皆有許多可觀察的指標，我們建議收集並進行監控。Kafka 文件（*http://bit.ly/2sMfZWf*）有羅列所有的指標，以下是調校 MirrorMaker 效能時相當有用的指標：

消費者端

fetch-size-avg、fetch-size-max、fetch-rate、fetch-throttle-time-avg 與 fetch-throttle-time-max

生產者端

batch-size-avg、batch-size-max、requests-in-flight 與 record-retry-rate

兩端

io-ratio 與 io-wait-ratio

Canary（金絲雀）

若監測了每一項指標，則不一定需要額外的檢測程式。但經常會於監控的各個層面加入檢測測試。每分鐘檢測程式將事件由來源叢集內的指定主題傳遞至目標叢集，並嘗試從目標叢集讀取該筆資料來檢測。若事件傳遞的時間超過可接受的長度也能發出告警。

調校 MirrorMaker

MirrorMaker 叢集的規模視需要的吞吐量以及可以忍受的延遲而定。若無法忍受任何延遲，則必須擴大 MirrorMaker 規模使之隨時能夠負荷尖峰負載。若能忍受一些延遲，則可以將 MirrorMaker 規劃在 95 到 99% 的時間中，利用率達 75 到 80% 的規模。這預期在尖峰時刻會有一些延遲的現象，但因為多數時間有多餘的吞吐量，因此尖峰時刻過後 MirrorMaker 會慢慢追上。

接著會想要知道 MirrorMaker 使用不同數量的消費者執行緒時對應的吞吐量表現。可藉由參數 num.streams 進行設定。在此提供一個估計值，LinkedIn 使用 8 個與 16 個消費者執行緒分別取得 6MB/s 與 12MB/s 的吞吐量，但這跟硬體、資料中心與雲服務提供商的規格息息相關。Kafka 內附 kafka-performance-producer 工具。可藉由此工具在來源叢集產生負載，接著用 MirrorMaker 複製資料並觀察。建議可以測試 MirrorMaker 在 1, 2, 4, 8, 16, 32 個消費者執行緒的吞吐量，並觀察在何處吞吐量上升的趨勢減緩，此建議值為 num.streams 數量上限。若消費或生產壓縮事件串流（這是建議的作法，因為頻寬通常是跨資料中心交換的瓶頸），MirrorMaker 將會解壓縮或壓縮這些事件。這會消耗許多 CPU 資源，因此增加執行緒時請觀察 CPU 使用率。藉由這些步驟可以找到環境中單一 MirrorMaker 可達到的最高吞吐量。若該吞吐量無法符合需求，則可能需要進一步實驗增加 MirrorMaker 的實例與對應的伺服器。

此外，你可能希望隔離敏感延遲的主題──這些主題需要較低的延遲需要，並與來源資料越趨同步越好，這些主題建議由另一個 MirrorMaker 叢集與消費者群組進行複製。這可以防止臃腫的大型主題或是無法控管的生產者影響對延遲敏感的應用。

MirrorMaker 本身可以進行各式各樣的調校。此外，也可以增加每個消費者執行緒與 MirrorMaker 實例的吞吐量。

若會跨資料中心運行 MirrorMaker，可能會想最佳化下列 Linux 作業系統中關於網路的配置參數：

- 增加 TCP 暫存空間（net.core.rmem_default、net.core.rmem_max、net.core.wmem_default、net.core.wmem_max 與 net.core.optmem_max）

- 啟用自動視窗調整（執行 sysctl -w net.ipv4.tcp_window_scaling=1 或在 /etc/sysctl.conf 中設定 net.ipv4.tcp_window_scaling=1）

- 降低 TCP 的啟動時間（將 /proc/sys/net/ipv4/tcp_slow_start_after_idle 設為 0）。

注意 Linux 的網路調校是複雜的議題。為了更了解這些參數，我們建議閱讀一些網路調校指南例如 Sandra K. Johnson 等人撰寫的《伺服器效能調校專家──以 *Linux* 為例》（原文書由 IBM Press 出版）。

此外，可能會想要調校 MirrorMaker 內運行的消費者與生產者。首先，必須先確認瓶頸在生產者端還是消費者端，是生產者在等待消費者消費更多訊息或者相反？一種作法是檢視監控的生產者與消費者相關指標。若其中一邊的程序正在閒置而另外一端的使用率滿載，便可知哪一端需要優先調整。另一種方式是透過執行緒傾印（Thread Dump，可使用 jstack 等工具）並檢視其中多數時間花費在拉取或是傳送資料──較多時間花在拉取資料通常代表消費者端為瓶頸，而較多時間花在傳送資料則表示瓶頸可能在生產者端。

若需要調校生產者，下列參數可以派上用場：

`max.in.flight.requests.per.connection`

預設 MirrorMaker 僅允許一筆 in-flight 請求。這代表由生產者發出的請求皆必須等待目標叢集回覆確認後才能傳遞下一筆。這種作法會限制吞吐量，尤其是等待回覆較久的時候。MirrorMaker 限制 in-flight 數量的原因為，在收到回覆確認前訊息可能會重新傳送多次，而這是保證資料順序性的唯一方式。若應用場景中資料順序並不重要，則增加 `max.in.flight.requests.per.connection` 可以顯著提升吞吐量。

`linger.ms and batch.size`

若透過監控程序得知生產者傳遞的批次沒有滿載（也就是 `batch-size-avg` 與 `batch-size-max` 低於設定的 `batch.size`），可以稍微增加一點延遲來提升吞吐量。透過增加 `latency.ms`，生產者會多等待數毫秒讓批次在發送前裝填更多訊息。若批次皆為滿載並且還有多餘可用的記憶體空間，則可以增加 `batch.size` 傳遞更大的批次。

下列的消費者設定可以為消費者提升吞吐量：

- MirrorMaker 內的分區分配策略（也就是消費者與分區批配的演算法）預設為 range。range 有許多優點，這也是其選為預設策略的原因。但這種演算法可能導致分區與消費者分配不平均的現象。對 MirrorMaker 來說，通常將策略改為 round robin 更為合適，尤其是在複製大量主題與分區時的場景時。可以在消費者設定檔中加入 `partition.assignment.strategy=org.apache.kafka.clients.consumer.RoundRobinAssignor`。

- `fetch.max.bytes`——若收集的指標顯示 `fetch-size-avg` 與 `fetch-size-max` 接近 `fetch.max.bytes` 設定值，則代表消費者從代理器讀取其限制內盡可能多的資料。此時若還有多餘的可用記憶體，可以嘗試增加 `fetch.max.bytes` 讓消費者每次請求可以提取更多資料。

- `fetch.min.bytes` 與 `fetch.max.wait.ms`——若從指標觀察到 `fetch-rate` 相當高，則代表消費者傳遞過多請求給代理器，並且每次請求沒有獲取足夠的資料。此時可以嘗試增加 `fetch.min.bytes` 與 `fetch.max.wait.ms` 設定值讓消費者每次請求可以接收更多資料，並且代理器將等待累積足夠量的資料才會發送給消費者。

其他跨叢集資料複製的解決方案

目前為止，我們深入探討 MirrorMaker 的原因是因為此工具屬於 Apache Kafka 專案的一部分。然而，MirrorMaker 實務上仍有些使用限制。因此，可以尋找一些 MirrorMaker 的替代方案解決其限制與複雜性。

Uber uReplicator

Uber 運行非常大規模的 MirrorMaker 叢集，然而隨著主題與分區持續增加，叢集吞吐量不斷上升後，他們在運行 MirrorMaker 時遭遇了下列問題：

再平衡延遲

> MirrorMaker 的消費者就如同一般消費者般。新增 MirrorMaker 執行緒、重啟、甚至是增加白名單中符合正規表示法的新主題等行為皆會導致消費者再平衡。如同第四章所述，再平衡會暫停所有消費者直至分區重分配完成為止。當有大量主題與分區時，這類行為會耗費許多時間，尤其是使用舊版消費時（如同 Uber）。在某些案例，再平衡會導致 5 至 10 分鐘的任務中止，讓複製任務落後並且堆積大量事件等待傳送，MirrorMaker 需花費大量時間追趕。這導致讀取目標叢集的消費者嚴重延遲。

新增主題的困難性

> 白名單中透過正規表示法表示主題的方式也意謂著 MirrorMaker 在每次來源叢集有新符合的主題加入時即會啟動再平衡。我們已經得知 Uber 對於再平衡相當頭痛。為了避免觸發再平衡，他們決定簡單地羅列每個需要複製的主題。但這代表每當有新的主題需要複製就要手動新增至所有 MirrorMaker 的白名單中並且重起實例。這仍會導致再平衡，但至少發生的時間點可控制在排定好的維護任務時觸發，而不會在新增主題時立即發生。然而這會加重維護任務的工作負載，若維護主題列表時發生錯誤，消費者無法取得所訂閱的主題，MirrorMaker 將會永無止境的執行再平衡。

為此，Uber 決定撰寫自己的 MirrorMaker，稱之為 uReplicator。他們利用 Apache Helix 作為中央控制者（但仍為高可用）管理每個 uReplicator 實例分配到的主題列表與分區資訊。維運人員藉由 REST API 即可在 Helix 內新增主題，而 uReplicator 會負責將分區分配給不同的消費者。要達成這樣的功能，Uber 將 MirrorMaker 中 X 的 Kafka 消費者用 Uber 自行實作的 Helix 消費者代替。此消費者會從 Apache Helix 控制者取得分配的分區，而不是由消費者群組間溝通協議取得（Kafka 分配分區的方式請參考第四章）。最終，Helix 消費者能夠避免觸發再平衡並且各消費者改由透過 Helix 取得負責的分區。

Uber 在網誌（*https://eng.uber.com/ureplicator/*）描述此架構的細節以及實作經驗。撰寫此書時，除了 Uber 外還沒有其他公司使用 uReplicator。這可能是其他公司複製資料的規模沒有像 Uber 一般龐大並遭遇類似的問題，或是引入全新的 Apache Helix 元件需要學習與管理成本，而這也會增加專案的整體複雜度。

Confluent 的 Replicator

在 Uber 開發 uReplicator 的同時，Confluent 也在獨立開發自有的 Replicator。儘管名稱有相似之處，兩個專案幾乎沒有共通性——這兩個專案是處理使用 MirrorMaker 的兩種不同的問題。Confluent 的 Replicator 是為了解決企業客戶使用 MirrorMaker 在管理部署多個叢集時所遭遇的議題。

不同的叢集設定

雖然 MirrorMaker 會同步來源與目的叢集的資料，但也就僅處理了這部份。兩個叢集的主題可能會有不同的分區數量、副本數量以及主題層的設定。若替來源叢集增加資料保留時效從一個星期延長到三星期，但卻忘記一併修改 DR 叢集內對應的主題。發生轉移後會驚訝地發先一周前的資料已經遺失了。嘗試手動在各個叢集維持這類設定是相當困難的任務，設定不一致可能會影響下游應用程式甚至讓副本自身失效。

叢集管理的挑戰

我們已知一般 MirrorMaker 需要設定部署、監控以及管理一座叢集。其中有兩份設定檔以及眾多參數，MirrorMaker 自身的設定管理便是個挑戰。而當叢集數量超過兩座或是複製方向不再是單向時，困難度也會隨之提升。若有三座雙主動叢集，則必須部署、監控與設定六座 MirrorMaker 叢集，而每座叢集內很有可能至少擁有三個實例。若有五座雙主動叢集，需管理的 MirrorMaker 叢集數量則上升至二十座。

為了替忙碌的企業 IT 部門降低維運的負載，Confluent 決定透過 Kafka Connect 框架實作 Replicator 為來源端連接器，這個連接器讀取的資料源為另外一座 Kafka 叢集（不再是資料庫）。若回想第七章 Kafka Connect 的架構，每個連接器會將工作拆分成數量不等（可調整）的任務。在 Replicator 中，每個任務皆是一組消費者與生產者。Connect 框架在必要時會將這些任務分配給不同的 Connect 工作節點，因此可以將這些任務運行於一台伺服器上，也能將任務打散在多台。藉由這種方式不再需要管理一個 MirrorMaker 實例需要執行幾個 streams 或是每台機器需要執行幾個 MirrorMaker。Connect 也提供

REST API 統一管理連接器與任務的設定。假設部署 Kafka 時通常會安裝 Kafka Connect（透過 Connect 將資料庫的資料同步給 Kafka 是相當常見的案例），透過將 Replicator 運行在 Connect 上，可以減少需要管理的叢集數量。另外一個重大的改進是 Replicator 連接器除了可以從 Kafka 主題列表中複製資料，也能從 Zookeeper 複製主題相關的設定資訊。

總結

本章從描述需要管理超過一座 Kafka 叢集的緣由開始，介紹了多種常見的複數叢集架構（由簡易到非常複雜的作法）。接著探討了 Kafka 實現故障轉移的細節，並比較幾種現行作法的優缺點。隨後討論了複製資料的工具，我們提到許多在生產環境中使用 MirrorMaker 的注意事項。最後提供了兩種 MirrorMaker 的替代方案，處理一些使用 MirrorMaker 時可能遭遇的議題。

無論最終選擇使用何種架構與工具，請記住複數叢集設定與複製程序的資料串流必須如同其他運行於生產環境的應用般被監控與測試。因為 Kafka 的複數叢集管理相較關聯式資料庫要容易許多，某些企業使用時便輕忽並沒有為其考量設計、計畫、測試、自動化部署、監控與維護等作法。嚴肅面對複數叢集的管理問題，將其視之組織內災難復原或地域多樣性計畫的一環，並與應用程式和資料儲存系統一併整體考量，將能大大增加成功管理複數 Kafka 叢集的機會。

## 第九章

管理 Kafka

Kafka 提供了幾個命令列工具可用於叢集的管理。這些工具是用 Java 實作，還提供了一組腳本來正確地呼叫這些類別。這些工具提供了基本功能，但缺乏較複雜的操作。本章將介紹一些工具，它們屬於 Apache Kafka 開放原始碼專案的一部分。可以在 Apache Kafka 網站（*https://kafka.apache.org/*）上找到更多在核心專案之外，由社群開發的多種高階工具的相關資訊。

驗證授權管理員操作

雖然 Apache Kafka 對主題的相關操作，已實作了身份驗證和授權，但對多數叢集操作則尚未支援。這意味著這些 CLI 工具不需身份驗證即可使用，這意味著沒有安全檢查或稽核的情況下即可執行更改主題等操作。此功能正在開發中，應該很快就會加入。

主題操作

kafka-topics.sh 工具可以輕鬆執行多種主題操作（更改設定的操作已被棄用，並移至 kafka-configs.sh 工具中）。它允許建立、修改、刪除，和列出叢集中主題的相關資訊。使用此指令需提供 Zookeeper 服務位置（帶入 --zookeeper 參數）。下列範例假設 Zookeeper 連線字串為 zoo1.example.com:2181/kafka-cluster。

檢查版本

Kafka 的許多命令列工具會直接操作 Zookeeper 中的元數據，而不是透過代理器。因此，需確保使用的工具版本與叢集代理器的版本相符。最安全的方法是使用部署的版本，並在代理器上執行。

創建新主題

在叢集中創建新主題需要三個參數（以下參數皆必須提供，即使其中有一些已經有代理器等級的預設值）：

主題名稱

創建的主題之名稱。

副本數

叢集中的主題的副本數。

分區

主題的分區數。

指定主題的設定

也可以在創建主題時明確地指定主題的副本，或為主題設定新的值以覆寫原本的值。在此不會涉及這些操作。本章稍後會介紹覆寫設定值的方式。kafkatopics.sh 中可以使用 --config 作為參數。本章後面也會介紹到把分區重新分配。

主題名稱可以包含字母與數字字元、底線、破折號，和句號。

命名主題

雖然允許以兩個底線作為主題名稱的開頭，但不建議使用。此形式的主題被視為叢集的內部主題（例如，儲存消費者偏移值用的 __consumer_offsets 主題）。也不建議在單個叢集中同時使用句號和底線，因為當主題名稱用於 Kafka 內的指標（metric）名稱時，句號會被更改為底線（例如「topic.1」在指標中會變為「topic_1」）。

執行 kafka-topics.sh 如下：

```
kafka-topics.sh --zookeeper <zookeeper connect> --create --topic <string>
--replication-factor <integer> --partitions <integer>
```

該指令會在叢集中建立指定的名稱和分區數的主題。對各個主題分區，叢集將適當地產生符合預期的副本數。這意味著若叢集為機架感知副本分配（rack-aware replica assignment），則各分區的副本將會位於不同的機架中。如果不需要機架感知分配，請指定 --disable-rack-aware 命令列參數。

下列建立名為「my-topic」的主題，其中包含八個分區，每個分區有兩個副本：

```
# kafka-topics.sh --zookeeper zoo1.example.com:2181/kafka-cluster --create
--topic my-topic --replication-factor 2 --partitions 8
Created topic "my-topic".
#
```

忽略主題已存在的錯誤訊息

在自動化中使用此腳本時，若希望主題已存在時不要回傳錯誤訊息的話，可以使用 --if-not-exists 參數。

增加分區

有時會需要增加主題的分區數。分區是主題在叢集中擴展和備份的主要方式，通常增加分區數的原因是為了進一步擴展主題，或是降低單個分區的吞吐量。若消費者需要擴展並期望在群組中處理更多資料，則也可能會增加主題分區數，因為一個分區只能被群組中的一個成員所消費。

調整使用鍵的主題

從消費者的角度來看，若主題中的訊息有指定鍵值，則很難增加分區。因為當分區數量發生變化時，鍵與分區的映射會發生變化。因此，建議會指定鍵值的話，在創建主題分區時便事前規劃好，並避免重新調整主題分區大小。

略過主題不存在的錯誤訊息

雖然為 --alter 指令提供了 --if-exists 參數，但並不推薦使用。此參數在要更改的主題不存在時，不回傳錯誤。這可能會讓用戶忽略創建主題不存在的警告訊息。

將「my-topic」主題的分區數增加到 16 個：

```
# kafka-topics.sh --zookeeper zoo1.example.com:2181/kafka-cluster
--alter --topic my-topic --partitions 16
WARNING: If partitions are increased for a topic that has a key,
the partition logic or ordering of the messages will be affected
Adding partitions succeeded!
#
```

減少分區數量

無法減少主題的分區數。不支援的原因是因為刪除分區也會導致該主題中的部分資料被移除，從用戶端的角度來看，這會導致不一致性。此外，嘗試將資料重新分配給剩餘的分區非常困難，並且會影響資料順序性。若要需要減少分區數，則需要刪除主題再重新創建。

刪除主題

即使沒有訊息的主題也會使用到叢集資源，包括磁碟空間、檔案開啟描述符，和記憶體。如果不再需要某個主題，則可以刪除該主題釋放這些資源。要執行此操作，必須將叢集代理器的 delete.topic.enable 選項設定為 true。若此選項設定為 false，則刪除主題的請求將被忽略。

資料遺失

刪除主題也將移除其所有訊息。此為不可逆的操作，請確保小心執行。

刪除「my-topic」主題：

```
# kafka-topics.sh --zookeeper zoo1.example.com:2181/kafka-cluster
--delete --topic my-topic
Topic my-topic is marked for deletion.
Note: This will have no impact if delete.topic.enable is not set
to true.
#
```

列出叢集中所有的主題

主題工具可以列出叢集中所有的主題。列表的格式為每行一個主題，沒有特定的順序。

列出叢集中的主題：

```
# kafka-topics.sh --zookeeper zoo1.example.com:2181/kafka-cluster
--list
my-topic - marked for deletion
other-topic
#
```

描述主題細節

還可以取得叢集中一個或多個主題的詳細訊息。輸出列表中會包括分區數量、主題覆寫設定，以及每個分區及其副本的分配情況。透過 --topic 參數，可以將對象限制為單個主題。

例如，要描述出叢集中的所有主題，指令是：

```
# kafka-topics.sh --zookeeper zoo1.example.com:2181/kafka-cluster --describe
Topic:other-topic      PartitionCount:8       ReplicationFactor:2  Configs:
Topic:other-topic      Partition: 0    ...    Replicas: 1,0        Isr: 1,0
Topic:other-topic      Partition: 1    ...    Replicas: 0,1        Isr: 0,1
Topic:other-topic      Partition: 2    ...    Replicas: 1,0        Isr: 1,0
Topic:other-topic      Partition: 3    ...    Replicas: 0,1        Isr: 0,1
Topic:other-topic      Partition: 4    ...    Replicas: 1,0        Isr: 1,0
Topic:other-topic      Partition: 5    ...    Replicas: 0,1        Isr: 0,1
Topic:other-topic      Partition: 6    ...    Replicas: 1,0        Isr: 1,0
Topic:other-topic      Partition: 7    ...    Replicas: 0,1        Isr: 0,1
#
```

describe 指令還有幾個用於過濾輸出的有用選項。這對於診斷叢集問題很有幫助。對於這些選項，請不要指定 --topic 參數（因為目的是要找出叢集中符合條件的所有主題或分區）。這些選項不適用於上一節說明的 list 指令。

要找出覆寫設定的主題，可使用 --topics-with-overrides 參數。這將僅輸出與叢集預設值不同的主題。

有兩個過濾器可用於找尋有問題的分區。--under-replicated-partitions 與領導者分區不同步（一個副本以上）的分區。--unavailable-partitions 參數則可顯示沒有領導者的所有分區。此情況更為嚴重，這意味著該分區當前處於離線狀態，無法用於生產者或消費者端。

例如，顯示出未同步完全的分區：

```
# kafka-topics.sh --zookeeper zoo1.example.com:2181/kafka-cluster
--describe --under-replicated-partitions
     Topic: other-topic    Partition: 2   Leader: 0   Replicas: 1,0
     Isr: 0
     Topic: other-topic    Partition: 4   Leader: 0   Replicas: 1,0
     Isr: 0
#
```

消費者群組

Kafka 在兩個地方管理消費者群組：對於舊版的消費者，訊息維護在 Zookeeper 中；而對於新版消費者來說，則是在 Kafka 代理器中維護。kafka-consumer-groups.sh 工具可以列出這兩種類型的群組。此外還可以刪除消費者群組和偏移值資訊，但此功能適用於在舊版消費者群組（在 Zookeeper 中維護）。使用舊版消費者群組時，可以透過 --zookeeper 參數存取 Kafka 叢集。對於新版消費者群組，則需使用 --bootstrap-server 參數，以及欲連線的 Kafka 代理器主機名稱和埠口。

列出並描述出群組

要列出舊版的消費者群組，可以使用 --zookeeper 和 --list 參數執行。對於新版消費者，則使用 --bootstrap-server、--list 和 --new-consumer 參數。

列出舊版的消費者群組：

```
# kafka-consumer-groups.sh --zookeeper
zoo1.example.com:2181/kafka-cluster --list
console-consumer-79697
myconsumer
#
```

列出新版的消費者群組：

```
# kafka-consumer-groups.sh --new-consumer --bootstrap-server
kafka1.example.com:9092/kafka-cluster --list
kafka-python-test
my-new-consumer
#
```

可以將上述 --list 參數格式換成 --describe 並搭配 --group 參數。這樣可以取得更多詳細資訊，並列出該群組所有正在消費的主題，以及每個主題分區的偏移值。

取得「testgroup」的舊版消費者群組詳細資訊：

```
# kafka-consumer-groups.sh --zookeeper zoo1.example.com:2181/kafka-cluster
--describe --group testgroup
GROUP                         TOPIC                        PARTITION
CURRENT-OFFSET  LOG-END-OFFSET  LAG         OWNER
myconsumer                    my-topic                     0
1688            1688            0
myconsumer_host1.example.com-1478188622741-7dab5ca7-0
myconsumer                    my-topic                     1
1418            1418            0
myconsumer_host1.example.com-1478188622741-7dab5ca7-0
myconsumer                    my-topic                     2
1314            1315            1
myconsumer_host1.example.com-1478188622741-7dab5ca7-0
myconsumer                    my-topic                     3
2012            2012            0
myconsumer_host1.example.com-1478188622741-7dab5ca7-0
myconsumer                    my-topic                     4
1089            1089            0
myconsumer_host1.example.com-1478188622741-7dab5ca7-0
myconsumer                    my-topic                     5
1429            1432            3
myconsumer_host1.example.com-1478188622741-7dab5ca7-0
myconsumer                    my-topic                     6
```

```
1634             1634            0
myconsumer_host1.example.com-1478188622741-7dab5ca7-0
myconsumer              my-topic                          7
2261             2261           0
myconsumer_host1.example.com-1478188622741-7dab5ca7-0
#
```

表 9-1 說明輸出結果中個欄位的意義。

表 9-1　舊版消費者群組「testgroup」輸出欄位說明

欄位	描述
GROUP	消費者群組名稱。
TOPIC	被消費的主題名稱。
PARTITION	被消費的分區 ID 號碼。
CURRENT-OFFSET	消費者群組在此主題分區遞交的最後一個偏移值，也就是消費者在此分區中的位置。
LOG-END-OFFSET	代理器偏移值高水位標記。代表生產者遞交到叢集最後一筆訊息的偏移值。
LAG	這欄位表示此主題分區消費者的 Current-Offset 與代理器 Log-End-Offset 之間的差距。
OWNER	目前正在使用此主題分區的消費者群組成員。群組成員為任意 ID，不一定包含消費者的主機名稱。

刪除群組

只有舊式的消費者客戶端才支援刪除消費者群組。這會從 Zookeeper 中刪除整個群組，包括該群組在所有主題中的遞交偏移值。若要執行此操作，應關閉群組中的所有消費者。不先執行此步驟，消費者會有預料外的行為（因為該群組的 Zookeeper 元數據正被刪除中）。

刪除「testgroup」消費者群組：

```
# kafka-consumer-groups.sh --zookeeper
zoo1.example.com:2181/kafka-cluster --delete --group testgroup
Deleted all consumer group information for group testgroup in
zookeeper.
#
```

也可以使用相同的指令刪除該群組某個主題的偏移值。同樣地，建議在執行此操作之前先停止消費者群組，或是在執行刪除前，修改設定不要消費該主題。

從「testgroup」消費者群組中刪除「my-topic」主題的偏移值：

```
# kafka-consumer-groups.sh --zookeeper
zoo1.example.com:2181/kafka-cluster --delete --group testgroup
--topic my-topic
Deleted consumer group information for group testgroup topic
my-topic in zookeeper.
#
```

偏移值管理

舊式的消費者用戶端除了顯示和刪除消費者群組的偏移值之外，也可以取回偏移值和批次儲存新的偏移值。當消費者消費時遇到有問題的訊息，而想推進偏移值時（例如存在消費者無法處理的錯誤格式訊息），重設消費者偏移值相當有用。

管理遞交至 *Kafka* 的偏移值

目前沒有於管理消費者用戶端遞交至 Kafka 的偏移值管理工具。此功能僅適用於向 Zookeeper 遞交偏移值的消費者。為了管理遞交到 Kafka 的群組之偏移值，必須透過用戶端中 API 為群組遞交偏移值。

匯出偏移值

並無實際的腳本（script）可以匯出偏移值，但我們可以使用 kafka-run-class.sh 腳本在適當的環境中執行該工具底層 Java 類別。匯出偏移值將產生一個檔案，該檔案包含群組的各個主題分區及其偏移值，其格式是匯入工具可以讀取的格式。檔案中每一行都代表一個主題分區，格式如下：

/consumers/GROUPNAME/offsets/topic/TOPICNAME/PARTITIONID:OFFSET

匯出「testgroup」的消費者群組偏移值到 *offsets* 檔案：

```
# kafka-run-class.sh kafka.tools.ExportZkOffsets
--zkconnect zoo1.example.com:2181/kafka-cluster --group testgroup
--output-file offsets
# cat offsets
/consumers/testgroup/offsets/my-topic/0:8905
```

```
/consumers/testgroup/offsets/my-topic/1:8915
/consumers/testgroup/offsets/my-topic/2:9845
/consumers/testgroup/offsets/my-topic/3:8072
/consumers/testgroup/offsets/my-topic/4:8008
/consumers/testgroup/offsets/my-topic/5:8319
/consumers/testgroup/offsets/my-topic/6:8102
/consumers/testgroup/offsets/my-topic/7:12739
#
```

匯入偏移值

匯入偏移值與匯出時相反。它使用上一節匯出偏移值所產生的檔案來設定消費者群組的偏移值。常見的做法是匯出消費者群組的目前偏移值，製作檔案副本（以利備份），並編輯副本以想要的值替換掉偏移值。請注意，使用 import 指令時，不需指定 --group 選項，因為檔案內容中已經包含了消費者群組名稱。

必須先停止消費者

在執行此步驟之前很重要的是，必須先停止群組中的所有消費者。如果在消費者群組處於活動狀態時寫入新的偏移值，他們將不會讀取新偏移值。匯入的偏移值將會被覆蓋。

從 *offsets* 檔案中匯入「testgroup」消費者群組的偏移值：

```
# kafka-run-class.sh kafka.tools.ImportZkOffsets --zkconnect
zoo1.example.com:2181/kafka-cluster --input-file offsets
#
```

動態更改設定

叢集運行時，主題和用戶端的設定可以被覆寫。在未來有可能會支援更多的動態設定，這就是為什麼這些改動被放置於 CLI 工具 kafka-configs.sh 中。這允許對特定的主題和用戶端 ID 進行設定。一旦完成設定，這些設定對叢集來說就是永久性的。它們儲存在 Zookeeper 中，每個代理器啟動時都會讀取。在工具和文件中，這些動態設定可以依主題或是用戶端進行設定及覆寫。

和以前的工具一樣，透過 --zookeeper 參數提供 Zookeeper 連線字串。下面的列範例假設 Zookeeper 連線字串為 zoo1.example.com:2181/kafka-cluster。

覆寫主題的設定預設值

許多設定可以針對各別主題進行更改以適用叢集中不同的使用案例。這些設定中大多數都具有代理器的預設值，若沒有覆寫設定，預設值則會生效。

更改主題設定值的指令格式為：

```
kafka-configs.sh --zookeeper zoo1.example.com:2181/kafka-cluster
--alter --entity-type topics --entity-name <topic name>
--add-config <key>=<value>[,<key>=<value>...]
```

表 9-2 表示有效的主題設定（鍵的部份）。

表 9-2　對主題有效的設定鍵

設定的鍵值	描述
cleanup.policy	如果設定為壓縮（compact），則每個鍵僅保留最近的一筆訊息，其餘將被丟棄（日誌壓縮）。
compression.type	代理器將此主題的訊息批次寫入磁碟時使用的壓縮（compression）類型。目前有效的值為 gzip、snappy，和 lz4。
delete.retention.ms	主題中設為刪除基碑的資料要被保留多久才移除（以毫秒為單位）。只對設成日誌壓縮的主題有效。
file.delete.delay.ms	從磁碟刪除此主題的日誌段落（log segment）和索引前的等待時間（以毫秒為單位）。
flush.messages	強制將此主題寫入磁碟的訊息筆數。
flush.ms	強制將此主題寫入磁碟的等待時間。
index.interval.bytes	在日誌段落索引間可以生產多少位元組的訊息。
max.message.bytes	主題單筆訊息的最大容量。
message.format.version	代理器將訊息寫入磁碟時使用的訊息格式版本。必須是有效的 API 版本號碼（例如，「0.10.0」）。
message.timestamp.difference.max. ms	收到訊息時，訊息時間戳和代理器時間戳記之間允許的最大差異（以毫秒為單位）。這僅在 message.timestamp.type 設定為 CreateTime 時有效。
message.timestamp.type	將訊息寫入磁碟時使用的時間戳記。目前有效值為 CreateTime（用戶端指定的時間戳記）與 LogAppendTime（代理器將訊息寫入至分區的時間）。
min.cleanable.dirty.ratio	日誌壓縮器為主題分區進行壓縮的頻率，以未壓縮的日誌段落數量和日誌段落總數量的比率表示。僅對設成日誌壓縮的主題有效。

設定的鍵值	描述
min.insync.replicas	主題分區視為可用的最低同步副本數。
preallocate	若設定為 true，則在新的段落滾動時，此主題日誌段落的佔用空間會預先分配。
retention.bytes	為主題保留多少容量的訊息。
retention.ms	為主題保留多長時間的訊息。
segment.bytes	單個日誌段落的容量。
segment.index.bytes	單個日誌段落索引的最大容量。
segment.jitter.ms	滾動日誌段落時，隨機產生並添加至 segment.ms 的最大毫秒數。
segment.ms	每個分區日誌段落的輪換（rotate）頻率。
unclean.leader.election.enable	若設定為 false，則不允許主題進行模糊領導者選舉。

將「my-topic」主題的保留（retention）時間設定為 1 小時（3,600,000 ms）：

```
# kafka-configs.sh --zookeeper zoo1.example.com:2181/kafka-cluster
--alter --entity-type topics --entity-name my-topic --add-config
retention.ms=3600000
Updated config for topic: "my-topic".
#
```

覆寫用戶端的設定預設值

Kafka 用戶端可以覆寫的設定僅有生產者與消費者的配額。配額設定每秒允許特定用戶端 ID 的用戶在各個代理器上每秒生產或消費多少位元組的資料。這意味若叢集有五個代理器，並且為用戶端指定了 10 MB/ 秒的生產者配額，則該用戶允許同時在每個代理器上生產 10 MB/ 秒，總共 50 MB/ 秒。

用戶端 ID 與消費者群組

用戶端 ID 不一定與使用者群組名稱相同。消費者可以設定自己的用戶端 ID，並且可以讓不同群組的消費者指定相同的用戶端 ID。最佳做法是將每個使用者群組的用戶端 ID 設定成一致且唯一。這允許消費者群組共享配額，並且更容易從日誌中識別群組負責的請求。

更改用戶端設定的指令格式如下：

```
kafka-configs.sh --zookeeper zoo1.example.com:2181/kafka-cluster
--alter --entity-type clients --entity-name <client ID>
--add-config <key>=<value>[,<key>=<value>...]
```

表 9-3 為用戶端可用的設定（鍵值）。

表 9-3　用戶端的可用設定（鍵值）

設定的鍵值	描述
producer_bytes_rate	用戶端 ID 在一秒內被允許生產至單一代理器的訊息量（以位元組為單位）。
consumer_bytes_rate	用戶端 ID 在一秒內被允許從單一代理器消費的訊息量（以位元組為單位）。

列出覆寫的設定

可以使用命令列工具列出所有覆寫的設定。這能檢查主題或用戶端的特定設定值。與其他工具類似，透過 --describe 指令完成的。

顯示「my-topic」主題覆寫的所有設定：

```
# kafka-configs.sh --zookeeper zoo1.example.com:2181/kafka-cluster
--describe --entity-type topics --entity-name my-topic
Configs for topics:my-topic are
retention.ms=3600000,segment.ms=3600000
#
```

僅限於主題覆寫

描述僅會顯示覆寫（不會包括叢集預設的設定）。目前，無法透過 Zookeeper 或 Kafka 的協定動態探查代理器本身的設定。這意味可以使用此工具自動化探查主題或用戶端設定，但對於叢集預設的設定需要另尋他法。

移除覆寫設定

可以完全移除動態設定讓叢集恢復預設值。要移除覆寫設定，請使用 --alter 指令和 --delete-config 參數。

刪除「my-topic」主題的 retention.ms 覆寫設定：

```
# kafka-configs.sh --zookeeper zoo1.example.com:2181/kafka-cluster
--alter --entity-type topics --entity-name my-topic
--delete-config retention.ms
Updated config for topic: "my-topic".
#
```

分區管理

Kafka 工具包含兩個用於管理分區的腳本——一個允許重新選擇領導者副本，另一個則用於為代理器指派分區的低階實用工具。這些工具可以協助平衡 Kafka 代理器叢集內的訊息流量。

偏好副本的選舉

如第六章所述，分區可以有多個副本以提高可靠性。但是這些副本中只有一個可以成為分區領導者，並且所有生產與消費操作都發生在該代理器上。Kafka 內部會將副本列表中第一個同步副本指定為領導者，但當代理器停止並重新啟動時，副本不會自動切換回來。

自動重新平衡領導者

其實有自動重新平衡領導者的代理器設定，但不建議用於生產環境中。自動平衡模組會對性能產生重大影響，並且可能導致大型叢集的用戶端長時間暫停傳輸。

有一種使代理器恢復領導的方法是觸發偏好副本選舉。這讓叢集控制器為分區選擇理想領導者。該轉換操作通常不影響用戶端的使用，因為用戶端可以自動追蹤領導者的變更。使用 kafka-preferred-replica-election.sh 工具來完成。

例如，為叢集中的所有主題啟動偏好副本選擇，其中的一個主題包含了八個分區：

```
# kafka-preferred-replica-election.sh --zookeeper
zoo1.example.com:2181/kafka-cluster
Successfully started preferred replica election for partitions
Set([my-topic,5], [my-topic,0], [my-topic,7], [my-topic,4],
[my-topic,6], [my-topic,2], [my-topic,3], [my-topic,1])
#
```

對於具有大量分區的叢集，可能無法運行單一的偏好副本選舉。因為該請求必需被寫入叢集元數據中的 Zookeeper znode，如果請求大於一個 znode 的大小（預設情況下為 1 MB），則會失敗。在這種情況下，需要建立一個 JSON 物件檔，該物件列出要選舉的分區，並將請求分解為多個步驟。JSON 檔的格式如下：

```
{
    "partitions": [
        {
            "partition": 1,
            "topic": "foo"
        },
        {
            "partition": 2,
            "topic": "foobar"
        }
    ]
}
```

例如，透過「partitions.json」檔執行偏好副本選舉：

```
# kafka-preferred-replica-election.sh --zookeeper
zoo1.example.com:2181/kafka-cluster --path-to-json-file
partitions.json
Successfully started preferred replica election for partitions
Set([my-topic,1], [my-topic,2], [my-topic,3])
#
```

更改分區副本

有時可能需要改變分區的副本分配。一些可能會需要此操作的例子如下：

- 主題分區在叢集中不平衡，則會導致代理器的負載不平衡。

- 代理器離線且分區還未同步完成。

- 新增代理器，需要分攤叢集的負載。

kafka-reassign-partitions.sh 可用於此目的。使用此工具至少需要兩個步驟。首先以代理器和主題列表產生一組搬移敘述。第二步，執行產生的搬移敘述。第三步則是可選的，使用產生的列表來驗證分區重新分配的進度或完成狀況。

要產生一組分區搬移敘述，必須建立一組包含主題列表的 JSON 物件檔。JSON 物件的格式如下（目前版本號為 1）：

```
{
    "topics": [
        {
            "topic": "foo"
        },
        {
            "topic": "foo1"
        }
    ],
    "version": 1
}
```

下列範例會產生一組分區搬移敘述，將檔案「topics.json」中列出的主題搬移到 ID 為 0和 1 的代理器：

```
# kafka-reassign-partitions.sh --zookeeper
zoo1.example.com:2181/kafka-cluster --generate
--topics-to-move-json-file topics.json --broker-list 0,1
Current partition replica assignment

{"version":1,"partitions":[{"topic":"my-topic","partition":5,"replicas":[0,1]},
{"topic":"my-topic","partition":10,"replicas":[1,0]},{"topic":"my-topic",
"partition":1,"replicas":[0,1]},{"topic":"my-topic","partition":4,"replicas":[1,0]},
{"topic":"my-topic","partition":7,"replicas":[0,1]},{"topic":"my-topic","partition":6,
"replicas":[1,0]},{"topic":"my-topic","partition":3,"replicas":[0,1]},{"topic":"my-topic",
"partition":15,"replicas":[0,1]},{"topic":"my-topic","partition":0,"replicas":[1,0]},
{"topic":"my-topic","partition":11,"replicas":[0,1]},{"topic":"my-topic","partition":8,
"replicas":[1,0]},{"topic":"my-topic","partition":12,"replicas":[1,0]},{"topic":"my-topic",
"partition":2,"replicas":[1,0]},{"topic":"my-topic","partition":13,"replicas":[0,1]},{"topic":
"my-topic","partition":14,"replicas":[1,0]},{"topic":"my-topic","partition":9,"replicas":[0,1]}]}
Proposed partition reassignment configuration

{"version":1,"partitions":[{"topic":"my-topic","partition":5,"replicas":[0,1]},
{"topic":"my-topic","partition":10,"replicas":[1,0]},{"topic":"my-topic","partition":1,
"replicas":[0,1]},{"topic":"my-topic","partition":4,"replicas":[1,0]},{"topic":"my-topic",
```

"partition":7,"replicas":[0,1]},{"topic":"my-topic","partition":6,"replicas":[1,0]},
{"topic":"my-topic","partition":15,"replicas":[0,1]},{"topic":"my-topic","partition":0,
"replicas":[1,0]},{"topic":"my-topic","partition":3,"replicas":[0,1]},{"topic":"my-topic",
"partition":11,"replicas":[0,1]},{"topic":"my-topic","partition":8,"replicas":[1,0]},
{"topic":"my-topic","partition":12,"replicas":[1,0]},{"topic":"my-topic","partition":13,
"replicas":[0,1]},{"topic":"my-topic","partition":2,"replicas":[1,0]},{"topic":"my-topic",
"partition":14,"replicas":[1,0]},{"topic":"my-topic","partition":9,"replicas":[0,1]}]}

代理器列表在工具命令列上會以逗號分隔表示代理器 ID。該工具會輸出兩個 JSON 物件，分別描述主題目前的分區和建議的分區指派。這些 JSON 物件的格式如：{"partitions": [{"topic": "my-topic", "partition": 0, "replicas": [1,2] }], "version":_1_}.

可以保存第一個 JSON 物件，以防需要恢復到重新分配前的分區狀態。第二個 JSON 物件顯示建議的分配方式，應將它另存至新檔中。接著將該檔案提供給第二步驟的 kafka-reassign-partitions.sh 工具使用。

例如，以檔案「reassign.json」執行建議的分區重新分配。

```
# kafka-reassign-partitions.sh --zookeeper
zoo1.example.com:2181/kafka-cluster --execute
--reassignment-json-file reassign.json
Current partition replica assignment

{"version":1,"partitions":[{"topic":"my-topic","partition":5,"replicas":[0,1]},
{"topic":"my-topic","partition":10,"replicas":[1,0]},{"topic":"my-topic","partition":1,
"replicas":[0,1]},{"topic":"my-topic","partition":4,"replicas":[1,0]},{"topic":"my-topic",
"partition":7,"replicas":[0,1]},{"topic":"my-topic","partition":6,"replicas":[1,0]},
{"topic":"my-topic","partition":3,"replicas":[0,1]},{"topic":"my-topic","partition":15,
"replicas":[0,1]},{"topic":"my-topic","partition":0,"replicas":[1,0]},{"topic":"my-topic",
"partition":11,"replicas":[0,1]},{"topic":"my-topic","partition":8,"replicas":[1,0]},
{"topic":"my-topic","partition":12,"replicas":[1,0]},{"topic":"my-topic","partition":2,
"replicas":[1,0]},{"topic":"my-topic","partition":13,"replicas":[0,1]},{"topic":"my-topic",
"partition":14,"replicas":[1,0]},{"topic":"my-topic","partition":9,"replicas":[0,1]}]}

Save this to use as the --reassignment-json-file option during
rollback
Successfully started reassignment of partitions {"version":1,"partitions":[{"topic":"my-topic",
"partition":5,"replicas":[0,1]},{"topic":"my-topic","partition":0,"replicas":[1,0]},
{"topic":"my-topic","partition":7,"replicas":[0,1]},{"topic":"my-topic","partition":13,
"replicas":[0,1]},{"topic":"my-topic","partition":4,"replicas":[1,0]},{"topic":"my-topic",
```

```
"partition":12,"replicas":[1,0]},{"topic":"my-topic","partition":6,"replicas":[1,0]},
{"topic":"my-topic","partition":11,"replicas":[0,1]},{"topic":"my-topic","partition":10,
"replicas":[1,0]},{"topic":"my-topic","partition":9,"replicas":[0,1]},{"topic":"my-topic",
"partition":2,"replicas":[1,0]},{"topic":"my-topic","partition":14,"replicas":[1,0]},
{"topic":"my-topic","partition":3,"replicas":[0,1]},{"topic":"my-topic","partition":1,
"replicas":[0,1]},{"topic":"my-topic","partition":15,"replicas":[0,1]},{"topic":"my-topic",
"partition":8,"replicas":[1,0]}]}
#
```

這將會開始把指定的分區副本重新分配至新的代理器。叢集控制器會將新副本添加到各
個分區的副本列表中（增加副本數）。然後，新副本將從目前各分區的領導者複製各分
區的全部訊息。根據分區的大小，資料透過網路複製到新副本時可能會花費大量時間。
複製完成後，控制器會從副本列表中刪除舊副本（將副本數減少到原本的大小）。

在重新分配副本時提高網路使用率

從單個代理器中刪除多個分區時（例如從叢集中刪除該代理器時），在開
始重新分配之前關閉並重新啟動代理器是最佳做法。這會把該代理器的分
區領導權轉移到叢集中的其他代理器（若未啟用自動領導者選舉）。這可
以顯著提高重新分配的效能，並減少叢集的影響，因為副本的流量將分散
至多個代理器。

重分配工作運行時和完成後，都可以用 kafka-reassign-partitions.sh 工具驗證重新分配的
狀態。這會顯示目前正在進行和已完成的重新分配工作，以及若出現錯誤，是哪些重分
配任務失敗。要取得這些資訊，必須有執行步驟中所使用的 JSON 物件檔案。

例如，利用檔案「reassign.json」驗證正在運行的分區重新分配：

```
# kafka-reassign-partitions.sh --zookeeper
zoo1.example.com:2181/kafka-cluster --verify
--reassignment-json-file reassign.json
Status of partition reassignment:
Reassignment of partition [my-topic,5] completed successfully
Reassignment of partition [my-topic,0] completed successfully
Reassignment of partition [my-topic,7] completed successfully
Reassignment of partition [my-topic,13] completed successfully
Reassignment of partition [my-topic,4] completed successfully
Reassignment of partition [my-topic,12] completed successfully
Reassignment of partition [my-topic,6] completed successfully
```

```
Reassignment of partition [my-topic,11] completed successfully
Reassignment of partition [my-topic,10] completed successfully
Reassignment of partition [my-topic,9] completed successfully
Reassignment of partition [my-topic,2] completed successfully
Reassignment of partition [my-topic,14] completed successfully
Reassignment of partition [my-topic,3] completed successfully
Reassignment of partition [my-topic,1] completed successfully
Reassignment of partition [my-topic,15] completed successfully
Reassignment of partition [my-topic,8] completed successfully
#
```

 批次重新分配

分區重新分配對叢集的性能有很大的影響,因為它們會導致記憶體分頁快取的一致性發生變化,並會消耗網路和磁碟 I/O。將重分配任務分成多個小步驟是一個好主意,可保持以最低限度來進行。

變更副本數

分區重分配工具有一個未公開在文件上的功能,允許增加或減少分區的副本數。若以錯誤的副本數建立了分區(例如建立主題時沒有足夠的代理器可用),可能會需要此功能。可以透過創建 JSON 物件來完成,該物件與用於分區重分配執行步驟中的 JSON 檔格式相同,在格式中添加或刪除副本以調整副本數。叢集會重新分配分區並調整副本數。

以「my-topic」主題為例,目前僅有一個分區且副本數為 1。

```json
{
    "partitions": [
        {
            "topic": "my-topic",
            "partition": 0,
            "replicas": [
                1
            ]
        }
    ],
    "version": 1
}
```

在分區重分配的執行步驟中提供以下的 JSON 物件，並增加副本數到 2：

```json
{
    "partitions": [
        {
            "partition": 0,
            "replicas": [
                1,
                2
            ],
            "topic": "my-topic"
        }
    ],
    "version": 1
}
```

同樣地，要降低副本數僅需降低 JSON 物件中的副本列表即可。

傾印日誌段

若必須去尋找訊息的具體內容，也許是因為你的主題中有一筆消費者無法處理的「老鼠屎」訊息，有個實用工具可以直接解碼分區的日誌段落以檢視其訊息內容，而無需消費和解碼它們。該工具將逗號分隔的日誌段落檔案列表作為參數，並可以列印出訊息摘要資訊或詳細訊息資料。

解碼 *00000000000052368601.log* 的日誌段檔案並顯示訊息摘要：

```
# kafka-run-class.sh kafka.tools.DumpLogSegments --files
00000000000052368601.log
Dumping 00000000000052368601.log
Starting offset: 52368601
offset: 52368601 position: 0 NoTimestampType: -1 isvalid: true
payloadsize: 661 magic: 0 compresscodec: GZIPCompressionCodec crc:
1194341321
offset: 52368603 position: 687 NoTimestampType: -1 isvalid: true
payloadsize: 895 magic: 0 compresscodec: GZIPCompressionCodec crc:
278946641
offset: 52368604 position: 1608 NoTimestampType: -1 isvalid: true
payloadsize: 665 magic: 0 compresscodec: GZIPCompressionCodec crc:
3767466431
offset: 52368606 position: 2299 NoTimestampType: -1 isvalid: true
payloadsize: 932 magic: 0 compresscodec: GZIPCompressionCodec crc:
2444301359
...
```

解碼 *00000000000052368601.log* 的日誌段並顯示訊息詳細資料：

```
# kafka-run-class.sh kafka.tools.DumpLogSegments --files
00000000000052368601.log --print-data-log
offset: 52368601 position: 0 NoTimestampType: -1 isvalid: true
payloadsize: 661 magic: 0 compresscodec: GZIPCompressionCodec crc:
1194341321 payload: test message 1
offset: 52368603 position: 687 NoTimestampType: -1 isvalid: true
payloadsize: 895 magic: 0 compresscodec: GZIPCompressionCodec crc:
278946641 payload: test message 2
offset: 52368604 position: 1608 NoTimestampType: -1 isvalid: true
payloadsize: 665 magic: 0 compresscodec: GZIPCompressionCodec crc:
3767466431 payload: test message 3
offset: 52368606 position: 2299 NoTimestampType: -1 isvalid: true
payloadsize: 932 magic: 0 compresscodec: GZIPCompressionCodec crc:
2444301359 payload: test message 4
```

可以使用此工具驗證與日誌段共存的索引檔案。索引用於在日誌段中尋找訊息，若損壞將導致消費錯誤。當代理器以非正常的狀態啟動（即沒有被正常的停止）就會進行驗證，但也可以手動執行。檢查索引視檢查的項目有兩種選擇。選項 --index-sanity-check 僅檢查索引是否處於可用狀態，而 --verify-index-only 將檢查索引中未能匹配的條目，而非列出所有索引條目。

驗證 *00000000000052368601.log* 的日誌段其索引檔案是否未損壞：

```
# kafka-run-class.sh kafka.tools.DumpLogSegments --files
00000000000052368601.index,00000000000052368601.log
--index-sanity-check
Dumping 00000000000052368601.index
00000000000052368601.index passed sanity check.
Dumping 00000000000052368601.log
Starting offset: 52368601
offset: 52368601 position: 0 NoTimestampType: -1 isvalid: true
payloadsize: 661 magic: 0 compresscodec: GZIPCompressionCodec crc:
1194341321
offset: 52368603 position: 687 NoTimestampType: -1 isvalid: true
payloadsize: 895 magic: 0 compresscodec: GZIPCompressionCodec crc:
278946641
offset: 52368604 position: 1608 NoTimestampType: -1 isvalid: true
payloadsize: 665 magic: 0 compresscodec: GZIPCompressionCodec crc:
3767466431
...
```

副本驗證

分區複製的工作方式類似於一般的 Kafka 消費者用戶端：跟隨者代理器會從最舊的偏移值處開始複製，並定期的檢查目前寫入磁碟的偏移值。當複製停止並重新啟動時，將從上一個檢查點繼續執行。某些情況複製的日誌段落可能會從代理器中刪除，追隨者不會填補這段空缺。

要驗證主題分區的副本在整個叢集中是否相同，可以使用 kafka-replica-verification.sh 工具。此工具將給定的主題分區集合中的所有副本裡讀取訊息，並檢查所有副本上都存在著全部的訊息。必須為該工具提供欲檢查主題的正規表示法。若未提供，則會驗證叢集中所有的主題。此外還必須提供連線的代理器列表。

> **警告：對於叢集的影響**
> 副本驗證工具對叢集的影響類似分區重分配，因為必須從最舊的偏移值開始讀取所有訊息以進行驗證。另外，它會平行的讀取一個分區的所有副本，所以在使用前，應該予以警告。

驗證代理器 1 和 2 中，以「my-」開頭的主題副本：

```
# kafka-replica-verification.sh --broker-list
kafka1.example.com:9092,kafka2.example.com:9092 --topic-white-list 'my-.*'
2016-11-23 18:42:08,838: verification process is started.
2016-11-23 18:42:38,789: max lag is 0 for partition [my-topic,7]
at offset 53827844 among 10 partitions
2016-11-23 18:43:08,790: max lag is 0 for partition [my-topic,7]
at offset 53827878 among 10 partitions
```

消費和生產

使用 Apache Kafka 時，會發現經常中需要手動消費訊息，或產生一些範例訊息，以驗證應用程式是否正常運作。有兩個工具可以解決此問題：kafka-console-consumer.sh 和 kafka-console-producer.sh。這兩者都包裝了 Java 用戶端函式庫可以與 Kafka 主題互動而無需撰寫整個應用程式。

將輸出導引到另一個應用程式

雖然可以撰寫控制台消費者或生產者的應用程式（例如，消費訊息並導引到另一個應用程式進行處理），但這種類型的應用程式非常脆弱，應該避免使用。與控制台消費者互動難以確保不會遺失訊息。同樣的，控制台生產者不被允許使用所有的功能，要正確地發送位元組是棘手的。最好直接使用 Java 用戶端函式庫，或直接使用具 Kafka 協定的其他第三方用戶端函式庫。

控制台消費者

kafka-console-consumer.sh 工具可以從 Kafka 叢集中消費一個或多個主題訊息。訊息以標準輸出列印，由換行字元分隔。預設情況下會輸出訊息中的原始位元組而不格式化（使用 DefaultFormatter）。以下描述所需的參數選項。

檢查工具的版本

使用與 Kafka 叢集版本相同的消費者非常重要。較舊版的控制台消費者可能透過以不正確的方式與 Zookeeper 互動，導致破壞叢集。

第一個選項為是否要指定新的消費者，並且將設定指向 Kafka 叢集。使用舊版的消費者時，唯一需要的參數是 --zookeeper 選項，後面傳入叢集的連線字串。以先前的設定為例會是 --zookeeper zoo1.example.com:2181/kafka-cluster。如果使用新的消費者，則還必須指定 --new-consumer 標誌以及 --bootstrap-server 參數，後面傳入以逗號分隔的代理器列表，例如 --broker-list kafka1.example.com:9092,kafka2.example.com:9092。

接著必須指定消費的主題。為此提供了三種選項：--topic、--whitelist 和 --blacklist。僅能指定其中一種。--topic 選項指定要消費的單個主題。--whitelist 和 --blacklist 選項後面都傳入一個正規表示法（記住要正確地跳脫正規表示法，否則 shell 命令列可能會改動到它）。白名單（whitelist）將消費與正規表示法匹配的所有主題，而黑名單（blacklist）將消費除了匹配正規表示法以外的所有主題。

使用舊版的消費者消費「my-topic」主題：

```
# kafka-console-consumer.sh --zookeeper
zoo1.example.com:2181/kafka-cluster --topic my-topic
sample message 1
sample message 2
```

```
^CProcessed a total of 2 messages
#
```

除了基本的命令列選項外,還可以將任何一般的消費者設定選項傳遞給控制台消費者。可以透過兩種方式完成,取決於需要傳遞多少選項以及希望如何進行。第一種是透過指定 --consumer.config *CONFIGFILE* 傳遞消費者設定檔案,其中 *CONFIGFILE* 包含了設定選項的檔案其完整路徑。另一種方法是在命令列上使用一個或多個 --consumer-property *KEY=VALUE* 形成的參數選項,其中 *KEY* 是設定選項的名稱,*VALUE* 為設定值。這對於消費者選項(如設定消費者群組 ID)非常有用。

令人困惑的命令列選項

控制台消費者和控制台生產者都有 --property 命令列選項,但是請勿將 --consumer-property 和 --producer-property 選項混淆。--property 選項僅用於將設定傳遞給訊息格式化器,而非用戶端本身。

還有一些其他的控制台消費者常用選項:

--formatter CLASSNAME

指定用於解碼訊息的訊息格式化器類別。預設為 kafka.tools.DefaultFormatter。

--from-beginning

指定從主題中最早的偏移值開始消費訊息。否則,將會從最新的偏移值開始消費。

--max-messages NUM

最多消費 *NUM* 筆訊息後離開。

--partition NUM

僅從 ID 為 *NUM* 的分區進行消費(需要新版的消費者)。

訊息格式化器之選項

除預設值外,還有三種訊息格式化器可供使用:

kafka.tools.LoggingMessageFormatter

使用日誌器(logger)輸出訊息,而不是用標準輸出。訊息會以 INFO 等級列印,並包括時間戳、鍵,和值。

kafka.tools.ChecksumMessageFormatter

僅列印訊息校驗碼（checksum）。

kafka.tools.NoOpMessageFormatter

消費訊息但不輸出。

`kafka.tools.DefaultMessageFormatter` 還有幾個有用的選項，可以使用 `--property` 選項傳遞：

print.timestamp

設定為「true」時將顯示每筆訊息的時間戳（如果可用的話）。

print.key

設定為「true」時顯示除了值之外的訊息鍵。

key.separator

指定訊息鍵和訊息值之間指定要使用的分隔符號。

line.separator

指定要在訊息間的分隔符號。

key.deserializer

指定反序列化鍵時的類別。

value.deserializer

指定反序列化值時的類別。

反序列化器類別必須實作 `org.apache.kafka.common.serialization.Deserializer`，且控制台消費者將呼叫類別中的 `toString` 方法獲取顯示的輸出。通常可以實作這些反序列化器的 Java 類別，且在執行 `kafka_console_consumer.sh` 之前，將其放入 classpath，並設定相關的 `CLASSPATH` 環境變數。

消費偏移值主題

有時查看叢集的消費者群組遞交的偏移值相當有用。你可能會想要查看特定群組是否正在遞交，或者遞交偏移值的頻率。可以透過控制台消費者消費 `__consumer_offsets` 特殊內部主題來達成。所有消費者偏移值都被寫成訊息並發送至此主題。為了解碼主題中的訊息，必須使用 kafka.coordinator.GroupMetadataManager$OffsetsMessageFormatter 格式化器類別。

例如，消費偏移值主題中的單筆訊息：

```
# kafka-console-consumer.sh --zookeeper
zoo1.example.com:2181/kafka-cluster --topic __consumer_offsets
--formatter 'kafka.coordinator.GroupMetadataManager$OffsetsMessage
Formatter' --max-messages 1
[my-group-name,my-topic,0]::[OffsetMetadata[481690879,NO_METADATA]
,CommitTime 1479708539051,ExpirationTime 1480313339051]
Processed a total of 1 messages
#
```

控制台生產者

與控制台消費者類似，kakfa-console-producer.sh 工具可用於將訊息寫入主題中。預設情況下，每一行會被視為一筆訊息，可以使用 Tab 字元分隔鍵和值（如果不存在 Tab，則鍵為 null）。

改變以行讀取的行為

可以提供自己的讀取行類別，以便自定義解讀方式。您創建的類別必須繼承 kafka.common.MessageReader，它負責建立 ProducerRecord。在命令列使用 --line-reader 選項指定類別，並確保您的類別包含於位於類別路徑的 JAR 檔中。

控制台生產者需要兩個參數。參數 --broker-list 可以指定一個或多個代理器，格式為 hostname:port，若是多個的話，可以以逗號分隔。另一個必要參數是 --topic 選項，用於指定發送的主題。當完成生產後，發送結束（EOF）字元以關閉用戶端。

向「my-topic」主題產生兩筆訊息：

```
# kafka-console-producer.sh --broker-list
kafka1.example.com:9092,kafka2.example.com:9092 --topic my-topic
sample message 1
sample message 2
^D
#
```

如同控制台消費者一般，也可以將任何一般的生產者設定選項傳遞給控制台生產者。可以透過兩種方式完成，取決於需要傳遞多少選項以及希望如何進行。第一種是透過指定 --producer.config *CONFIGFILE* 傳遞生產者設定檔案，其中 *CONFIGFILE* 包含著設定選項檔案其完整路徑。另一種方法是在命令列上使用一個或多個 --producer-property *KEY=VALUE* 形式的參數作為選項，其中 *KEY* 是設定選項的名稱，*VALUE* 為設定值。這對於生產者的選項非常有用，像是批次訊息的設定（例如：linger.ms 或 batch.size）。

控制台生產者有許多可用的參數。部分有用的選項如下：

--key-serializer CLASSNAME

> 指定用於序列化訊息的鍵時，所使用的訊息編碼器類別。預設為 kafka.serializer. DefaultEncoder。

--value-serializer CLASSNAME

> 指定用於序列化訊息的值時，所使用的訊息編碼器類別。預設為 kafka.serializer. DefaultEncoder。

--compression-codec STRING

> 指定生產訊息使用的壓縮類型。可以為 none、gzip、snappy，或 lz4 中的一種。預設值為 gzip。

--sync

> 同步生產訊息，在發送下一則訊息之前，需等待前一則訊息完成確認。

> **自定義序列化器**
>
> 自定義的序列化器必須繼承 kafka.serializer.Encoder。可以從標準輸入中獲取字串，並將其轉換為適用於該主題的編碼，例如 Avro 或 Protobuf。

行讀取器選項

kafka.tools.LineMessageReader 類別，負責從標準輸入讀取和建立生產者記錄，還有幾個可以搭配 --property 傳遞給控制台生產者的選項：

ignore.error

若設定為「false」，則在 parse.key 設定為 true 且不存在鍵分隔字元時拋出異常。預設為 true。

parse.key

設定為 false 時會將鍵設定為 null。預設為 true。

key.separator

讀取時指定訊息中鍵與值的分隔符號。預設為 Tab 符號。

產生訊息時，LineMessageReader 將在第一個 key.separator 實例上拆分輸入。若沒有其他字元，則訊息值為空。如果該行裡沒有鍵分隔字元，或者 parse.key 設為 false 的話，則該鍵為 null。

用戶端 ACL

有個命令列工具 kafka-acls.sh，用於與 Kafka 用戶端的存取控制進行互動。Apache Kafka 網站（*https://kafka.apache.org/*）上提供了有關 ACL 和安全性的其他文件。

不安全的操作

有些管理方法在技術上是可行的，但除非在最極端的情況下，否則不應嘗試。通常這是在診斷問題並且其他方法沒有幫助，或者發現了一個特定錯誤需要暫時的解決方案時。這些方法通常未被記載於文件，沒有正式支援，並且會為應用程式帶來一些風險。

這裡記錄了一些比較常見的方法，以便在緊急情況下，還有些額外的選擇可以嚐試恢復系統。在正常的叢集操作下不建議使用它們，在執行之前應該仔細考慮。

危險：注意這邊

本節中的操作涉及直接控制儲存在 Zookeeper 中的叢集元數據。這可能是一個非常危險的操作，因此必須非常小心，除非另有說明，否則不要直接修改 Zookeeper 中的訊息。

移動叢集控制器

每座 Kafka 叢集都有一個控制器，它是某個代理器中運行的執行緒。控制器負責監督叢集操作，並且有時候需要將控制器強制移動到不同的代理器。例如控制器遇到異常或其他問題而導致雖然有在運行但不起作用。在這些情況下移動控制器的風險並不高，但這不是正常任務，不應定期執行。

目前控制器所在的代理器，會註冊在 Zookeeper 節點上的 /controller 路徑下。手動刪除此 Zookeeper 節點將導致目前的控制器退出，而叢集會選出新的控制器。

強迫中止分區搬移

分區重分配的正常操作流程為：

1. 請求重新分配（創建 Zookeeper 節點）。

2. 叢集控制器新增分區到被加入的新代理器。

3. 新代理器開始複製每個分區，直到同步（in-sync）為止。

4. 叢集控制器從分區副本列表中刪除舊代理器。

因為所有重分配都是在被請求時平行啟動的，通常不會嘗試取消正在進行的重新分配任務。但有個例外是當代理器在重分配過程中失敗，並且無法立即重新啟動時。這會導致重分配永遠不會完成，並且無法啟動其他的重分配任務（例如從失敗的代理器中刪除分區，並將其分配給其他代理器）。此情況下，可以使叢集放棄目前的重分配任務。

要刪除正在進行的分區重分配，流程如下：

1. 從 Kafka 叢集路徑中刪除 /admin/reassign_partitions Zookeeper 節點。

2. 強制控制器搬移（更多詳細訊息，請參閱第 208 頁的「移動叢集控制器」）。

檢查副本數

刪除正在進行的分區移動任務時，任何尚未完成的分區都不會將舊代理器從副本列表中刪除。這意味著某些分區的副本數可能比預期的要多。代理器不允許對不一致副本數的分區主題進行某些管理操作（例如增加分區）。建議檢查仍在進行中的分區，並確保其副本數與另一個分區重分配任務中指定的數量相符。

移除等候的刪除主題請求

使用命令列工具刪除主題時，Zookeeper 節點會請求建立此刪除。正常情況下叢集會立即執行。但是，命令列工具無法知道叢集是否啟用了主題刪除（topic deletion）。因此，它將照常請求刪除主題。如果禁用刪除，此操作可能會導致意外。可以刪掉等待刪除主題的請求，以避免這種情況。

主題若一旦被請求刪除，會在 /admin/delete_topic 下創建 Zookeeper 節點作為子節點，且節點會以主題名稱命名。刪除這些 Zookeeper 節點（而非 /admin/delete_topic 父節點）即可移除等候的請求。

手動刪除主題

若運行的叢集禁止刪除主題，或是發現自己需要刪除正常操作流程外的某些主題，那麼可以手動從叢集中刪除它們。這需要完全關閉叢集中的代理器，因為當叢集中有任何代理器在運行即無法執行此操作。

先行關閉代理器

在叢集上線時修改 Zookeeper 中的叢集元數據是非常危險的操作，可能讓叢集處於不穩定狀態。切勿於叢集上線時嘗試刪除或修改 Zookeeper 中的主題元數據。

從叢集中刪除主題的流程：

1. 關閉叢集中的所有代理器。

2. 從 Kafka 叢集路徑中刪除 Zookeeper 路徑 /brokers/topics/TOPICNAME。請注意，此節點具有子節點，必須先行刪除。

3. 從各個代理器的日誌目錄中刪除分區目錄。這些目錄會以 *TOPICNAME-NUM* 命名，其中 *NUM* 為分區 ID。

4. 重新啟動所有代理器。

結論

運行 Kafka 叢集是一項艱鉅的任務，需要許多設定和維護工作來保持系統的最佳性能。本章討論了許多例行性任務，例如管理主題和用戶端設定。此外還介紹了一些除錯時可能會需要的進階方法，比如檢查日誌段落。最後，我們說明了一些不安全或是非常規的操作，但可以讓你用來擺脫困境。總之，這些工具將幫助你管理 Kafka 叢集。

當然，如果沒有適當的監控，管理叢集不會成功。第十章將討論監控代理器、叢集健康狀況，和相關操作的方法以便確保 Kafka 運作良好（並知道何時出了問題）。我們還會提供監控用戶端的最佳作法，包括生產者和消費者。

監控 Kafka

Apache Kafka 上的應用程式包含了許多監控，容易造成使用者困惑哪些是重要指標，哪些則可以忽略。包括整體流量的指標、每種請求類型的詳細時序指標以及針對每個主題和每個分區指標。對於代理器裡的每種操作都提供了詳細的視圖，但也可能造成系統管理人員的困擾。

本章節將詳細介紹一些關鍵性常用的監控指標，以及如何做出調整，並說明在除錯時有哪些指標可以參考。然而，這些並非監控指標的詳盡清單，因為指標經常被更新，而且很多指標只對 Kafka 開發人員有參考價值。

基礎指標

在深入了解 Kafka 代理器與客戶端的指標之前，我們先說明如何監控 Java 應用程式的基礎知識以及有關監控和警報的一些實例。這類基礎知識將幫助你理解如何監控應用程式，以及本章為什麼選擇介紹這些指標。

這些指標在哪裡？

可以透過 Java Management Extensions（JMX）介面訪問 Kafka 公開的所有指標。外部監控系統中要使用這些指標，最簡單方法是運用監控系統收集這些指標的代理並將其附加到 Kafka 程序上。這可以是系統上單獨的程序並連接 JMX 介面，例如使用 Nagios XI check_jmx 插件或 jmxtrans。也可以使用 Kafka 程序中運行的 JMX 代理器，透過 HTTP 連接直接存取指標，例如 Jolokia 或 MX4J。

深入討論如何建立監控代理已經超出了本章的範圍，並且監控代理器也有許多選擇。如果你所在的組織目前沒有監控 Java 應用程式的經驗，可以考慮使用第三方的監控服務。有非常多的公司提供了監控代理、標收集點、儲存、圖像化以及服務警示等服務。他們可以幫助你進一步設定所需的監控代理。

> **找到 JMX 連接埠**
>
> 為了協助應用程序連接到 Kafka 代理器上的 JMX（例如監控系統），代理器將 JMX 連接埠當作代理器資訊的一部分並儲存在 Zookeeper 中。`/brokers/ids/<ID>` znode 包含了代理器的 JSON 格式資料，內容包括 `hostname` 和 `jmx_port`。

內部或外部量測

透過 JMX 等連接埠提供的度量標準是內部指標：它們由被監控的應用程式所建立。例如各個請求階段的時間，內部量測是最佳的方式，除了應用程式本身之外沒有其他內容具有這種詳細程度。還有另外一類指標，例如請求的總時間或特定請求類型的可用性，這些可以在外部進行量測，這代表 Kafka 客戶端或其他第三方應用程式為伺服器（在範例中為代理器）提供指標。這些通常是可用性（可否連至代理器）或延遲（請求需要多長時間？）等指標。這類指標提供了應用程式的外部視圖，也提供更多資訊。

監控網站的健康狀況是外部量測常見的例子。Web 伺服器正常運行，所有指標都回報服務正常運行中。但是，Web 伺服器與外部用戶之間的網路發生了問題，這代表所有用戶都無法正常訪問 Web。因此在網路外部運行的外部監控可以監測網站是否可正常訪問，並提醒你注意這種情況。

應用程式健康檢查

無論如何從 Kafka 收集各種量測指標，都應該確保可以透過簡單的健康檢查程序來監控應用程式整體運行狀況。有兩種方法：

- 由外部程序回報代理器是啟動還是關閉（運行狀況檢查）
- Kafka 代理器停止回報指標時發出警示（也稱為 *stale* 指標）

雖然第二種方法有效，但很難區分是 Kafka 代理器還是監控系統本身的故障。

Kafka 代理器，可以輕易連接到外部連接埠（使用於客戶端連接到代理器相同的連接埠即可）檢查它是否響應。對於客戶端應用程式，情況可能更複雜，從簡單檢查程序是否正在運行到確認應用程式運行的內部狀態。

指標的範圍

Kafka 的測量指標非常多，選擇所需的內容非常重要，尤其是根據這些指標定義警報時。當很多響起，很難知道這個問題有多嚴重，容易遭成「告警疲乏」。但要正確定義每個指標的閾值並使其保持在最新的狀態也很困難，當警報經常不正確時，我們會開始懷疑警報是否正確的反應了應用程式的狀態。

擁有高覆蓋率的警報更為方便。例如，一個警報代表存在大問題，但必須收集其他資料才可確定該問題的確切性。可以把它想像成汽車上的檢查引擎燈，如果儀表板上有 100 個不同的指示器顯示空氣過濾器、機油、排氣等問題，那反而會令人困惑。相反地，我們希望一個指標就指出問題，並且用一種方法便能找到更詳細的資訊，並準確地告知問題所在。本章將提供最高覆蓋率的指標，使你的警報系統變得更為簡單。

Kafka 代理器的指標

Kafka 代理器有很多種指標，大多都是低階的量測，由開發人員在調查特定問題或預期在稍後除錯時所需而添加的資訊。有些指標提供代理器中幾乎每個功能的資訊，但最常見的一些指標則提供了日常維運 Kafka 所需的資訊。

誰來看著 *Watcher?*

許多組織使用 Kafka 收集應用程式的指標、系統指標和日誌以供中央監控系統消費使用，這是將應用程式與監控系統分離的絕佳方式；但它也產生出了一個問題，如果使用相同的系統監控 Kafka 自身，因為監控系統的資料串流有問題，因此很可能永遠不會知道 Kafka 何時發生了故障。

有很多方法可以解決這個問題。一種方法是為 Kafka 使用一個單獨的監控系統，該系統不依賴於 Kafka。另一種方法是，如果有多個資料中心，可以將資料中心 A 中的 Kafka 叢集指標發送到資料中心 B，反之亦然。但是，必須確保 Kafka 的監控和警報機制並不依賴於 Kafka。

本節首先討論未同步副本分區指標作為整體效能的量測值，以及發生狀況時該如何應對。其他指標將在更高層級以代理器的角度來做全面性的介紹。這並非是所有指標的詳盡清單，而是用於檢查代理器和叢集運行狀況的幾個「必須」的指標。在切入客戶端指標前，我們先詳細討論日誌紀錄。

未同步副本分區

如果想用一個指標監控 Kafka 代理器的狀況，那應該就是未同步副本分區的數量。在叢集中的每個代理器都可提供此指標，用來計算領導者的副本分區，以及跟隨者副本尚未被同步的數量。這個量測指標可以深入了解 Kafka 叢集的狀態，從代理器錯誤一直到過度消耗資源等問題。由於該指標可以指出各種各樣的問題，因此值得深入研究如何處理非零以外的值。診斷這類型問題的其他指標將在本章後面介紹。有關未同步副本分區的更多詳細資訊，請參閱表 10-1。

表 10-1　指標及其相對應的未同步副本分區

指標名稱	未同步副本分區
JMX MBean	kafka.server:type=ReplicaManager,name=UnderReplicatedPartitions
值的範圍	非負值的整數

若叢集中的代理器回報的未同步副本分區數量一直維持固定（無變化），通常表示叢集中某個代理器處於離線狀態。整個叢集中未同步副本分區數會等於分配給該代理器的分區數量，而離線的那台代理器將不會回報指標。這種情況下，需要調查該代理器發生什麼事並解決此情況。通常是硬體故障，但也有可能是作業系統或 Java 的問題導致。

偏好副本選舉

在嘗試進一步診斷問題前的第一步是確認最近是否執行了偏好副本選舉（請參閱第九章）。Kafka 代理器在釋放分區領導權後（例如，當代理器故障或被關閉時）並不會自動收回分區領導權（除非啟用了領導者自動再平衡，但不建議使用此設定）。這代表著領導者副本很容易在叢集中變得不平衡。偏好副本選舉安全且易於進行，因此最好先執行此操作，然後查看問題是否解決。

如果未同步副本分區數量不斷變動，或者數量固定但沒有代理器離線，通常表示叢集存在效能問題。這類問題非常複雜難以診斷，但可以透過幾個步驟縮小可能的原因，嘗試找到問題的第一步是檢查此現象發生在單一代理器還是整座叢集上，這有時可能是難以回答的問題。如果未同步副本分區位於單一個代理器上，則該代理器通常是問題所在，表示其他代理器從該代理器的複製訊息時發生問題。

如果多個代理器皆有未同步的分區，則可能是叢集的問題，也有可能仍然是單一代理器所致。在這種情況下，可能是單一代理器從其他地方複製訊息時發生錯誤，因此需要弄清楚是哪個代理器。可以嘗試一種方法：收叢集集的未同步副本分區清單，並查看是否有特定的代理器，出現所有未同步副本分區之中。使用 *kafka-topics.sh* 工具（在第九章中詳細討論過），可以得到未同步副本分區清單。

列出叢集中未同步副本分區的範例如下：

```
# kafka-topics.sh --zookeeper zoo1.example.com:2181/kafka-cluster --describe
--under-replicated
Topic: topicOne    Partition: 5    Leader: 1    Replicas: 1,2 Isr: 1
Topic: topicOne    Partition: 6    Leader: 3    Replicas: 2,3 Isr: 3
Topic: topicTwo    Partition: 3    Leader: 4    Replicas: 2,4 Isr: 4
Topic: topicTwo    Partition: 7    Leader: 5    Replicas: 5,2 Isr: 5
Topic: topicSix    Partition: 1    Leader: 3    Replicas: 2,3 Isr: 3
Topic: topicSix    Partition: 2    Leader: 1    Replicas: 1,2 Isr: 1
Topic: topicSix    Partition: 5    Leader: 6    Replicas: 2,6 Isr: 6
Topic: topicSix    Partition: 7    Leader: 7    Replicas: 7,2 Isr: 7
Topic: topicNine   Partition: 1    Leader: 1    Replicas: 1,2 Isr: 1
Topic: topicNine   Partition: 3    Leader: 3    Replicas: 2,3 Isr: 3
Topic: topicNine   Partition: 4    Leader: 3    Replicas: 3,2 Isr: 3
Topic: topicNine   Partition: 7    Leader: 3    Replicas: 2,3 Isr: 3
Topic: topicNine   Partition: 0    Leader: 3    Replicas: 2,3 Isr: 3
Topic: topicNine   Partition: 5    Leader: 6    Replicas: 6,2 Isr: 6
#
```

範例中，共同的代理器是代理器 2 號，這表示此代理器同步訊息時發生問題，這將引導我們將調查重點放在該代理器。如果沒有共通的代理器，則可能存在叢集層級的問題。

叢集層級的問題

叢集問題通常分為兩類：

- 負載不平衡
- 過度消耗資源

第一類問題是由於不平衡的分區或領導權所形成的，較容易找出原因，修復它可能也只涉及到一個程序。為了診斷此問題，需要用到叢集代理器的多個指標：

- 分區數量

- 領導者分區數量

- 所有主題傳入位元組的速度

- 所有主題傳入訊息的速度

檢查這些指標。在一個完美平衡的叢集中，這些數字在各代理器皆接近相等（如表 10-2 所示）。

表 10-2　利用率指標

代理器	分區	領導者	傳入位元組	傳出位元組
1	100	50	3.56 MB/s	9.45 MB/s
2	101	49	3.66 MB/s	9.25 MB/s
3	100	50	3.23 MB/s	9.82 MB/s

這代表所有代理器的流量大致相同。假設已經執行了偏好副本選舉，若有較大偏差代表叢集中的流量未平衡。要解決此問題，必須將分區從負載較重的代理器移動到負載較輕的地方。這是第九章所描述的 *kafka reassign-partitions.sh* 工具所做的事。

平衡叢集的助手

Kafka 代理器本身不會自動重分配叢集中的分區。這代表平衡 Kafka 叢集中的流量可能是一個令人頭痛的過程，需要手動查看冗長的指標清單並嘗試可行的副本分配方式。為了協助解決此問題，一些組織開發了此任務的自動化工具。一個例子是 LinkedIn 在 GitHub 上的開源 kafka 工具（*https://github.com/linkedin/kafka-tools*）儲存庫中發布的 *kafka-assigner* 工具。一些 Kafka 的企業產品也提供此功能。

另一種常見的叢集效能問題是超出了代理器處理請求的能力。有許多的瓶頸皆可能會降低速度：CPU，硬碟 IO 和網路吞吐量是最常見的原因。但硬碟利用率並非其中之一，因為代理器會在硬碟滿載之前正常運行，滿載後該磁碟將突然失效。為了診斷此問題，需要在作業系統級別追蹤許多指標，包括：

- CPU 利用率

- 入站網路吞吐量

- 出站網路吞吐量

- 硬碟平均等待時間

- 硬碟百分比利用率

過度消耗這些資源通常會導致一個相同的問題：未同步副本分區。代理器的副本複製程序運行方式與一般 Kafka 客戶端的運行方式完全相同。如果叢集在複製副本時遇到問題，那麼客戶端也會面臨生產與消費的問題。叢集正常運行時，先為這些指標設定一個基準值，然後在用量超出閾值前發出警示是比較有效的做法。還需要追蹤這些指標的趨勢，因為叢集的流量會隨著時間的推移而增加。就 Kafka 代理器指標而言，*所有主題傳入的位元組速度*是表示叢集使用狀況的一個良好指南。

主機級別的問題

如果 Kafka 的效能問題並不是整個叢集的問題而僅發生在一個或兩個代理器，那麼就該檢查該伺服器並比較它與叢集其餘主機的不同之處。這些類型的問題可分為幾大類：

- 硬體故障

- 與另一個程序發生衝突

- 本地設定的差異

典型伺服器的問題

伺服器與作業系統是一台擁有數千個元件所組成的複雜機器，任何元件都可能存在問題並導致完全故障或效能下降。我們不可能在本書中涵蓋可能失敗的原因——關於這個議題已經有很多的參考文獻，並且還會一直更新持續下去。但我們可以討論一些常見的問題，本節將重點介紹運行 Linux 作業系統所會遇到的一些典型伺服器問題。

硬體故障有時是顯而易見的，例如伺服器當機等。但是導致效能下降的問題通常都沒那麼明顯，通常是軟故障（允許系統繼續運行但效能下降）。可能是一個有問題的記憶體，系統會檢測到問題並繞過（減少了整體可用的記憶體量），CPU 故障也會發生同樣的情況。對於這些問題，應該使用硬體提供的功能，例如智能平台管理介面（IPMI）來監控硬體運行狀況。當頻繁發生問題時，以 dmesg 查看核心緩衝區的內容可以協助查看被拋出到系統控制台的日誌訊息。

導致 Kafka 效能下降，更常見的硬體故障類型是硬碟故障。Apache Kafka 依靠硬碟持久化訊息，生產者的效能與硬碟寫入速度直接相關。任何偏差都將造成生產者和副本的效能問題，後者是導致未同步副本分區的原因。因此，監控硬碟的運行狀況並快速解決發生的問題非常重要。

一粒老鼠屎

單一代理器上的某個硬碟故障可能會破壞整個叢集的效能。因為生產者客戶端將連接到所有與該主題相關的分區所在的代理器，如果遵循了最佳的設定，那麼分區將均勻分佈在整個叢集上。如果其中一個代理器效能降低並拖延了生產的請求，將導致生產者 back pressure，減緩對所有代理器的請求。

首先，可以利用 IPMI 或硬體提供的介面監控硬碟的硬體狀態資訊。作業系統中，可以運行 SMART（Self-Monitoring, Analysis and Reporting Technology 自我監控，分析和報告技術）工具定期監控和測試硬碟，它對於即將發生的故障會發出警示。持續關注硬碟控制器也相當重要，特別是如果具備 RAID 功能。許多控制器都有一個板載暫存，僅在控制器電池備用單元（BBU）正常運行時才能使用。若是 BBU 故障可能導致暫存機制被禁用，進而降低硬碟效能。

網絡故障是另外一部分問題來源。其中包含硬體問題，例如網路電纜或連接器不良。有些則是設定問題，通常是連接速度或雙工設定的更改，包括伺服器端或網路硬體的上游。網路設定問題也可能與作業系統相關，例如網路緩衝區不足或是網路連接太多佔用過多記憶體空間。檢測問題的關鍵指標之一是網路介面上所測到的錯誤數量。如果錯誤數量持續增加，則可能存在未解決的問題。

如果硬體沒有問題，另一個可以查看的方向是系統上運行的應用程式是否正在消耗資源並對 Kafka 代理器造成壓力。可能是錯誤安裝或運行的程序（例如監控代理器程序）內部有問題。使用系統工具（例如 top）確認某些程序是否消耗比預期更多的 CPU 或記憶體資源。

如果各種方法都已用盡但是仍無法找到主機上的問題，也有可能是代理器或系統環境設定的差異。考慮到每個伺服器上運行的應用程式的數量以及每個伺服器的設定參數數量,要找到差異可能是一項艱鉅的任務。這就是為什麼作業系統和應用程式(包括 Kafka)都需要使用參數設定管理系統(例如 Chef(*https://www.chef.io/*)或 Puppet(*https://puppet.com/*)),保持一致的參數設定相當重要。

代理器指標

除了未同步副本分區外,還應該監控代理器級別的其他指標。雖然可能懶得為所有指標設定警報閾值,但它們提供了有關代理器和叢集一些有價值的資訊。因此應該存在你建立的任何監控儀表板中。

活躍控制器數量

活躍控制器數量指標表示此代理器是否為當前叢集的控制器。指標數值為 0 或 1,其中 1 表示這台代理器是控制器。任何時候只有一個代理器可以是控制器並且會持續擔任。如果有兩個代理器皆宣稱是控制器,這代表本該退出的控制器程序遭遇問題了,這可能會導致無法正確執行管理任務(例如分區移動)。要解決此問題,至少需要將這兩個代理器重啟。但是,當叢集中還有另外的控制器時,代理器是無法正常關閉的。有關活躍控制器數量的詳細資訊,請參考表 10-3。

表 10-3　活躍控制器數量指標

指標名稱	活躍控制器數量
JMX MBean	kafka.controller:type=KafkaController,name=ActiveControllerCount
值的範圍	0 或 1

如果沒有代理器做為叢集控制器的狀況下狀態發生變化,例如主題或分區創建或代理器失效,叢集將無法正確回應。在這種情況下,必須進一步調查控制器程序失效的原因。例如,Zookeeper 叢集中的網路分區可能會導致類似這樣的問題。解決底層問題後,最好重新啟動叢集中的所有代理器以重置控制器程序的狀態。

請求處理閒置比率

Kafka 運用兩個執行緒池來處理所有客戶端請求:網路處理器和請求處理器。網路處理器執行緒負責通過網路向客戶端讀取和寫入資料,這裡不會做大量的處理工作,因此通常不會是關注要點。然而,請求處理器執行緒負責為客戶端的請求提供服務,包括讀取訊息或寫入硬碟。因此，當代理器負載過重時，會對此執行緒池產生重大影響。有關請求處理閒置比率的更多詳細資訊，請參見表 10-4。

表 10-4　請求處理閒置比率

指標名稱	請求處理平均閒置百分比
JMX MBean	kafka.server:type=KafkaRequestHandlerPool,name=RequestHandlerAvgIdlePercent
值的範圍	0 至 1 之間的浮點數

聰明的運用執行緒

雖然看起來可能需要處理數百個請求處理執行緒，但實際上不需要設定比代理器中 CPU 數量更多的執行緒。Apache Kafka 的請求處理器非常聰明，Kafka 透過請求處理器來卸載那些需要長時間處理的請求。例如，當請求數量受到限制或需要確認多個生產請求時，可以使用這種方式。

請求處理閒置比率指標表示請求處理器未使用的時間百分比，該數字越低，代理器的負擔就越大。過往的經驗告訴我們，閒置率低於 20％ 表示存在潛在問題，低於 10％ 通常會發生明顯的效能問題。除了叢集規模不足外，執行緒池中的高執行緒使用率有兩個原因：首先是執行緒池中沒有足夠的執行緒，應該讓請求處理執行緒數量等同於系統中的處理器數量（包括超執行緒處理器）。

另一個常見原因是執行緒正在為每個請求執行非必要的工作。在 Kafka 0.10 之前，請求處理執行緒負責對每批傳入的訊息解壓縮、驗證訊息並賦予偏移值，然後在寫入硬碟前將整批訊息使用偏移值做重新壓縮。更糟糕的是，壓縮方法都是同步鎖定的。從版本 0.10 開始，有一種新的訊息格式允許批次訊息自帶相對偏移值。這代表新版的生產者在發送整批訊息之前先設定相對偏移值，允許代理器跳過整批訊息的重新壓縮處理流程。增進效能的方法之一是確保所有生產者與消費者的客戶端都支持 0.10 訊息格式，並將代理器的訊息格式版本更改為 0.10。這會大大降低請求處理執行緒的使用率。

主題傳入位元組

主題傳入位元組速率以每秒位元組數來表示，可用於評估代理器從生產客戶端接收訊息的流量。這是相當好的指標，可以幫助確定何時需要擴張叢集規模或是其他相關工作。此外還可以評估叢集中的某個代理器是否比其他代理器的負擔更大，這代表需要重新平衡叢集中的分區。有關更多詳細資訊，請參見表 10-5。

表 10-5　所有主題傳入位元組指標

指標名稱	每秒傳入的位元組數量
JMX MBean	kafka.server:type=BrokerTopicMetrics,name=BytesInPerSec
值的範圍	速率為 Double，計數為 Integer

這是第一個討論的速率指標，值得我們對這類指標所提供的屬性進行簡短說明。所有速率指標都有七個屬性，選擇使用哪些屬性取決於想要的量測類型，這些屬性提供事件的離散數量，以及不同時間段內事件數量的平均值。請確保使用正確的指標，否則無法將找到代理器真正的問題點。

前兩個屬性與量測無關，但是可以幫助你理解其他的指標：

EventType

　　所有屬性量測的單位。在此例中為「位元組」。

RateUnit

　　對於速率屬性，這是速率的時間區段。在此例中為「秒」。

這兩個敘述性的屬性可以讓我們知道，速率：無論它們平均的時間長短，都換算為每秒的位元組數量。有四種不同顆粒度的速率屬性：

OneMinuteRate

　　前一分鐘的平均值。

FiveMinuteRate

　　前五分鐘的平均值。

FifteenMinuteRate

　　前十五分鐘的平均值。

MeanRate

　　自代理器啟動後至今的平均值。

OneMinuteRate 會快速變動，並可提供進一步的「時間」視圖。這對於查看流量的瞬間高峰非常有用。MeanRate 基本上不會有太大的變化，只能提供整體趨勢。雖然 MeanRate 有其用途，但它可能不是你想要的指標。FiveMinuteRate 和 FifteenMinuteRate 是在兩者間選擇折衷的方式。

除了速率屬性之外，還有一個 Count 屬性，這個指標從代理器啟動之後不斷累加，代表自程序啟動以來向代理器發送的總位元組數量。利用支援計數值的指標系統，可以提供完整的量測視圖，而非平均速率。

所有主題輸出位元組

所有主題輸出位元組速率（與輸入位元組的速率相似）是另一個不斷增加的指標。在這種情況下，位元組輸出率顯示消費者讀取訊息的速率。由於 Kafka 能夠支援處理多個消費者的工作，因此輸出位元組速率的增長速度可能與傳入位元組速率不同。有些案例 Kafka 的輸出速率可達到傳入速率的六倍！這就是為什麼需要分別觀察輸出位元組速率的趨勢。有關更多詳細資訊，請參見表 10-6。

表 10-6　所有主題輸出位元組指標

指標名稱	每秒輸出的位元組數量
JMX MBean	kafka.server:type=BrokerTopicMetrics,name=BytesOutPerSec
值的範圍	速率為 Double，計數為 Integer

包含複製副本

輸出位元組的速率還包含複製副本的流量。這代表如果所有主題的副本數皆為 2，當沒有消費者客戶端時，可看到位元組輸出速率等於傳入的速率。如果有一個消費者客戶端讀取叢集中的訊息，則輸出速率將會是傳入速率的兩倍。如果不清楚計算的內容，在查看指標時可能會感到困惑。

主題傳入的訊息數

前面運用位元組速率表示代理器流量，所有主題傳入的訊息則是計算每秒傳入代理器的訊息數量，而並非訊息的大小。可用來觀察生產者傳入訊息數增漲規模的指標，也可與傳入位元組速率結合使用計算平均訊息大小。可以從這個指標看出代理器不平衡的狀況，就像傳入位元組速率一樣。有關詳細資訊，請參見表 10-7。

表 10-7　所有主題傳入訊息數量指標

指標名稱	每秒傳入的訊息數量
JMX MBean	kafka.server:type=BrokerTopicMetrics,name=MessagesInPerSec
值的範圍	速率為 Double，計數為 Integer

為什麼沒有輸出訊息的指標？

通常大家會問為什麼 Kafka 代理器沒有輸出訊息的指標。原因是當訊息被消費時，代理器只是將一批資料發送給消費者而沒有將批次內容展開，也不會去計算內部有多少條訊息。因此，代理器實際上並不知道發送了多少筆訊息。唯一可供參考指標是每秒提取次數（即請求率），而不是發送訊息數量。

分區數量

代理器的分區數量通常不會發生太大變化，因為它是分配給該代理器的分區總數。包含代理器擁有的所有副本（無論是領導者還是跟隨者）。在啟用了自動主題創建的叢集中監控此操作會發現許多有趣的事，因為可以創建超出叢集管理人員預期的主題數量。有關詳細資訊，請參閱表 10-8。

表 10-8　分區數量指標的詳細資訊

指標名稱	分區數量
JMX MBean	kafka.server:type=ReplicaManager,name=PartitionCount
值的範圍	零或大於零的整數

領導者數量

領導者數量指標表示代理器為分區領導者的數量。與代理器的其他指標類似，這個量測會跨叢集中的代理器，定期檢查領導者數量，並對其進行警示。它可以顯示出叢集何時發生不平衡的狀況，代理器可能因為某些原因而放棄分區的領導權，例如 Zookeeper session 過期。一旦 session 恢復狀態，代理器也不會恢復領導權（除非啟用了自動領導重新平衡的功能）。在此情況下，這個指標將顯示較少的領導者或可能為零，表示需要手動觸發副本選舉以恢復各分區的領導權。有關更多詳細資訊，請參閱表 10-9。

表 10-9　領導者數量指標的詳細資訊

指標名稱	領導者數量
JMX MBean	kafka.server:type=ReplicaManager,name=LeaderCount
值的範圍	零或大於零的整數

使用這個指標的一種方式是將其與分區數量一起觀察，計算代理器所處分區的百分比。在副本數為 2 的叢集中，所有代理器應該分別佔據分區大約 50％的領導者。如果副本數為 3，則此百分比降至 33％。

離線的分區

除了未同步副本分區數量外，離線分區數量也是監控的關鍵指標之一（參見表 10-10）。這個指標僅由作為叢集控制器的代理器提供（其他代理器數值皆為 0），顯示叢集中沒有領導者的分區數。沒有領導者的分區可能有兩個主要原因：

- 該分區所有副本所在的代理器都已離線

- 由於訊息數量不匹配（禁用模糊領導者選舉），同步副本（ISR，In-Sync Replica）無法取得領導權

表 10-10　離線分區數量指標

指標名稱	離線分區數量
JMX MBean	kafka.controller:type=KafkaController,name=OfflinePartitionsCount
值的範圍	零或大於零的整數

在生產環境中的 Kafka 叢集，離線分區可能會影響生產者客戶端，造成訊息遺失或應用程序中的 back-pressure。通常這類問題需要立即解決。

請求指標

在第五章中提到，Kafka 協議有許多不同的請求方式，每一種請求方式皆有對應的指標。以下列出了各種請求的相關指標：

- ApiVersions

- ControlledShutdown

- CreateTopics

- DeleteTopics

- DescribeGroups

- Fetch

- FetchConsumer

- FetchFollower

- GroupCoordinator

- Heartbeat

- JoinGroup

- LeaderAndIsr

- LeaveGroup

- ListGroups

- Metadata

- OffsetCommit

- OffsetFetch

- Offsets

- Produce

- SaslHandshake

- StopReplica

- SyncGroup

- UpdateMetadata

對於這些請求，提供了八個指標觀察請求各階段的狀態。例如，對於 Fetch 的請求，可以使用表 10-11 中所列出的指標。

表 10-11 請求指標

名稱	JMX MBean
Total Time	kafka.network:type=RequestMetrics,name=TotalTimeMs,request=Fetch
Request queue time	kafka.network:type=RequestMetrics,name=RequestQueueTimeMs,request=Fetch
Local time	kafka.network:type=RequestMetrics,name=LocalTimeMs,request=Fetch
Remote time	kafka.network:type=RequestMetrics,name=RemoteTimeMs,request=Fetch
Throttle time	kafka.network:type=RequestMetrics,name=ThrottleTimeMs,request=Fetch
Response queue time	kafka.network:type=RequestMetrics,name=ResponseQueueTimeMs,request=Fetch
Response send time	kafka.network:type=RequestMetrics,name=ResponseSendTimeMs,request=Fetch
Requests per second	kafka.network:type=RequestMetrics,name=RequestsPerSec,request=Fetch

如前所述，Requests per second 是一個速率指標，顯示該類型的請求在單位時間上接收和處理總數，也提供每個請求時間的頻率視圖，但某些請求，例如 StopReplica 和 UpdateMetadata 較少見。

七個時間指標提供一組百分位數，以及 Count 屬性（類似速率指標）這些指標都是從代理器啟動時就一直計算，因此在查看時，需要注意，代理器運行的時間越長，數字就越穩定。各項量測值說明如下：

Total time

量測代理器處理請求所花費的總時間，代表是從接收請求到響應回覆給請求者的時間。

Request queue time

接收到請求到準備處理前在佇列中所花費的等待時間。

Local time

分區領導者處理請求所花費的時間，包括將其發送到硬碟（但不一定要更新）。

Remote time

請求處理完成之前，等待跟隨者所花費的時間。

Throttle time

保留響應的時間量，為了滿足客戶端的配額設定可降低請求者的查詢速度。

Response queue time

回覆請求者之前，在佇列中停留的時間。

Response send time

實際發送響應所花費的時間。

為每個指標所提供的屬性：

Percentiles

50、75、95、98、99、99.9 百分位數。

Count

從程序啟動後的請求總數。

Min

所有請求的最小值。

Max

所有請求的最大值。

Mean

所有請求的平均值。

StdDev

整體請求時間的標準差。

什麼是百分位數？

百分位數是查看時間量測時常用的方法。第 99 百分位測量值可以看出樣本組中 99% 小於指標的值（在這種情況下是請求時間）。這代表 1% 的值會大於該指標。常見的方式是查看平均值 99% 或 99.9% 的值，透過這種方式，可以看到平均請求時間以及異常值。

這些請求的指標和屬性中，哪些是需要監控的重要指標？對於每種請求類型，至少應該為 total time 以及 request per second 收集平均值和一個較高的百分位數（99％或99.9％）。這樣可以了解 Kafka 代理器處理請求的整體性能。如果可以，也應該為每種請求類型收集其他六種時序指標，這可以將各種性能問題縮小到請求處理的特定階段。

對於設定警報閾值，用時序指標可能會有些難度。例如，Fetch 請求時間可能會有很大差異，具體取決於許多因素，包括客戶端設定的等待訊息時間、獲取特定主題的繁忙程度或是客戶端與代理器的網路連接速度。然而，至少 total time 第 99.9 百分位測量值作為基準值非常有用，特別是對於 Produce 請求，並對此發出警報。與未同步副本分區指標非常相似，如果 Produce 請求的第 99.9 百分位快速增加，可能就存在各種效能問題。

主題與分區指標

除了用於描述操作 Kafka 代理器的指標外，還有特定用於主題和分區的指標。叢集較大時，這些指標的數量可能會非常多，不太可能將它們完整收集到某個指標系統中逐一監控。但是，某些指標對於調整客戶端的問題非常實用，例如主題指標可用來識別哪些特定的主題會導致叢集流量大幅增加。因此提供這些指標給 Kafka 用戶（生產者或消費者客戶端）存取也非常重要，無論是否能定期收集它們，都應該了解這些有用的指標。

例如表 10-12 中所呈現，我們將使用範例的主題名稱 TOPICNAME 以及分區 0，存取指標時，先確認是否正確設定的叢集主題名稱和分區數量。

主題指標

對於主題指標，量測值與前面敘述的代理器指標非常相似。實際上，唯一的差別僅是指定了主題名稱，並且這些指標只屬於指定的主題。根據叢集中存在的主題數量，這不會是你想設定監控與警報的指標。可以將它們提供給客戶端便於開發和調整 Kafka 的使用量。

表 10-12　主題指標

名稱	JMX MBean
Bytes in rate	kafka.server:type=BrokerTopicMetrics,name=BytesInPerSec,topic=*TOPICNAME*
Bytes out rate	kafka.server:type=BrokerTopicMetrics,name=BytesOutPerSec,topic=*TOPICNAME*
Failed fetch rate	kafka.server:type=BrokerTopicMetrics,name=FailedFetchRequestsPerSec,topic=*TOPICNAME*
Failed produce rate	kafka.server:type=BrokerTopicMetrics,name=FailedProduceRequestsPerSec,topic=*TOPICNAME*
Messages in rate	kafka.server:type=BrokerTopicMetrics,name=MessagesInPerSec,topic=*TOPICNAME*
Fetch request rate	kafka.server:type=BrokerTopicMetrics,name=TotalFetchRequestsPerSec,topic=*TOPICNAME*
Produce request rate	kafka.server:type=BrokerTopicMetrics,name=TotalProduceRequestsPerSec,topic=*TOPICNAME*

分區指標

分區指標不如主題指標有用。它們數量眾多，因為數百個主題可能包含成千上萬個分區。然而在某些特定情況下仍有一些用處，特別是 partition-size 指標表示在硬碟上為分區的資料量（以位元組為單位，如表 10-13）。將它全部結合起來便可得知單一主題的資料大小以及 Kafka 為各個的資源分配比例。同一主題下，兩個不同分區大小之間的差異，可能表示訊息在生成時使用鍵所產生不均勻分佈的問題。log-segment count 指標則顯示硬碟上該分區日誌片段的檔案數量，可以與分區大小一同使用追蹤資源的使用情形。

表 10-13　分區指標

名稱	JMX MBean
Partition size	kafka.log:type=Log,name=Size,topic=*TOPICNAME*,partition=0
Log segment count	kafka.log:type=Log,name=NumLogSegments,topic=*TOPICNAME*,partition=0
Log end offset	kafka.log:type=Log,name=LogEndOffset,topic=*TOPICNAME*,partition=0
Log start offset	kafka.log:type=Log,name=LogStartOffset,topic=*TOPICNAME*,partition=0

log end offset 與 log start offset 指標分別表示分區中訊息最大與最小的偏移值。需要特別注意，這兩個數字之間的差值不一定代表分區中的訊息數量，因為日誌壓縮可能造成分區中擁有相同的鍵，新訊息會覆蓋掉舊訊息而造成偏移值 " 遺失 "。在某些場景下，追蹤分區的偏移值會非常有用，例如提供更精細的時間戳記到偏移的映射，允許消費者客戶端輕鬆地將偏移值恢復到特定時間（儘管可能沒有 Kafka 0.10.1 中引入的基於時間的索引搜索那麼重要）。

未同步副本分區指標

它是一個分區級別的指標，表示分區副本是否未完全複製。因為要收集和監控太多的指標，這在日常操作中不是很常用。一般監控代理器的未複製分區數量，可以使用命令行工具（請參考第九章）找出哪些分區處於未複製的狀態。

JVM 監控

除了 Kafka 代理器所提供的指標之外，還應該監控伺服器的一些指標以及 Java 虛擬機（JVM）本身，這有助於提醒某些狀況的發生，例如垃圾收集太過頻繁會降低代理器的校能。JVM 指標也能有效幫助釐清代理器下游指標變化的原因。

垃圾收集

要了解 JVM 效能問題，首要監控的關鍵是垃圾收集（GC）的狀態。需要監控 bean 使用的 Java 運行環境（JRE）與 GC 的設定而有所不同。對於使用 G1 垃圾回收運行的 Oracle Java 1.8 JRE，使用的 bean 如表 10-14 所示。

表 10-14　G1 垃圾回收指標

名稱	JMX MBean
Full GC cycles	java.lang:type=GarbageCollector,name=G1 Old Generation
Young GC cycles	java.lang:type=GarbageCollector,name=G1 Young Generation

在 GC 的語義中，"Old" 和 "Full" 是相同的。每個指標要監控的兩個屬性是 CollectionCount 和 CollectionTime。CollectionCount 是自 JVM 啟動後，該類型（full 或 young）的 GC 循環數。CollectionTime 是自 JVM 啟動後，在該類型的 GC 週期中所花費的時間（以毫秒為單位）。由於這些指標數值都是用計數的方式，因此指標系統表示 GC

的絕對數量以及每單位時間在 GC 中花費的時間比例，還可用於提供每個 GC 循環的平均時間量，但這在正常操作中較少使用。

這些指標都具有 LastGcInfo 屬性，它是由五個欄位組成的複合值，提供了有關最後一次 GC 週期的相關資訊。需要特別注意的是 duration 值，其代表最後一個 GC 循環所花費的時間（以毫秒為單位）。其他值（GcThreadCount，id，startTime 和 endTime）則較少用到。值得注意的是，無法使用此屬性查看每次 GC 循環的時間，因為 young 的 GC 循環可能會經常發生。

Java 操作系統監控

JVM 透過 java.lang:type=OperatingSystembean 提供一些操作系統的資訊。但資訊很有限，不代表全部關於運行 Kafka 系統的資訊。兩個難以在 OS 中收集但在此卻較易取得的屬性是 MaxFileDescriptorCount 和 OpenFileDescriptor Count 屬性。MaxFileDescriptorCount 表示允許 JVM 打開最大文件描述符（FD）的數量。OpenFileDescriptor Count 屬性則表示目前開啟的 FD 數量。FD 會因為每個日誌段和網路連接而打開，並且不斷快速的增加。若無法正確關閉網路連線，可能會導致代理器快速耗盡 FD 的數量。

作業系統監控

JVM 無法提供所有正在運行的系統資訊。因此，不僅要從代理器收集相關的指標，也必須透過作業系統本身來收集。大多數監控系統會提供代理服務，替你收集更多可能感興趣的作業系統資訊。特別需要注意的是 CPU 使用率，記憶體使用率，硬碟使用率，硬碟 IO 和網路使用情況。

對於 CPU 使用率，需要查看系統負載的平均值。這裡提供了一個表示處理器相對使用率的數字。此外，監控按類型來細分的 CPU 使用百分比也可能很有用，根據收集方法與作業系統不同，可以找到下列全部或部分的 CPU 百分比數值（使用縮寫提供）：

us

在用戶空間中花費的時間。

sy

在核心空間中花費的時間。

ni

花在低優先級別程序上的時間。

id

閒置時間。

wa

等待時間（在硬碟上）。

hi

處理硬體中斷所花費的時間。

si

處理軟體中斷所花費的時間。

st

等待管理程序的時間。

什麼是系統負載？

雖然許多人都知道系統負載是評斷系統 CPU 使用率的指標，但大多數人都誤解了它的量測方式。負載平均值是可運行且正在等待處理器執行的程序數量，在 Linux 上還包括處於不間斷睡眠狀態的執行緒，例如等待硬碟回應。負載使用三個數字來表示，即最後 1 分鐘，5 分鐘和 15 分鐘的平均計數。在單 CPU 系統中，值為 1 代表系統負載到達 100％，執行緒都在等待執行。在多 CPU 系統上，100％的負載平均數等於系統中的 CPU 數。例如，如果系統中有 24 個處理器，則 100％的平均負載為 24。

Kafka 代理器使用大量程序（process）處理請求。因此監控 Kafka 時，追蹤 CPU 使用率非常重要；對於代理器的記憶體反而較不重要，因為 Kafka 通常以相對較小的 JVM Heap 運行，並使用少量外部記憶體執行壓縮，但大部分系統記憶體將留作暫存使用。但還是需要追蹤記憶體使用率，以確保其他應用程式不會影響到代理器。也可透過監控總記憶體量和可用的虛擬記憶體來確保資源不被占用。

目前為止，硬碟是 Kafka 最重要的子系統，所有訊息都會持久化到硬碟，因此 Kafka 的校能很大程度上取決於硬碟的校能。監控硬碟空間和 inode（inode 是 Unix 檔案系統的檔案和目錄元數據物件）的使用非常重要，需要確保有足夠的硬碟空間，對於儲存 Kafka 資料的分區尤其如此。此外還需要監控硬碟 IO 的統計資訊，這可以顯示硬碟是否有效使用。對於存儲 Kafka 資料的硬碟，至少需要監控每秒的讀取和寫入、平均讀取和寫入佇列大小、平均等待時間以及硬碟的使用率百分比。

最後，監控代理器的網路使用率。進出的流量通常以每秒位元組數為單位。需要注意的是，在沒有消費者時，流入到 Kafka 代理器的位元組數量會等於主題複製副本的流出位元組數。根據消費者的數量，流入的量與流出的量很容易差超過一個數量級，設定警報閾值時需特別注意。

日誌

若沒有日誌記錄的話，監控便不完整。與許多應用程式一樣，如果允許，Kafka 代理器能在幾分鐘內便讓硬碟充滿日誌訊息。為了從日誌記錄中獲取有用的資訊，重要的是在正確的級別啟用正確的記錄器。只需在 INFO 級別記錄所有訊息即可捕獲有關代理器狀態的大量重要資訊。但是，為了提供更清晰的日誌檔案集，將幾個記錄器分類相當有用。

可用兩種記錄器分別寫入不同文件。第一個是 kafka.controller（仍處於 INFO 級別）。此記錄器用於提供有關叢集控制器的訊息。在任何時候，只有一個代理器為控制器，因此只有一個代理器會寫入此記錄器。這些資訊包括主題創建和修改，代理器狀態更改以及叢集活動（如偏好副本選舉和分區移動）。要分割的另一個記錄器則是 kafka.server.ClientQuotaManager（也是在 INFO 級別）。此記錄器用於顯示與生產和消耗配額活動相關的訊息。雖然這是有用的資訊，但最好不要在主代理器的日誌檔案中使用它。

記錄有關日誌壓縮執行緒狀態的資訊也很有幫助。沒有單一指標能夠辨識這些執行緒的健康狀況，並且分區壓縮失敗可能會完全停止日誌壓縮執行緒（無聲地停止）。在 DEBUG 級別啟用 kafka.log.LogCleaner、kafka.log.Cleaner 和 kafka.log.LogCleanerManager 記錄器將輸出有關這些執行緒狀態的資訊。這會包含正在壓縮的分區資訊、分區大小和數量。一般情況並不會產生大量的日誌記錄，因此預設啟用這些日誌並不會帶來問題。

優化 Kafka 效能時，還有一些日誌記錄可能有用。另一個記錄器為 kafka.request.logger（在 DEBUG 或 TRACE 級別啟用）。這會記錄發送給代理器每個請求的資訊。在 DEBUG 級別，日誌內容包括連接端點、請求處理時間和摘要資訊。TRACE 級別則包含主題和分區資訊 - 幾乎所有請求資訊都不包括自身訊息資料。不論在哪個級別，此記錄器都會生成大量數據，除非有必要進行調整優化，否則不建議啟用。

客戶端監控

所有應用都需要監控，實例化的 Kafka 客戶端（生產者或消費者）也具有一些應捕獲的指標。本節將介紹如何監控官方 Java 的客戶端函式庫，而其他的第三方函式庫大多也會有自己的量測指標。

生產者指標

新版的 Kafka 生產者客戶端大量減化了各種指標，可以只透過少量的 MBean 屬性來監控。相比之下，先前版本的生產者客戶端（不再支援）使用了更多的 MBean，這些指標中包含了更多細節（提供更多的百分位數量測值與各種移動平均數）。因此，舊版本提供了涵蓋更廣泛區域的指標，但追蹤異常問題也相對更困難。

所有生產者的指標都具有 Bean 名稱中生產者的客戶 ID。範例中已將其替換為 CLIENTID。如果 Bean 名稱包含代理器 ID，則該名稱被替換為 BROKERID。主題名稱則替換為 TOPICNAME。相關範例請參考表 10-15。

表 10-15　Kafka 生產者指標 MBean

名稱	JMX MBean
Overall Producer	kafka.producer:type=producer-metrics,client-id=*CLIENTID*
Per-Broker	kafka.producer:type=producer-node-metrics,client-id=*CLIENTID*,node -id=node-*BROKERID*
Per-Topic	kafka.producer:type=producer-topic-metrics,client-id=*CLIENTID*,topic= *TOPICNAME*

表 10-15 列出了多個可用於描述生產者狀態的屬性。最常用的為「Overall producer 指標」。在探討這些屬性之前，需先了解第三章所述的生產者工作原理。

Overall producer 指標

所有生產者的 Bean 指標提供了從訊息批次大小到記憶體緩衝區使用率的資訊。雖然這些量測值在調整優化時非常重要，但僅需要定期觀察，並且只有少數應該被監控並告警。請注意，我們將要討論幾個以平均值為主的指標（以 -avg 結尾），這些指標也有最大值（以 -max 結尾），但使用場景有限。

record-error-rate 是一個必要的指標且需要設定告警。這個指標的值應該為零,如果大於零,則代表生產者正在丟棄無法發送給 Kafka 代理器的訊息。生產者可設定重試次數和回復的策略,如果次數到達上限,訊息(此處稱為記錄)則被丟棄。另一個可監控的 record-retry-rate 屬性,它不如錯誤率重要,因為錯誤後重試相當正常。

另一個需要設定警示的指標為 request-latency-avg,這是生產者發送訊息給代理器的請求所花費的平均時間。可以為正常操作中的數值設定一個基準值,並將警報閾值設定為高於此值。若請求延遲增加,代表生產者請求變得越來越慢;這可能是因為網路問題,或者可能是代理器的問題。無論為何,這都是校能上的問題,可能會導致應用程式中 back-pressure 和其他問題。

除了這些關鍵指標之外,也可以了解一下生產者發送的訊息流量,有三個屬性提供三種不同的觀點。outgoing-byte-rate 代表每秒傳送的位元組大小。record-send-rate 根據每秒發送的訊息數量表示流量。request-rate 提供每秒發送給代理器的請求數量。單個請求可能包含一或多個批次,單個批次則包含一或多條訊息,每筆訊息都由一定數量的位元組組成。這些指標對於監控應用程式都非常實用。

為什麼不用 *ProducerRequestMetrics*?

有一個稱為 ProducerRequestMetrics 的生產者 Bean 指標,它提供請求延遲的百分位數以及請求率的移動平均值。為什麼它並非推薦使用的指標之一?問題是該指標為每個生產者執行緒單獨提供,由於校能因素使得多執行緒的應用程式中很難協調這些指標。通常使用單一生產者所提供的 Bean 屬性已經足夠。

還有一些指標描述了記錄、請求和批次的大小。request-size-avg 指標以位元組為單位,提供生產者發送給代理器請求的平均大小。batch-size-avg 提供單筆訊息批次的平均大小(根據定義,它由單個主題分區的訊息組成),以位元組為單位。record-size-avg 表示單條記錄的平均大小(以位元組為單位)。對單個主題來說,它提供生產者發送訊息時的一些有用資訊。對於複數主題的應用例如 MirrorMaker,它的資訊量則較少。除了這三個指標之外,還有 records-per-request-avg 指標,用於描述單一生產者發送請求的平均訊息數量。

最後一個生產者指標為 record-queue-time-avg。這個指標是在應用程式發送訊息之後,單一訊息在生成者中等待實際發送到 Kafka 之前的平均時間(以毫秒為單位)。在應用程式呼叫生產者客戶端發送訊息（通過呼叫 send 方法）後，生成者會一直等待，直到發生以下兩種情況之一才發送：

- 訊息量足以填滿批次（根據 max.partition.bytes 設定）

- 基於 linger.ms 設定，自上次批次發送以後等待超過 linger.ms 設定的時間

滿足這兩者中的任何一個都將導致生產者客戶端關閉目前的批次並發送給代理器。簡單的分類方式為：忙碌的主題運用一個條件，而對於較為閒置的主題，可用第二個條件。record-queue-time-avg 指標表示發送訊息的時間長度，因此調整這兩種設定來滿足應用程式的延遲要求時非常實用。

每個代理器與每個主題的指標

除了生產者的指標外，還有一些 Bean 為每個 Kafka 代理器的連接以及主題提供一些指標。某些情況下，這些量測對於調整優化問題很實用，但不太需要持續監控。這些 Bean 屬性與前面描述的生產者 Bean 屬性相同，並且含意相同（只不過適用於特定代理器或主題）。

對每個代理器的生產者最有用的指標是 request-latency-avg，因為該指標基本上相當穩定（發送穩定的訊息批次），並且可以顯示連接特定代理器時所發生的問題。其他屬性如 outgoing-byte-rate 與 request-latency-avg 通常會依據每個代理器的分區而有所不同。這代表這些量測根據 Kafka 叢集的狀態，「應該」在任意時間點都會快速變化。

主題指標比代理器指標更有趣，但它們僅對使用多個主題的生產者有用。但也必須在生產者不需處理過多主題的場景，定期監控這些指標才有用處。例如，MirrorMaker 可能會產生數百或數千個主題，很難去監控這些指標，也不可能為它們設定各種警報閾值。與每個代理器的指標一樣，在調查特定問題時最好使用每個主題的指標。例如，record-send-rate 與 record-error-rate 屬性可用來將丟棄的訊息隔離到特定主題（或驗證所有主題）。此外，還有一個 byte-rate 指標，可以為主題提供每秒位元組大小的總體訊息速率。

消費者指標

與新版的生產者客戶端相似，新版的消費者將許多指標合併到幾個 Bean 中，另外也移除了延遲百分位數和速率移動平均值。消費者消費訊息的邏輯比僅向 Kafka 代理器發送訊息的生產者還要復雜，因此有一些額外指標（請參考表 10-16）。

表 10-16　Kafka 消費者指標 MBean

名稱	JMX MBean
Overall Consumer	kafka.consumer:type=consumer-metrics,client-id=*CLIENTID*
Fetch Manager	kafka.consumer:type=consumer-fetch-manager-metrics,client-id=*CLIENTID*
Per-Topic	kafka.consumer:type=consumer-fetch-manager-metrics,client-id=*CLIENTID*,topic=*TOPICNAME*
Per-Broker	kafka.consumer:type=consumer-node-metrics,client-id=*CLIENTID*,node-id=node-*BROKERID*
Coordinator	kafka.consumer:type=consumer-coordinator-metrics,client-id=*CLIENTID*

Fetch Manager 指標

一般在客戶端的消費者 Bean 不太有用，因為感興趣的指標都在 fetch manager Bean 中。消費者 Bean 中有較低級別的網路操作指標，但是 fetch manager Bean 有位元組相關、請求與記錄速率的指標。與生產者客戶端不同，消費者提供的指標通常用於查看，但無法用來設定告警。

fetch manager Bean 中，可能想要設定監控或警報的一個指標是 fetch-latency-avg。與生產者客戶端中的 request-latency-avg 相同，此指標表示從代理器的提取請求需要多長時間。為這個指標設定警報的會有問題，因為延遲是由消費者設定 fetch.min.bytes 和 fetch.max.wait.ms 控制。一個緩慢的主題會產生不穩定的延遲，因為有時代理器會快速響應（具有可用的訊息時），有時則不會響應直到 fetch.max.wait.ms 時間（當沒有可用的訊息時）。當消費具有常規訊息流量的主題時，這個指標才會比較有用。

什麼！不需要監控延遲？

對所有消費者而言，最好的建議是必須監控消費者延遲。那麼為什麼我們不建議監控 fetch manager Bean 上的 records-lag-max 屬性呢？這個指標表示落後最多的分區的延遲狀況（落後代理器的訊息數）。

這有兩個問題：首先只顯示單一分區的延遲，並且依賴消費者的特定功能。如果沒有其他選項，才會考慮使用此屬性設定警報。但最佳的做法是使用外部延遲監控系統，如後面章節「延遲監控」所介紹。

為了了解消費者客戶端正在處理的訊息流量，可以擷取 bytes-consumed-rate 或 records-consumed-rate，或最好兩者同時監控。這些指標分別描述此客戶端實體消耗的訊息流量。（以每秒位元組或訊息數量為單位）。某些用戶會為這些指標設定警報的最低閾值，以便在消費者沒有足夠負載時做出通知。但是這樣做時需特別小心，Kafka 旨在將消費者和生產者客戶端分離，允許他們獨立運作。消費者消費訊息的速率通常取決於生產者是否正常工作，因此監控消費者的這些指標也可能用來推測生產者的狀態，導致錯誤的警報。

如果能充分了解位元組、訊息和請求之間的關係也很有幫助，而 fetch manager 提供了一些指標可以幫助解決這類問題。fetch-rate 指標告訴我們消費者每秒執行的獲取請求數量。fetch-size-avg 指標提供這些獲取請求的平均大小（以位元組為單位）。records-per-request-avg 指標則提供了每個獲取請求中的平均訊息數。消費者不會提供與生產者端 record-size-avg 相似的指標好得知訊息的平均大小。如果想知道這個資訊，則需要從其他則指標來推斷，或者從消費者客戶端接收訊息後將其擷取到應用程式中。

每個代理器與每個主題的指標

如同生產者端，消費者客戶端為每個代理器連接與被消費的主題提供了多種指標，這對於調校任務非常實用，但不需要每天一直去監控。與 fetch manager 一樣，代理器的 request-latency-avg 屬性提供的功能非常有限，具體取決於正被消費主題中的訊息流量。incoming-byte-rate 與 request-rate 指標將 fetch manager 提供的消費訊息指標分解成每秒每個代理器位元組大小與每秒請求數量，可用於協助釐清消費者與特定代理器連接時所遇到的問題。

若同時消費多個主題，消費者客戶端提供針對每個主題的指標就會變得非常有用。否則，這些指標與 fetch manager 的指標相同，沒有必要監控。另一方面，如果客戶端消費了大量主題（例如 Kafka MirrorMaker），則很難監控這些指標。如果想要收集這些指標，最重要的是 bytes-consumed-rate、records-consumed-rate 與 fetch-size-avg。bytes-consumed-rate 表示某個主題每秒消費的數量（以位元組為單位），而 records-consumed-rate 說明每秒讀取的訊息數量。fetch-size-avg 表示每個主題請求的訊息位元組平均大小。

消費者協調器指標

如第四章所述，消費者客戶端通常是消費者群組的一部分並一同運行。群組內有協調活動，例如新加入群組成員或向代理器發送心跳訊息以維持群組成員資格。消費者協調器是負責處理此工作的消費者客戶端，它自己擁有一組指標。與其他指標類似，提供了許多數字，但只有少數幾個需要定期監控。

消費者可能因協調器活動受影響。主要是消費者群組同步資料時所造成的消費暫停。因為群組中的消費者實體正在協調哪些分區將由哪些消費者客戶端使用，根據分區數量，這可能需要消耗一些時間。協調器提供 sync-time-avg 指標，表示同步資料所花費的平均時間（以毫秒為單位）。擷取 sync-rate 屬性也很有用，表示每秒發生的群組同步數量。對穩定的消費者群組來說，此數字在大多數情況下應為零。

消費者需要遞交偏移值作為消費進度的檢查點，這可能是定期自動遞交，或是在應用程式中手動遞交。遞交偏移值也是一種生產請求（它們有自己的請求類型），因為遞交偏移值本質上也是將訊息發送到特殊主題。消費者協調器提供 commit-latency-avg 屬性用來量測遞交偏移值所花費的平均時間，這應該像生產者中的請求延遲一樣做監控，可以為此指標建立基礎預期值，設定高於該值的合理範圍作為警報的閾值。

最後一個關於協調器需要收集的指標是 assigned-partitions。這是消費者客戶端（作為消費者群組中的單個實體）已分配消費的分區數量。這很實用，因為與該群組中其他消費者客戶端的指標相比，可以觀察整個消費者群組中負載平衡的狀況，並識別諸如協調器分配不均等問題。

配額

Apache Kafka 能夠限制客戶端的請求數量，防止單個客戶端影響整個叢集；可以在生產者和消費者客戶端進行設定，限制單個客戶 ID 對某個代理器的通訊量上限（以每秒位元組為單位）。對於所有客戶端，雖然代理器級別設定預設值，但也允許每個客戶端動態覆寫設定值。當代理器計算出客戶端已超過配額時，會讓客戶端等待一些時間來緩和響應的速度，使客戶端流量可以保持在配額之下，但這會降低客戶端的速度。

Kafka 代理器不會在響應中使用錯誤碼來提醒客戶端已經受到限制。代表如果不對客戶端做監控，應用程式將不會發現已經被限制，必須監控的指標如表 10-17 所示。

表 10-17　監控指標

客戶端	Bean 名稱
Consumer	bean kafka.consumer:type=consumer-fetch-manager-metrics,client-id=CLIENTID,attribute fetch-throttle-time-avg
Producer	bean kafka.producer:type=producer-metrics,client-id=CLIENTID, attribute produce-throttle-time-avg

預設狀況下，Kafka 代理器並不會啟用配額，但無論目前是否啟用配額，監控這些指標都會讓應用程式更安全，因為如果在未來的某個時間點啟用，那時就不需要再額外添加指標。

延遲監控

對 Kafka 消費者來說，最重要的監控是消費者延遲。以訊息數量來衡量，發送到某個分區的最後一筆訊息與消費者消費的最後一筆訊息之間的時間差。雖然上一節中消費者客戶端監控的內容有涵蓋此議題，但透過外部做監控遠遠較以客戶端可用指標來的便利。如前所述，消費者客戶端存在延遲指標，但該指標有問題，它只能代表單一的分區（即延遲最多的分區），因此不能準確地顯示消費者的落後程度。此外，它需要消費者的正確操作，因為該指標會利用消費者的每個獲取請求，如果消費者中斷或離線，則該指標就不準確或不可用。

監控消費者延遲的主要方式是透過外部程序同時監視代理器上的分區狀態，追蹤最近發送訊息的偏移值以及消費者的狀態以及群組中最後一個偏移值。這提供了一個客觀的視圖，無論消費者自身的狀態如何，都可以持續更新，因此必須對消費者群組所消費的每個分區進行檢查。對於像 MirrorMaker 這樣的大型消費者來說，可能代表著成千上萬個分區。

第九章中，提供了使用命令行來獲取消費者群組的資訊，包括已遞交的偏移值與延遲。然而，利用這樣的方式來監控延遲會發生問題。首先，必須了解每個分區的合理延遲量，每小時接收 100 條訊息的主題與每秒接收 10 萬條訊息的主題有不同的監控閾值。然後，將所有監控延遲的指標放到監視系統中並設定警報，若如果消費者群組在 1500 個主題上消費 10 萬個分區，可能會發現這是一項艱鉅的任務。

要降低監控消費者群組複雜性的方法之一是使用 Burrow（*https://github.com/linkedin/ Burrow*）。這是一個開源的專案，最初由 LinkedIn 開發，它提供了消費者狀態監控，透過收集叢集中所有消費者群組的延遲資訊並計算每個群組的單一狀態來說明消費者狀態，並表示消費者群組是否正常工作，可能落後或完全停滯。透過監控消費者群組消費訊息的狀態而不需依靠閾值來執行此操作，也可以將訊息延遲作為絕對數字。關於 Burrow 的工作的原理與方法在 LinkedIn 工程部落格（*http://bit.ly/2sanKZb*）上有深入的討論。要部署 Burrow 非常的容易，可以為叢集中的所有消費者以及多個叢集提供監控，並且輕鬆地與現有的監控和警報系統整合。

如果沒有其他選擇，來自消費者客戶端的 `records-lag-max` 指標可提供消費者狀態的部分視圖，但仍強烈建議使用像 Burrow 這樣的外部監控系統。

端到端的監控

用來確認 Kafka 叢集是否正常工作的另一種外部監控方式是利用端到端的監控系統，該系統提供有關 Kafka 叢集運行狀況的客戶端視圖。消費者與生產者客戶端的指標可以說明 Kafka 集群可能存在問題，對於延遲是否由客戶端網路或 Kafka 本身所引起都可能只是一種猜測。此外，這代表客戶原本只需要監控 Kafka 叢集，但現在也必須監控所有客戶端。真正需要釐清的問題是：

- 可以向 Kafka 叢集送出訊息嗎？

- 可以消費來自 Kafka 叢集的訊息嗎？

理想世界中，可以單獨監控每個主題，但是在大多數情況下，為此將人造的測試流量發送到每個主題是不合理的。但至少可以為叢集中的每個代理器提供這些監控，這就是 Kafka Monitor（*https://github.com/linkedin/kafk a-monitor*）所做的。該工具由 LinkedIn 的 Kafka 團隊開源，不斷發送和消費代理器的主題資料，它會評估每個代理器生產和消費請求的可用性與消耗延遲的總量。這類型的監控系統能夠從外部驗證 Kafka 叢集是否如預期運行，因此非常有價值，如同消費者延遲監控一般，Kafka 代理器自身無法通知客戶端叢集目前是否正常。

結論

監控是正確運行 Apache Kafka 的一個關鍵，這解釋了為什麼這麼多團隊花費大量時間來完改善這部分。許多組織使用 Kafka 來處理 PB 級別的資料串流，並確保資料串流不會停止以及遺失，這是一項非常重要的任務。我們有責任提供所需的指標來幫助用戶監控其應用程式如何正確使用 Kafka。

本章中，我們介紹如何監控 Java 的應用程式，特別是 Kafka 應用程式的基礎知識，也回顧了 Kafka 代理器中眾多指標的一部分，還涉及 Java 和 OS 監控以及日誌記錄。此外也詳細介紹了 Kafka 客戶端中可用的監控（包括配額監控）。最後討論了以外部監控系統進行消費者延遲監控和端點到端點叢集可用性。雖然本章並非是可用指標的詳盡列表，但說明了最關鍵的部分指標。

## 第十一章

串流處理

Kafka 一般皆被視為一種功能強大的訊息匯流排能夠傳輸事件串流，但沒有事件處理或轉換的能力。Kafka 可靠的傳輸能力使其成為串流處理系統的完美資料來源。Apache Storm、Apache Spark Streaming、Apache Flink、Apache Samza 以及其他串流處理系統經常搭配 Kafka 作為可靠的資料源。

有些產業分析師認為，這些串流處理系統就像已經存在了 20 年的複雜事件處理系統（CEP）。而我們認為串流處理會變得這麼受歡迎，是因為在 Kafka 之後便有了可靠的事件串流來源。隨著 Apache Kafka 越來越受歡迎，一開始作為簡單的資料匯流排，後來成為一個資料整合系統，許多公司都有一個包含許多有趣資料的串流系統，儲存了很長時間並且都經過排序，只是在等待串流處理框架來呈現與處理。換句話說，就像在資料庫發明之前，資料處理是非常困難的任務，串流處理則是缺乏串流處理平台而受阻。

從 0.10.0 版開始，Kafka 不僅為每個串流處理框架提供可靠的資料來源，還包含一個功能強大的串流處理函式庫，並作為其客戶端函式庫的一部分。這允許開發人員在自己的應用程式中消費，處理和發送事件，無需依賴外部處理框架。

本章解釋串流處理的含義（因為這個術語經常被誤解），然後討論串流處理的一些基本概念和所有串流處理系統共有的設計模式，最後將深入研究 Apache Kafka 的串流處理函式庫的目標和架構。首先會透過範例來說明如何使用 Kafka Streams 計算股票價格的移動平均，接著再介紹一些其他不錯的串流處理範例，並提供一些準則，讓你可以選擇與 Apache Kafka 一同使用的串流處理框架。本章旨在簡介串流處理，並不會涵蓋每個 Kafka Streams 功能或討論與比較現有的每個串流處理框架 - 這些主題本身就足以透過一整本書（甚至是多本）來專門討論。

什麼是串流處理？

串流處理的定義經常使人困惑。許多定義結合了實現方式、校能要求、資料模型以及軟體工程方面。這在關聯式資料庫的世界中也可以觀察到，關聯式模型的抽象定義不斷地與資料庫引擎的實現細節和特定限制糾結在一起。

串流處理的世界仍在不斷發展，僅僅因為特定流行的實作或特定限制並不代表串流處理的全貌。

讓我們從頭開始：什麼是資料串流（也稱為**事件串流**或**串流資料**）？首先，**資料串流**是表示無界限資料集的抽象。**無界限**代表著無限且不斷增長。資料集是無界限的，因為隨著時間的推移新的記錄會不斷進來。此定義被 Google（*http://oreil.ly/1p1AKux*），亞馬遜（*http://amzn.to/2sfc334*）以及其他人所採用。

請注意，這個簡單的模型（事件串流）可以表示要分析的所有業務活動。查看信用卡交易、股票交易、包裹遞送、透過交換機的網路事件、製造設備中的傳感器傳輸事件、發送電子郵件以及遊戲中的移動等等。有無窮無盡的案例，因為很多事情都可被視為一種連續事件。

除了無界限的特性之外，事件串流模型還有一些其他特性：

有序的事件串流

在某個事件之前還是之後發生的概念，從金融事件來看是最容易了解的。先將錢存入賬戶然後產生花費，與先花錢再存錢來償還債務的順序意義非常不同。後者將透支費用，而前者則不會。這是事件串流和資料庫資料表之間的差異之一，資料表中的記錄皆被視為無順序性，而 SQL 的 "order by" 子句不是關聯式模型的一部分，僅用以協助產生報表。

不可變的資料記錄

事件一旦發生，就永遠無法修改。取消的金融交易不會消失。相反的，會在流事件中附加一個事件，記錄先前事務取消。當顧客將商品退回商店時，不會刪除之前商品賣出的事件，而是附加一個退貨事件。另一個資料串流和資料庫之間的區別在於資料庫中的紀錄可以被刪除或更新，但這些都是資料庫中發生的事務，因此可以寫入記錄所有事務的事件串流中。如果熟悉資料庫中的 binlogs、WALs 或 redo 日誌，則可以看到，如果將記錄插入資料表中並在之後將其刪除，則該資料表將不再包含該記錄，但 redo 日誌將包含兩個事務（插入和刪除）。

事件串流可以回朔

這是一個非常重要的特性。不可回溯的流滿容易想像（透過 Socket 串流傳輸的 TCP 封包通常是不可回溯的），但對於大多數業務應用程式而言，能夠回溯早期（有時是幾年前）發生的原始事件串流非常重要，這是糾正錯誤，嘗試新的分析方法或稽核所必需的。這也是 Kafka 能使串流應用在現代企業中如此成功的原因，它允許擷取和回朔一系列事件。若沒有這種能力，串流處理將僅僅是資料科學家的實驗室產物。

值得注意的是，事件串流的定義與後面所列出的特性都沒有說明事件中包含的資料或每秒產生事件的數量。資料會因系統而異，系統事件可能很小（有時只有幾個位元組）或非常大（帶有許多標頭的 XML 訊息）；它們也可能是非結構化、鍵值對、半結構化的 JSON 或結構化的 Avro 或 Protobuf 訊息。雖然資料串流常被認為是 " 大數據 " 並且每秒涉及數百萬個事件，但後面討論的技術同樣適用於每秒或每分鐘只有少量的事件串流（甚至會更好）。

了解事件串流後，是時候來介紹串流處理了。串流處理指的是持續處理一個或多個事件串流，它是一種程式範例 - 就像請求 - 響應和批次處理一樣。讓我們來比較不同的程式模式來理解串流處理如何符合軟體架構場景：

請求 / 響應

這是最低延遲的選擇，響應時間從亞毫秒到幾毫秒不等並期望響應時間可以高度穩定。這通常是阻塞式的處理方式，應用程式發送請求並等待處理系統響應。在資料庫世界中，這種範例稱為 **在線事務處理**（OLTP）。銷售點系統（POS）、信用卡處理與時間追蹤系統通常都適用於這類模式。

批次處理

這是高延遲 / 高吞吐量的選擇。批次處理系統在設定時間被喚醒（例如每天凌晨 2:00 每小時整點），讀取所有需要的輸入（自上次執行以來所有可用資料，例如從月初開始的所有資料）並輸出期望的計算結果，隨即結束直到下次排程的時間來到。處理時間從幾分鐘到幾小時不等，用戶希望在查看結果時讀取舊資料。在資料庫領域中，這便是資料倉庫和商業智慧系統（資料每天被大量讀取並生成報告、用戶查看報告、直到下一次資料讀取發生）。這種模式通常具有很高的效率和規模經濟，但近年來，企業需要在更短的時間內獲得資料以便即時決策。這對這類無法提供低延遲報告的系統帶來巨大壓力。

串流處理

這是一個連續並且無阻塞的選擇。填補請求 / 響應（等待需要 2 毫秒處理的事件）到批次處理（需要 8 個小時才能完成）間的差距。大多數業務流程不需要在幾毫秒內立即響應，但也無法等到第二天。大多數的業務流程都是不斷發生，只要業務報告一直更新並且業務應用程式可以不斷響應，處理就可以在等待幾毫秒後響應的情況下持續進行。諸如警告可疑信用交易或網路活動、根據供需即時調整價格或追蹤包裹交付等業務流程都非常適合連續但無阻塞的處理。

值得注意的是，定義中並未強制要求使用任何特定的框架、API 或功能。只要不斷的從無界限的資料集中讀取資料，並對其執行某些操作並發出結果，就可以進行串流處理。但是處理必須是持續不斷的。每天凌晨 2 點開始的一個程序，從流中讀取 500 條記錄並輸出結果後隨之結束，這樣的流程並不是串流處理。

串流處理概念

串流處理與其他型態的資料處理非常相似。撰寫接收資料的程式，對資料執行某些操作（一些轉換、聚合、豐富等）然後將結果放在某處。但是，有關鍵概念是串流處理特有的，並且有資料處理經驗的人首次撰寫串流處理應用程式時往往會造成混淆。我們來看看其中的一些概念。

時間

時間可能是串流處理中最重要的概念，但也最容易造成混淆。要了解分散式系統中複雜的時間概念，建議可以閱讀 Justin Sheehy 的 "There is No Now"（*http://bit.ly/2rXXdLr*）。在串流處理的環境中，具備共同的時間概念非常重要，因為大多數流應用程式會在某些時間窗口上執行操作。例如流應用程式可能會計算五分鐘股票的移動平均價格。在這種情況下，當一個廠商由於網路問題而離線兩個小時，返回時已經累積兩個小時的資料時需要知道如何處理（而且大多數資料都已超過 5 分鐘的時間窗口，沒有被計算到）。

串流處理系統通常用的是以下時間概念：

事件時間

這是追蹤事件發生並建立記錄的時間，如進行量測的時間、商店出售商品的時間、用戶查看我們網站上頁面的時間等。在 0.10.0 及更高的版本中，Kafka 會在建立時自動將當前時間添加到生產者記錄中，如果這與應用程式的**事件時間**概念不匹配，例如 Kafka 的紀錄是來自資料庫中的資料，某些時間可能會是在事件發生之後，此時應該將事件時間添加到記錄本身中的欄位。事件時間通常是串流資料最重要的屬性。

日誌附加時間

這是事件到達 Kafka 代理器並儲存的時間。在 0.10.0 及更高的版本中，在 Kafka 被設定為自動添加時間戳的情況下，若記錄來自較舊版本的生產者並且不包含時間戳，則 Kafka 代理器會自動將此時間添加記錄中。這種時間概念通常與串流處理不太相關，因為我們通常對事件發生的時間較感興趣。

例如計算設備每天生產的數量的案例中，我們希望計算設備當天實際生產數，即使網路發生問題，事件也會在第二天到達 Kafka。然而如果未記錄實際事件發生的時間，日誌附加時間也能夠使用，創建記錄後該時間戳記不會被更改。

處理時間

這是串流處理應用程式接收到事件後，對其執行某些計算的時間。可能會是事件發生後的幾毫秒、幾小時或幾天。這個時間概念會根據每個串流處理應用程式讀取事件的時間，同一事件可能被分配到不同的時間戳，甚至在同一個應用程式中也可能因兩個執行緒而不同！因此，這種時間的概念非常不可靠並且最好避免。

注意時區

處理時間問題時，時區相當重要。整個資料管線應該標準化在單一時區；否則，流操作的結果將是一團混亂並且無意義。如果必須處理具有不同時區的資料串流，則需要確保在對時間窗口執行操作之前將事件轉換為單個時區。這也代表可能需要將時區儲存在記錄本身中。

狀態

如果只需要單獨處理每個事件，串流處理就是一個非常簡單的活動。例如，需要做的只是從 Kafka 讀取一系列線上購物交易紀錄，找到超過 1 萬美元的交易，並透過電子郵件發送給相關銷售人員。這可以使用 Kafka 消費者和 SMTP 函式庫，幾行程式碼便能完成此需求。

當涉及多個事件的操作時，串流處理就會變得非常有趣：按型態計算事件數量、移動平均值、關聯兩個串流以創建更豐富的資料串流等。在這些情況下，僅查看每個事件是不夠的，需要追蹤更多的資訊，例如每個小時每種型態的事件有多少、所有需要加入的事件、計算總和與平均值等。我們將事件之間儲存的資訊稱為**狀態**。

通常很有可能將狀態儲存在串流處理應用程式內的變數中，例如用於儲存移動數量的雜湊表。事實上，本書許多例子都採用這種方式。但是，這在串流處理中並不是一種管理狀態的可靠方法，因為當串流處理應用程序停止時，狀態將遺失，結果也會因此而不同。這不是理想的狀況，因此應該持久化最新狀態並在啟動應用程式時恢復它。

串流處理指的狀態如下：

本地或內部狀態

只能藉由串流處理應用程式特定實體存取的狀態。通常使用在應用程式內運行的嵌入式記憶體資料庫來維護和管理此狀態。本地的優勢在於它速度非常快，缺點是受限於可用的記憶體量。因此，串流處理中的許多設計模式都會將資料劃分為多個分散的子串流，好讓本地有限的資源能夠處理。

外部狀態

在外部資料儲存系統中維護的狀態，通常是像 Cassandra 這樣的 NoSQL 系統。外部狀態的優點是它幾乎沒有大小限制，並且可以讓應用程式的多個實體或甚至從不同的應用程式來存取它。缺點是外部系統帶來的延遲和複雜性。大多數串流處理的應用程式會盡量避免處理外部儲存，或者至少利用本地狀態來暫存資訊，並儘可能降低與外部儲存通訊來減少延遲的開銷。要如何保持內部和外部狀態之間的一致性，這也是一項挑戰。

串流與資料表的二元性

大多數人都熟悉資料庫資料表，資料表是記錄的集合，每個記錄則由其主鍵標示，並包含由綱要定義的一組屬性。資料表記錄是可變的（資料表允許更新和刪除操作），也允許查詢特定時間點的資料狀態。例如，查詢資料庫中的 CUSTOMERS_CONTACTS 資料表，希望找到所有客戶當下的聯絡資訊，除非該資料表包含歷史記錄，否則不會在資料表中找到他們過去的聯絡人。

與資料表不同，流包含修改的歷史紀錄。流包含了一系列事件，其中每個事件都造成了狀態上的改變。資料表包含當前狀態，這是許多變化的結果。從這點描述可以清楚地看出，流和資料表是同一個硬幣的兩面 - 世界總是在變化，有時會對引起這些變化的事件感興趣，而有時則是對現狀感興趣。支援用兩種查看資料的方式並且可以來回切換的系統，比僅支援一種方式的系統更強大。

為了將資料表轉換為串流，需要擷取修改資料表的更改紀錄。擷取所有插入、更新和刪除事件並將其存儲在串流中。多數的資料庫都提供擷取這些更改紀錄（CDC）的解決方案，並且許多 Kafka 的連接器也可以將這些更改紀錄傳輸到 Kafka 中用於串流處理中。

如果是為了將串流轉換為資料表，則需要運用串流儲存的所有更改紀錄，這也稱為**實現化流**。在記憶體、或內部狀態或外部資料庫中創建一個資料表，並從頭到尾開始遍歷串流中的所有事件，並隨時修改狀態。完成之後，即產生了一個資料表，表示可以查詢特定時間的狀態。

假設有間鞋店，商店零售活動流就可以表示成一系列的事件：

" 紅色，藍色和綠色鞋子運送到貨 "

" 出售藍鞋 "

" 出售紅鞋 "

" 藍鞋退貨 "

" 出售綠鞋 "

如果想知道目前庫存有哪些貨物或者目前的營收，則需要實現這個視圖。圖 11-1 表示目前有藍色、黃色的鞋子以及銀行 170 美元。如果想知道商店的繁忙程度，可以查看整個串流，並觀察到五個交易行為。也可能想調查為什麼藍色鞋子被退貨。

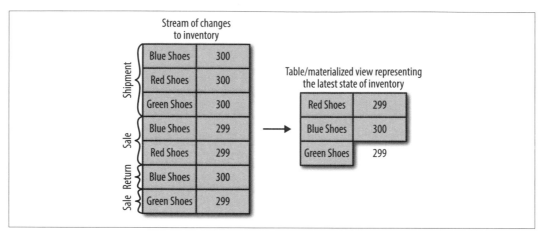

圖 11-1　庫存量變化

時間窗口

串流上的多數操作都是屬於窗口操作（在一段時間內執行）：移動平均值、本週的銷售冠軍產品、系統上的第 99 百分位負載等。兩個流上的關聯操作也被窗口化，連接在同一時間發生的事件，很少有人會停下來思考他們想要的窗口類型操作。例如，在計算移動平均時，我們想知道：

- 窗口的大小：要採用五分鐘的窗口、15 分鐘的窗口？還是整天？較大的窗口會比較平滑，但它們延遲較多 - 相比於較小的窗口，如果價格上漲，需要更長的時間才會注意到。

- 窗口移動的頻率（**前進間隔**）：五分鐘內的平均值可以依照每分鐘、每秒、或每次有新事件進來時就更新。當**前進間隔**等於窗口大小時，有時稱為**翻滾窗口**。當窗口在每個記錄上移動時，則稱為**滑動窗口**。

- 窗口保持更新的時間：五分鐘移動平均值計算了 00：00-00：05 窗口的平均值。1 小時過後，這時卻得到活動時間為 00:02 的串流資料。是否需要再次更新 00：00-00：05 期間的結果，或者是直接忽略？理想的情況下會定義一個特定的時間段，在此期間，事件將被添加到各自的時間分片中。例如，如果事件延遲在 4 個小時內，應該重新計算結果並更新，但如果事件延遲超過 4 個小時，則可以忽略。

窗口可以與時間對齊，即每分鐘移動一個五分鐘的窗口，第一個片段為 00：00-00：05，第二個片段為 00：01-00：06。或者它也可以是不對齊的，並在應用程式啟動時立即啟動，例如第一個片段是 03:17-03:22。滑動窗口則永遠不會對齊，因為只要有新記錄它們就會移動。有關這兩種窗口之間的區別（請參考圖 11-2）。

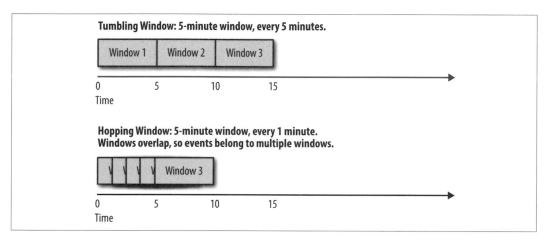

圖 11-2　翻滾窗口與跳躍窗口

串流處理設計模式

每個串流處理系統都不一樣。從消費者、處理邏輯與生產者的基本組合到像 Spark Streaming 搭配機器學習函式庫的串流框架，以及介於兩者之間的方案。但仍有一些基本並且符合一般串流處理需求的解決方案。我們將回顧一些大家較為熟知的模式，並展示一些範例。

單一事件處理

串流處理的最基本模式是獨立處理每個事件。這也稱為映射 / 過濾器模式，通常用來將流中不需要的事件過濾掉或轉換每個事件（" 映射 " 基於映射 / 歸納（MapReduce）模式，其中映射階段處理轉換事件，而歸納階段用來做聚合）。

此模式中，串流處理應用程式會消費串流的事件、修改每個事件，然後將事件發送到另一個串流。例如一個應用程式從串流中讀取日誌訊息，將 ERROR 事件寫入高優先序的串流，而其餘事件則寫入低優先序的串流。另一個例子是從串流中讀取事件並將其從 JSON 修改為 Avro 格式的應用程式，這類型的應用程式不需要在程式中維護狀態，因為每個事件都可以獨立處理，不需要恢復狀態。這也代表從應用程式故障或負載平衡中恢復會非常容易，只需將事件移交給另一個應用程式實體處理即可。

使用簡單的生產者和消費者可以輕鬆處理這種模式（如圖 11-3 所示）。

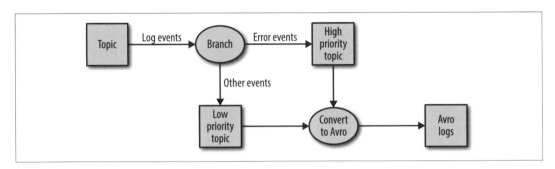

圖 11-3　單一事件處理拓撲

處理本地狀態

大多數串流處理應用程式都非常重視聚合資訊，尤其是時間窗口的聚合應用。例如找到每日交易的最低和最高股票價格並計算移動平均。

這些聚合需要維護串流的**狀態**。上述範例中為了計算每日最低與平均價格，需要儲存之前的最小和最大值，並將串流中的每個新值與儲存的最小值和最大值進行比較。

這些都可以藉由**本地**狀態（而非共享狀態）來完成，因為範例中是 *group by* 的聚合操作。也就是說，針對每個股票代碼執行聚合，而非整個股票市場，並且透過 Kafka 分區機制確保相同股票代碼的事件都寫入同一分區。最後，應用程式的每個實體將從所分配的分區中獲取所有事件（這是 Kafka 消費者的保證）。應用程式的每個實體都可以維護分配給它的分區的股票代碼子集狀態（如圖 11-4 所示）。

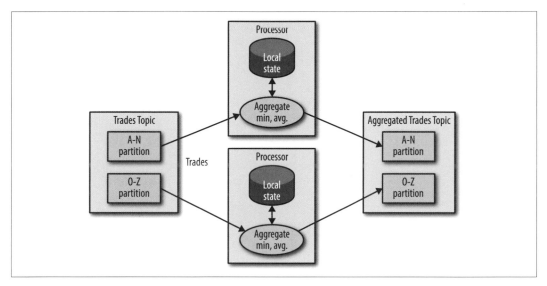

圖 11-4　具有本地狀態的事件處理拓撲

當應用程式有本地狀態時，串流處理的應用程序會變得非常複雜，另外必須解決幾個問題：

記憶體使用量

本地狀態必須小於應用程式實體可用的記憶體量。

一致性

需要確保應用程式實體關閉時狀態不會遺失，並且當實體再次啟動或由其他實體替換時可以恢復狀態。這在 Kafka Streams 中處理的非常好，本地狀態使用嵌入式的 RocksDB 資料庫儲存在記憶體中，並且也會將資料持久化到硬碟以便在重新啟動後快速恢復，所有本地狀態的變化也都會被發送到 Kafka 主題中。這樣能確保如果串流的節點發生故障，則本地狀態不會遺失，可以重新讀取 Kafka 主題中的事件輕鬆地重建狀態。例如，如果本地狀態包含 " 當前 IBM 的最小值為 167.19"，並將其儲存在 Kafka 中以便稍後可以將資料重新恢復到本地的暫存。Kafka 對這些主題使用日誌壓縮確保它們不會無限增長，並且隨時都可重新建立狀態。

重新平衡

分區有時會被重新分配給不同的消費者。發生這種情況時，失去分區的實體必須儲存最後一個狀態，並且重新接收分區的實體必須知道如何恢復正確的狀態。

串流處理框架提供開發人員多種管理本地狀態的方式。如果應用程式需要維護本地狀態，請務必檢查框架及其保證。之後將在本章末尾添加一個簡短的比較指南，但眾所周知，軟體變化很快，串流處理框架也是如此。

多階段處理 / 重新分配分區

利用本地狀態來按 *group by* 做聚合是個不錯的方式。但是如果需要使用所有可用資訊來得到結果，該怎麼辦？例如，假設希望每天發布前 10 名的股票（從開盤到收盤獲利最多的 10 支股票）。很明顯，在每個應用程式的實體上執行是不夠的，因為前 10 名的股票可能分散在多個實體的分區中，因此需要透過兩階段的方式。首先，計算每支股票每日收益 / 損失（在具有本地狀態的每個實體上執行），然後將結果寫入只有單個分區的新主題，此分區將由單一應用程式的實體讀取，即可找到當天的前 10 名股票。由於第二個主題僅包含每支股票的摘要，這顯然要小的多，且流量也明顯少於包含交易本身的主題，因此可以由單一實體進行處理。但有時可能需要更多階段（如圖 11-5 所示）。

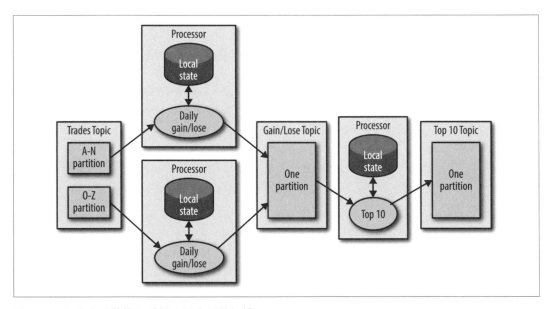

圖 11-5　包含本地狀態和重新分區步驟的拓撲

這種多階段處理對於寫過 MapReduce 程式的開發人員來說應該非常熟悉，這類程式經常需要進行多次 reduce 階段。每個 reduce 階段都需要一個獨立的應用程式。與 MapReduce 不同，多數的串流處理框架允許在單個應用程式裡涵蓋所有處理步驟，框架會安排執行每個步驟要執行的應用程式實體（或工作程序）。

利用外部查詢進行處理：關聯串流與資料表

有時，串流處理需要與外部的資料整合，根據儲存在資料庫中的一組規則來驗證事務，或是將用戶資訊的加入點擊事件中。

透過外部查找並將資料豐富化的流程可能如下：對串流中的每個點擊事件，在資料庫中搜尋對應用戶的詳細資訊，並將包含原始點擊資訊加上用戶年齡和性別的事件寫入另一個主題（如圖 11-6 所示）。

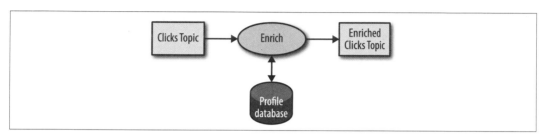

圖 11-6　包含外部資料源的串流處理

很明顯地，透過外部查找會增加處理資料的時間（通常在 5-15 毫秒之間）。在許多情況下，這是不允許的；對於外部資料存儲的額外負擔也不能接受。串流處理系統通常每秒可以處理 100K-500K 事件，但資料庫在合理的校能下，每秒只能處理 10K 事件。因此需要想一個更好擴展的解決方案。

為了獲得良好的校能和處理規模，需要在串流應用程式中暫存資料庫的資訊。管理此暫存也不是容易的事，如何防止暫存中的資訊過期？若太過頻繁更新事件，會對資料庫造成壓力，暫存反而沒有多大的幫助。但是如果等待太長時間才擷取新事件，可能造成串流處理使用的是過期的資訊。

如果可以在事件串流中捕獲在資料表中的所有更改，就可以讓串流處理根據修改事件更新暫存。捕獲資料庫的更改通常稱為 CDC，如果使用 Kafka Connect，可以找到多個連接器提供 CDC 功能，並將資料庫資料表轉換為事務更新的串流資料。這讓你可以維護私人的資料表副本，並且只要資料庫發生修改事件就會收到通知，以便對應更新自己的副本（如圖 11-7 所示）。

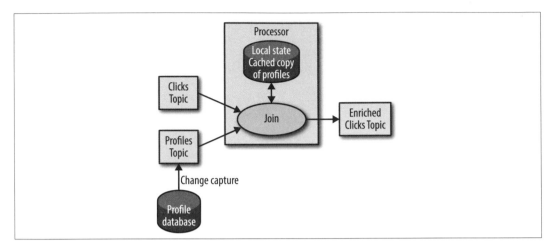

圖 11-7　資料表與事件串流關聯的拓撲，不需在串流處理中引入外部資料源

最後，當獲得點擊事件時，可以在本地的暫存中查找 user_id 並豐富事件串流。而且由於使用的是本地暫存，因此可以擁有更好的擴展性，也不會影響資料庫以及其他使用資料庫的應用程式。

這稱為**串流與資料表的關聯**，因為其中一個串流會修改暫存的資料表。

串流關聯

有時可能想要將兩個真實事件串流關聯，而非資料表串流。什麼是「真實」的串流？回憶本章開頭的討論，串流沒有界限，使用串流來表示資料表時，可以忽略串流中多數的歷史記錄（因為只關心資料表的當前狀態）。但關聯兩個串流時，需要關注整個歷史記錄，嘗試將一個流中的事件與另一個流中具有相同鍵並在同一時間窗口中發生的事件關聯，這就是串流關聯（也稱為**窗口關聯**）。

假設一個網站擁有搜索查詢和點擊事件的串流（其中包含對搜尋結果的點擊）。若希望將搜索查詢與點擊結果匹配，以便知道哪個搜索結果最受歡迎。很明顯這需要根據搜索詞進行匹配，但只能在特定的時間窗口內匹配。假設在輸入搜索引擎後幾秒鐘點擊結果，在串流上保留一個數秒的窗口，並匹配每個窗口的結果（如圖 11-8 所示）。

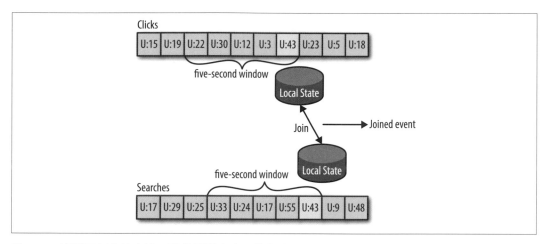

圖 11-8　關聯兩個事件串流；這些關聯會涉及移動時間窗口的概念

在 Kafka Streams 中的工作方式是將這兩種流（查詢與點擊）以相同的鍵進行分區，這些鍵也是關聯鍵。來自 user_id：42 所有點擊的事件最終都在點擊主題的第 5 分區中，而 user_id：42 的所有搜索事件則會在搜索主題的第 5 分區中。Kafka Streams 會確保將兩個主題的第 5 分區分配給同一個任務。因此，任務會查看 user_id：42 所有相關的事件。它在嵌入式的 RocksDB 暫存中維護兩個主題的關聯窗口，這就是它執行關聯任務的方式。

失序事件

處理錯誤時間到達的串流事件不僅是串流處理常見的挑戰，也是傳統 ETL 系統中的問題。在 IoT（物聯網）場景中，失序事件可預期經常發生（如圖 11-9 所示）。例如，移動設備遺失 WiFi 信號幾個小時，並在重新連接時發送了累積數小時的事件。這也會發生在網路監控設備（故障的交換器在修復前不會發送診斷訊號）或製造業（工廠中的網路連接非常不可靠，特別是在發展中國家）時。

圖 11-9　失序事件

流應用程式需要能處理這些狀況。這代表應用程式必須具備以下能力：

- 識別失序事件——這需要應用程式比對事件時間，並發現它較當前時間舊。

- 定義時間區間，在此區間內它將嘗試重新處理失序事件。例如三個小時內的延遲可以重排，但三週以上的事件就必須放棄。

- 在時間區段內重新協調失序事件的能力。這是串流應用與批次處理作業之間的主要區別。如果有一份每日批次工作，但有些事件在工作完成後才陸續到達，這通常可以重新執行昨天的批次工作並更新事件。但是串流處理沒有辦法「重新執行昨天工作」，在任何給定的時刻，相同連續程序需要同時處理新舊事件。

- 能夠更新結果。如果將串流處理的結果寫入資料庫，則 *put* 或 *update* 就足以更新結果。如果流應用程式透過電子郵件來發送結果，則更新作業可能更為棘手。

包括 Google 的 Dataflow 和 Kafka Streams 在內的數個串流處理框架，內建支援獨立處理事件時間的概念，能夠處理比當前時間更舊或更新的事件。通常透過維護多個可在本地狀態進行更新的聚合窗口來實現，並使開發人員能夠設定這些時間窗口大小。當然，時間窗口可更新的時間越長，就需要更多記憶體維護本地狀態。

Kafka 的 Streams API 會將聚合結果寫入結果主題。這些主題通常會設定成壓縮日誌（代表只保留每個鍵的最新值）。如果由於延遲事件而需要更新聚合窗口的結果，Kafka Streams 將為此聚合窗口寫入新的結果，並覆蓋先前的結果。

重新處理

最後一個重要的模式是處理事件。此模式有兩種變化：

- 一種是串流應用程式的改進版本。在相同的事件串流上運行新版本應用程式，產生新的結果，但是不會替換掉先前的版本，比較兩個版本之間的結果，並在某個時間點將客戶端切換到新結果。

- 現有的串流處理應用程式存在某些問題。即使修復了錯誤，還是希望重新處理事件串流並重新計算結果。

對於第一個使用案例，因為 Apache Kafka 將事件串流儲存在富有彈性的系統中。代表只需要依照下面的方式便可將兩個版本的串流處理應用程式分別寫入兩個結果流：

- 為新版的應用程式添加新的消費者群組

- 設定版本程式從主題的第一個偏移值開始處理（因此會擁有串流事件的所有副本）

- 當新版的處理作業追上時，讓新的應用程式繼續運行並將客戶端應用程式切換到新的結果流

第二個範例更具挑戰性——它需要「重置」現有應用程式，讓它可以從輸入串流的開頭重新處理、重置本地狀態（因此不會混合兩個版本應用程式的結果）以及清除之前產生的輸出流。雖然 Kafka Streams 有一個重置串流處理應用程序狀態的工具，若有足夠的容量執行應用程式的兩個副本並產生兩種結果串流，會建議使用第一種方式。第一種方式更為安全——它允許在多個版本之間來回切換並比較版本間的差異，也不會在清理過程中遺失關鍵資料或引起錯誤的風險。

Kafka Stream 範例

為了示範如何實作這些模式，我們將使用 Apache Kafka 的 Streams API。使用此特定 API 的主要原因是因為它使用上相對簡單，並內建在 Apache Kafka 套件中。但最重要的是，這些模式可以在任何串流處理框架與函式庫中實現——模式是通用的。

Apache Kafka 有兩種串流 API，低階 Processor API 和高階的 Streams DSL。後續範例中會使用 Kafka Streams DSL。DSL 透過串流事件轉換操作鏈（chain of transformations）定義串流處理應用程式。轉換操作可以像過濾器一樣簡單，也可以像串流關聯般複雜。而低階 API 允許建立自己的轉換操作，但很少會這麼做。

在應用程式中使用 DSL API 時，一般會透過 StreamBuilder 建立一個處理**拓撲**，其代表串流事件轉換操作的有向圖（DAG）。應用程式接著會從拓撲中建立一個 KafkaStreams 物件，KafkaStreams 物件會啟動多個執行緒，根據定義的拓撲處理事件串流。關閉 KafkaStreams 物件時，處理任務也隨之結束。

接著來看一些使用 Kafka Streams 實現剛才討論的一些設計模式的例子。一個簡單的單詞統計範例，可用於演示映射 / 過濾器模式以及簡單聚合操作。接著以另外一個例子：股票市場交易統計資料的計算示範窗口聚合操作。最後，使用 ClickStream Enrichment 來展示關聯串流的方法。

字數統計

Kafka Streams 的字數統計範例可以在 GitHub 上找到完整的例子（*http://bit.ly/2ri00gj*）。

建立串流處理應用程式時，首先要先設定 Kafka Streams。Kafka Streams 提供多樣的設定，這裡不多做討論，如果有興趣可以在文件中找到完整說明（*http://bit.ly/2t7obPU*）。此外，也可以透過 Properties 設定 Kafka Streams 中的生產者或消費者：

```
public class WordCountExample {

    public static void main(String[] args) throws Exception{

        Properties props = new Properties();
        props.put(StreamsConfig.APPLICATION_ID_CONFIG,
          "wordcount"); ❶
        props.put(StreamsConfig.BOOTSTRAP_SERVERS_CONFIG,
          "localhost:9092"); ❷
        props.put(StreamsConfig.KEY_SERDE_CLASS_CONFIG,
          Serdes.String().getClass().getName()); ❸
        props.put(StreamsConfig.VALUE_SERDE_CLASS_CONFIG,
          Serdes.String().getClass().getName());
```

❶　每個 Kafka Streams 應用程式都有一個應用程式 ID。用來協調應用程式的實體以及命名內部本地儲存和相關的主題。對同一個 Kafka 叢集的 Kafka Streams 應用程式，此名稱必須是唯一的。

❷　Kafka Streams 應用程式不斷從 Kafka 主題讀取資料並輸出結果到 Kafka 主題。稍後會討論到，Kafka Streams 應用程式也透過 Kafka 進行協調，所以需要告訴應用程式 Kafka 叢集的位置。

❸　讀取和寫入資料時應用程式需要序列化和反序列化，因此提供預設的 Serde 類別。如果需要在建立串流拓撲後可以覆寫這些預設值。

設定完成後，接著來建立串流拓撲：

```
KStreamBuilder builder = new KStreamBuilder(); ❶

        KStream<String, String> source =
          builder.stream("wordcount-input");

        final Pattern pattern = Pattern.compile("\\W+");
```

```
KStream counts  = source.flatMapValues(value->
    Arrays.asList(pattern.split(value.toLowerCase())))  ❷
        .map((key, value) -> new KeyValue<Object,
          Object>(value, value))
        .filter((key, value) -> (!value.equals("the")))  ❸
        .groupByKey()  ❹
        .count("CountStore").mapValues(value->
          Long.toString(value)).toStream();5
counts.to("wordcount-output");
```

❶ 建立 KStreamBuilder 物件，並指向欲作為輸入源的主題來定義串流。

❷ 從來源主題中讀取的每個事件都是一行文字；使用正規表達式將其拆分為一系列的單詞，然後將每個單詞（事件記錄的值）作為事件的鍵，以便後續在 group by 操作中使用。

❸ 過濾「the」這個詞，僅是示範過濾操作有多容易。

❹ 依照鍵執行 group by，為每個單詞提供了一系列事件。

❺ 接著計算每個集合包含多少事件。計算的結果是 Long 型別，再將其轉換為 String 以便讀取結果。

❻ 最後只剩下一件事：將結果寫回 Kafka。

定義完應用程式執行轉換的流程後，接著開始執行：

```
KafkaStreams streams = new KafkaStreams(builder, props);  ❶

        streams.start();  ❷

        // 一般來說串流應用會持續運行
        // 本例中因為資料有限，因此應用程式僅運行一段時間後隨即中止
        Thread.sleep(5000L);

        streams.close();  ❸

    }
}
```

❶ 根據定義好的拓撲與屬性建立 KafkaStreams 物件。

❷   啟動 Kafka Streams。

❸   等待一陣子後便停止。

短短幾行程式碼中展示了實現單一事件處理模式有多容易（處理過程中應用了映射與過濾）。範例中加入 group-by 對資料重新分區，用來計算每個單詞出現的次數，並維持簡單的本地狀態。

建議執行完整的範例。GitHub 存儲庫中的 README（*http://bit.ly/2sOXozUN*）有如何執行範例的說明。

你可能會注意到，這不需要安裝除 Apache Kafka 之外的任何程式就可以在自己的電腦上執行完整範例。這類似於在**本地模式**下使用 Spark 的情況，主要區別在於如果發送資料的主題含有多個分區，則可以將 WordCount 應用程式執行在多個實體上（只需在不同的終端機分頁中執行該程式）。如此即啟動了第一個 Kafka Streams 的處理叢集，WordCount 應用程式的實體之間可以互相通訊並協調工作。使用 Spark 最大障礙之一是本地模式非常容易使用，但要在正式環境中運行叢集則需要安裝 YARN 或 Mesos，並在所有機器上安裝 Spark，後續還需要學習如何遞交應用程式。使用 Kafka Streams API 只需在應用程式中啟動多個實體並擁有一個叢集，相同的應用程式便可在開發或正式環境運行。

股票市場統計

下一個例子涉及的範圍更廣：讀取股票市場交易的事件串流，包含股票代碼、賣出價格和賣出股數。在股票市場交易中，**賣出價格**是賣方所要求的，而**買入價格**是買方提出的價格，**賣出股數**是賣方願意以該價格出售的股票數量。為了讓範例簡單化將忽略競標過程。此外也不會在資料中包含時間戳，將使用 Kafka 生產者附加的事件時間。

最後會創建一些窗口統計資訊的輸出串流：

* 每五秒窗口的最佳（即最低）賣出價格
* 每五秒鐘窗口的交易次數
* 每五秒窗口的平均賣出價格

所有統計資料每秒會更新一次。

為了簡化，我們假設交易所只有 10 支股票可以交易。參數設定與之前的 " 字數統計 " 範例非常相似：

```
Properties props = new Properties();
props.put(StreamsConfig.APPLICATION_ID_CONFIG, "stockstat");
props.put(StreamsConfig.BOOTSTRAP_SERVERS_CONFIG,
Constants.BROKER);
props.put(StreamsConfig.KEY_SERDE_CLASS_CONFIG,
Serdes.String().getClass().getName());
props.put(StreamsConfig.VALUE_SERDE_CLASS_CONFIG,
TradeSerde.class.getName());
```

主要的差異在於使用的 Serde 類別。之前的「字數統計」中使用字串作為鍵和值，因此使用 Serdes.String() 類別作為序列化和反序列化器。此範例中，鍵仍是字串，但值是一個 Trade 物件，包含股票代碼、賣出價格和賣出股數。為了序列化和反序列化這個物件（以及應用程式中使用到的一些物件），範例中使用 Google 的 Gson 函式庫從 Java 物件產生 Json 序列化和反序列化器，然後生成一個包裝器用來建立 Serde 物件。以下是建立 Serde 的方式：

```
static public final class TradeSerde extends WrapperSerde<Trade> {
    public TradeSerde() {
        super(new JsonSerializer<Trade>(),
            new JsonDeserializer<Trade>(Trade.class));
    }
}
```

沒什麼特別，但請記得為每個儲存在 Kafka 的物件（輸入、輸出和中間暫時結果）提供一個 Serde 物件。為了簡化此過程，建議透過 GSon，Avro，Protobufs 等方案。

現在已經完成了所有設定，是打造拓撲的時候了：

```
KStream<TickerWindow, TradeStats> stats = source.groupByKey() ❶
        .aggregate(TradeStats::new, ❷
            (k, v, tradestats) -> tradestats.add(v), ❸
            TimeWindows.of(5000).advanceBy(1000), ❹
            new TradeStatsSerde(), ❺
            "trade-stats-store") ❻
        .toStream((key, value) -> new TickerWindow(key.key(),
            key.window().start())) ❼
        .mapValues((trade) -> trade.computeAvgPrice()); ❽

        stats.to(new TickerWindowSerde(), new TradeStatsSerde(),
            "stockstats-output"); ❾
```

❶ 首先從輸入主題中讀取事件並執行 groupByKey()。儘管有呼叫但本案例中不會執行任何分組的動作。這個方法確保基於記錄的鍵對事件串流進行分區。由於我們使用鍵將資料寫入主題，並且呼叫 groupByKey() 之前沒有修改鍵值，因此資料仍然按鍵進行分區，在這種情況下此方法不執行任何操作。

❷ 正確進行分區後，接著啟動窗口聚合操作。「aggregate」方法將流分割為多個重疊的窗口（每秒有一個五秒長度的時間窗口），然後對窗口中的所有事件進行聚合。此方法的第一個參數是一個新物件，包含聚合的結果（在我們的例子中是 Tradestats）。這個物件包含對每個時間窗口感興趣的所有統計資訊：最低價格、平均價格和交易數量。

❸ 提供了一個聚合記錄的方法，Tradestats 物件的 add 方法被用來更新窗口中的最低價格，交易數量和總價格。

❹ 定義時間窗口，範例中窗口為五秒（5000 毫秒），每秒（1000 毫秒）前進一次。

❺ 提供一個 Serde 物件，用於序列化和反序列化聚合結果（Tradestats 物件）。

❻ 如 " 串流處理設計模式 " 中所述，窗口化聚合需要維護狀態和本地儲存。聚合方法的最後一個參數是狀態的名稱，可以是任何唯一的名稱。

❼ 聚合的結果為一個資料表，其中包含股票的資訊，並以時間窗口作為主鍵，而值為聚合的結果。接著將資料表轉換為事件串流，並使用股票資訊和時間窗口起始時間（TickerWindow）替換掉原先的主鍵。toStream 方法可將資料表轉換為串流，並將鍵轉換為 TickerWindow 物件。

❽ 最後一步是更新平均價格。現在聚合結果包含總價和交易數量。查看這些記錄並使用現有的統計資料更新平均價格，並寫入到輸出串流中。

❾ 最後，將結果寫回 stockstats-output 串流。

定義串流之後，運用它來產生 KafkaStreams 物件並執行（就像之前在「字數統計」中所做的）。

此範例展示如何對串流執行窗口化聚合操作，這可能是串流處理的最常見的模式。需要注意的是，維護本地的聚合狀態需要多少工作。僅需提供一個 Serde 物件並給狀態一個名稱。此應用程式也能擴展到多個實體，若有部分實體故障，可透過分區轉移處理，將分區分配給其他實體，進而從故障中自動恢復。我們將在後面的 "Kafka Streams：架構概述 " 中詳述。

與之前一樣，可以在 Github 上找到完整的範例，包括執行說明（*http://bit.ly/2r6BLm1*）。

豐富點擊事件串流

最後一個例子將透過豐富網站上的點擊事件串流來演示如何關聯串流。首先先產生模擬的點擊事件串流，模擬資料庫用戶資料資料表修改的更新事件串流以及網路搜索事件串流。然後關聯這三個串流獲得每個用戶活動的完整視圖。用戶搜索了什麼、點擊了什麼、是否在用戶檔案中修改了他們的「興趣」？這類關聯結果為分析提供了豐富的資料集。產品推薦通常也是基於這類資訊。用戶搜索自行車，點擊「Trek」牌子的連結，並對旅行感興趣，因此可以將 Trek 自行車，頭盔和具有異國情調旅行的廣告推薦給用戶。

由於應用程式設定與先前的範例類似，可以直接跳過這部分直接探討如何關聯多個串流：

```
KStream<Integer, PageView> views =
builder.stream(Serdes.Integer(),
new PageViewSerde(), Constants.PAGE_VIEW_TOPIC); ❶
KStream<Integer, Search> searches =
builder.stream(Serdes.Integer(), new SearchSerde(),
Constants.SEARCH_TOPIC);
KTable<Integer, UserProfile> profiles =
builder.table(Serdes.Integer(), new ProfileSerde(),
Constants.USER_PROFILE_TOPIC, "profile-store"); ❷

KStream<Integer, UserActivity> viewsWithProfile = views.leftJoin(profiles, ❸
    (page, profile) -> new UserActivity(profile.getUserID(),
    profile.getUserName(), profile.getZipcode(),
    profile.getInterests(), "", page.getPage())); ❹

KStream<Integer, UserActivity> userActivityKStream =
viewsWithProfile.leftJoin(searches, ❺
    (userActivity, search) ->
    userActivity.updateSearch(search.getSearchTerms()), ❻
    JoinWindows.of(1000), Serdes.Integer(),
    new UserActivitySerde(), new SearchSerde());
```

❶ 首先先為兩個事件串流（點擊和搜索）建立串流物件。

❷ 定義用戶資訊的 KTable。KTable 是本地的暫存並透過事件串流的變化進行更新。

❸ 接著關聯事件串流與用戶資料表來豐富用戶資訊的點擊事件內容。在關聯串流與資料表時，串流的每個事件都從用戶資訊表的暫存副本中接收資訊。因為進行的是 left-join，因此可以保留未知用戶的點擊資料。

❹ join 方法接受兩個參數，一個來自串流，另一個來自記錄，並返回結果。與資料庫不同，你必須決定如何將兩個值組合成單一返還結果。範例中建立了一個 activity 物件，其中包含用戶詳細資訊和瀏覽過的頁面。

❺ 接下來，將點擊資訊與同一用戶執行的搜索關聯。依然是進行 left-join，但現在關聯的是兩個串流，而非串流與資料表。

❻ 關聯方法僅簡單地將搜索詞添加到所有匹配的瀏覽頁中。

❼ 這是最有趣的部分，串聯關聯是基於時間窗口進行。如果只是將每個用戶的點擊事件與搜索關聯起來並沒有太大的意義。我們希望將相關的點擊事件與搜索做連接 - 搜索後短時間內所發生的點擊事件才有關連性，所以定義了一秒的關聯時間窗口。另外搜索條件也被加入包含點擊事件以及用戶詳細資訊的活動記錄中，如此可以對搜索與結果進行全面分析。

串流定義完畢後，使用它來產生 KafkaStreams 物件並執行，如同先前的「字數統計」範例一般。

此範例顯示了兩種串流處理中可能使用的關聯模式。第一種將串流與資料表關聯，透過資料表中的資訊進一步豐富串流事件。這類似於在資料倉儲執行查詢時，將資料表與其他維度的資料表進行關聯。第二個範例是基於時間窗口來對兩個串流關聯，這種操作只會發生在串流處理中。

一樣可以在 Github 上找到完整的範例，包括如何執行的說明（*http://bit.ly/2sq096i*）。

Kafka Streams：架構概述

上一節的範例展示了如何使用 Kafka Streams API 實作一些眾所周知的串流處理設計模式，但為了更進一步理解 Kafka Streams 函式的工作原理，需要先深入了解 API 背後的設計原則。

建立拓撲

每個串流應用程序都實作並執行至少一個**拓撲**。拓撲（在其他串流處理框架中則稱為 DAG 或有向無環圖）代表一組操作和轉換，每個事件會從輸入執行一系列的轉換操作最後輸出。圖 11-10 展示了「字數統計」範例中的拓撲。

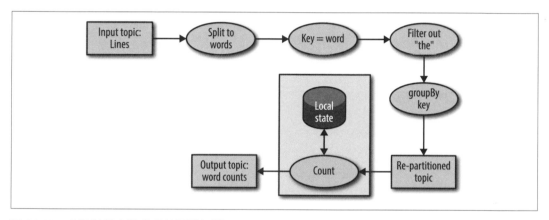

圖 11-10　字數統計串流處理範例的拓撲

即使是簡單的應用程式也有非常重要的拓撲結構。拓撲由一系列處理器組成（這些是拓撲圖中的節點，在圖中用圓圈表示）。大多數處理器用來實現資料的過濾、映射、聚合等操作。資料來源處理器消費主題中的資料；而資料接收處理器會從處理器中獲取資料後將其發送到主題。拓撲都是由一個或多個資料來源處理器開始，並在完成後由一個或多個資料接收處理器輸出結果。

擴展拓撲

Kafka Streams 的應用程式允許執行多個執行緒，並且分散式實體間能夠平衡負載並擴展。可以在一台擁有多個執行緒或多台主機上運行 Streams 應用程式；在任何一種情況下，應用程式中的所有執行緒都會均衡的進行資料處理的工作。

Streams 引擎將拓撲拆分成多個任務平行化執行工作。任務數由 Streams 引擎計算，並取決於應用程式處理的主題中有多少的分區數量。每個任務負責分區的一個資料集：任務將訂閱這些分區並消費事件。對於消費的每個事件，任務會在結果寫入接收器前，按順序執行所有的處理步驟。任務是 Kafka Streams 中平行化的基本單元，因為每個任務都可以獨立執行（如圖 11-11 所示）。

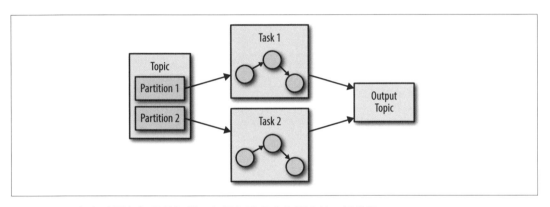

圖 11-11　兩個任務運行相同的拓撲，每個任務負責主題中的一個分區

應用程式的開發人員可以設定實體使用的執行緒數量。如果有多個執行緒可用，則每個執行緒會執行應用程式建立的任務子集。若應用程式的多個實體分散在多個伺服器上運行，則伺服器上的執行緒會執行不同的任務。這是串流應用程式擴展的方式：擁有與來源主題分區數量一樣多的任務。如果需要加快處理的速度，可以加入更多的執行緒。若伺服器上的資源不足，可以在另一台伺服器上啟動另一個實體。Kafka 會自動協調工作 - 它會為每個任務分配各自的分區子集，每個任務將獨立處理這些分區的事件，並在拓撲需要時使用相關聚合操作來維護本地狀態（如圖 11-12 所示）。

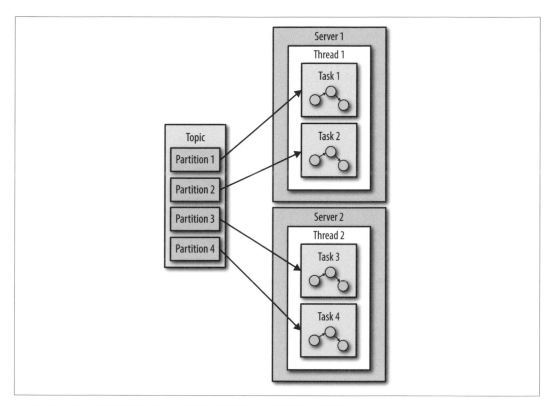

圖 11-12　串流處理任務可以在多個執行緒與多個伺服器上執行

有時處理步驟可能需要多個分區的資料，這會在任務間建立依賴關係。例如，關聯兩個串流（如同之前「豐富點擊事件串流」中的 ClickStream 範例），需要先從每個流中的分區獲取資料才能產生結果。Kafka Streams 會將操作中所涉及到的所有分區都分配相同的任務以便從所有相關分區中消費與關聯。這就是為什麼 Kafka Streams 要求參與關聯操作的所有主題必須具有相同數量的分區，並根據關聯所使用的鍵來分區。

另一個相依姓的例子為應用程式重分區。例如，在 ClickStream 範例中，所有的事件都由用戶 ID 做為主鍵。但若想要以頁面或郵政編碼來生成統計資訊呢？這必須透過郵政編碼對資料進行重分區並在新分區執行資料聚合，如果任務 1 處理來自分區 1 的資料，當資料被送到執行重分區的處理器時（groupBy 操作），會對資料進行洗牌，這代表事件將發送給其他任務來處理。

與其他串流處理框架不同，Kafka Streams 使用新的主鍵和分區，並將事件寫入新的主題來重分區。接著另一組任務將從新的主題中讀取事件並接續處理。重分區會將拓撲結構分為兩個子拓撲，每個子拓撲都有自己的任務。第二組任務取決於第一組（因為這來自第一個子拓撲的結果）。但是，第一組和第二組任務仍能獨立地平行執行，因為第一組任務會以自己的速率將資料寫入主題，第二組任務會從主題中消費自行處理事件。任務之間不會互相通信也不會共享資源，因此不需要在相同的執行緒或伺服器上執行。這是 Kafka 提出提升效率的方式之一（減少管線間不同部分之間的依賴關係），如圖 11-13 所示。

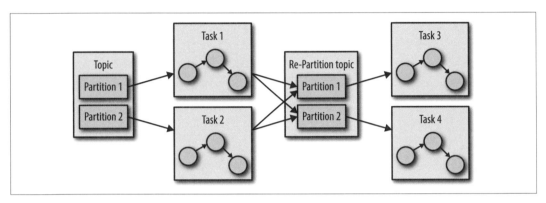

圖 11-13　主題進行重新分區的兩組任務

從故障中恢復

相同的模型除了讓應用程式容易擴展外，也可以優雅的執行故障處理。首先，Kafka 為高可用性，如果應用程式失敗並需要重新啟動時，可以在 Kafka 的串流中找到失敗前遞交的最後一個偏移值開始接續處理。請注意，如果遺失本地狀態（例如更換實體伺服器），串流應用程式可以根據儲存在 Kafka 中的更改日誌重建狀態。

Kafka Streams 還利用 Kafka 的消費者協調器來為任務提供高可用性。若任務失敗但串流應用程式的執行緒或其他實體仍存活著，則任務將在其中一個可用的執行緒上重新啟動，這類似於消費者群組的機制，若某個消費者失效，所擁有的分區將重新分配給群組內其他的消費者。

串流處理案例

本章已經說明如何進行串流處理（從一般的概念和模式到 Kafka Streams 的特定範例）。此時，可以回頭檢視串流處理的使用情境。正如本章開頭所解釋的，串流處理或連續性處理資料，對於需要快速處理，而非等待數小時才處理下一批的情況下非常有用，但也不是真的要求希望能夠在毫秒內響應。以下列舉一些串流處理的應用場景：

客戶服務

假設你在大型連鎖旅館預訂房間，並且希望收到電子郵件確認和收據。預訂後幾分鐘如果仍未收到，致電客服部確認預訂情況。假設客服部回覆「目前沒辦法確認系統中的訂單，預訂系統中的資料每日只會批次處理一次並寫入旅館和客服中心的系統，所以請明天再查看。您應該會在 2-3 個工作日內看到該電子郵件」。這聽起來是相當糟糕的服務，但可能在不只一家的大型連鎖旅館遇過類似的問題。我們真正想要的是，連鎖旅館中的每個系統在預訂後的幾秒或幾分鐘內可以獲得新預訂事件的更新，包括客戶服務中心、旅館、發送確認郵件的系統和網站等，另外還希望客戶服務中心能夠立即得知過去的入住紀錄、旅館的接待處能夠知道忠實客戶以便他們提供升等服務。使用串流處理應用程式建立這些系統，使它們能夠近乎即時地接收和處理更新，從中提供更好的客戶體驗。有了這樣的系統，可以在幾分鐘內收到確認電子郵件、信用卡將按時收費、收據也會被發送、服務台可以立即回答關於預訂的問題。

物聯網

物聯網包含的層面非常廣，從調節溫度與自動加入衣物洗滌劑的家用設備，到藥品製造的即時品質監控。將串流處理應用於感應器和設備時，常見的案例是預測何時需要進行預防性維護。這與應用程式監控類似（但適用於硬體）在許多行業中很常見，包含製造、電信（辨識故障手機訊號站）、有線電視（在用戶抱怨之前辨識有故障的機上盒）等等。每個案例都有自己的特點，但目標都很相似：處理大規模來自設備的事件，並辨識訊號哪些設備需要維護。這些模式可以用來處理交換器的封包，製造業中量測需要更多的力氣栓緊螺絲，或者偵測用戶頻繁的重啟有線電視的機上盒。

詐欺偵測

也稱為異常偵測，是一個非常廣泛的領域，專門用於捕捉系統中的「作弊」或壞人。詐欺偵測應用程式的案例包括偵測信用卡詐欺、股票交易詐欺、電子遊戲作弊和網路安全。在這些領域中，越早捕獲到詐欺行為越好，一個接近即時的系統才能夠快速響應，能在批准之前停止錯誤交易比批次處理作業在三天後才檢測到詐欺事件更容易處理。這也是大規模事件串流中的常見的事件識別應用模型。

在網路安全中，有一種稱為信標（*beaconing*）的手法。當駭客在組織內部植入惡意程式後，它會從外部接收命令。由於它可能在任何時間以任意頻率發生，因此很難偵測到這類活動。一般的情況下，網路可以很好地抵禦外部攻擊，但更容易受到組織內部人員的影響。透過處理大量網路連接事件，並偵測異常的通訊模式（例如偵測到某部主機訪問了通常不會訪問的特定 IP），安全組織可以在更多傷害造成前收到告警。

如何選擇串流處理框架

選擇串流處理框架時需要考慮實作的應用類型。不同類型的應用程式需要不同的串流處理解決方案：

資料提取

> 目標是將資料從一個系統傳送到另一個系統，並對資料進行一些修改，使其符合目標系統。

低毫秒等級的行為

> 任何需要幾乎立即響應的應用程式。一些詐欺偵測的案例屬於這種。

非同步微服務

> 這些微服務為更大的業務流程執行一些簡單的操作，例如更新商店的庫存。這些應用程式可能需要維護本地狀態暫存事件，以此作為提高性能的方法。

近即時資料分析

> 這些串流應用程式執行複雜的聚合和關聯以便對資料進行拆分，並產生有趣的業務邏輯。

如何選擇串流處理系統取決於要解決的問題。

- 如果正嘗試解決資料問題，則應考慮是否需要串流處理系統或使用更簡單但專注於此類應用的系統（如 Kafka Connect）。如果確定需要串流處理系統，則需要確保來源及目標端都有良好的連接器。

- 如果正嘗試解決需要低毫秒等級操作的問題，則應該重新思考是否採用串流處理架構。請求／響應模式通常更適合此任務。如果確定需要串流處理系統，則需要選擇支援低延遲的模型而非專注於微批次的模型。

- 如果正在建立非同步微服務並且需要一個串流處理系統，它與選擇的訊息匯流排（希望是 Kafka）必須良好地整合，具有更改捕獲的 CDC 功能，可以輕鬆地向微服務本地暫存提供上游的更改事件，並且支援本地儲存可以作為微服務資料的暫存或物化視圖。

- 如果正在建立複雜的分析引擎並且需要一個串流處理系統，則需要支援本地儲存（而非維護本地暫存和物化視圖）；支援高級聚合、時間窗口和連接，否則將難以實現。API 應包括可以自定義聚合、時間窗口操作並且支援多種關聯類型的操作。

除了特定案例外，還應考量一些共同的注意事項：

系統可操作性

是否容易部署到正式環境？監控和故障排除是否容易？需要時可以輕鬆擴展和縮小嗎？是否與現有的基礎設施整合良好？如果出現錯誤並且需要重新處理資料時該如何處理？

API 的可用性和易於除錯

在同一框架的不同版本中，撰寫高品質的應用程式所花費的時間不盡相同。開發時間和上市時間非常重要，因此需要選擇一個高效率的系統框架。

讓困難的事情變得簡單

幾乎每個系統都宣稱他們可以進行高級的時間窗口聚合操作，並能維護本地暫存，但問題是：是否容易使用？是否處理了關於規模和故障恢復的細節，或者是否只提供虛弱的抽象讓你需要自行處理許多細節？系統提供越乾淨的 API 和抽象，並且封裝的細節越多，開發人員的效率就越高。

社群

考慮到大多數串流處理應用程式都是開源的，活躍的社群非常重要。良好的社群代表可以定期獲得令人興奮的新功能、品質相對較好（沒有人想要使用不良軟體）、錯誤可以快速修復，並且用戶問題能夠及時獲得答覆。這也代表如果遇到一個奇怪的錯誤並在 Google 上查詢，可以很快找到有關的資訊，因為其他人也正在使用這個框架並面臨相同的問題。

結論

本章從說明串流處理開始，給予串流處理正式的定義，並討論串流處理的特性，並與其他模型進行比較。

接著討論重要的串流處理概念。我們用 Kafka Streams 實現了三個範例應用來呈現這些概念。

在回顧了這些範例應用程式的細節之後，我們也概述了 Kafka Streams 的結構並解釋了工作原理。本章最後總結了幾個串流處理案例以及說明如何選擇不同串流處理框架。

在其他作業系統安裝 Kafka

Apache Kafka 主要為 Java 應用程式，因此可以運行在任何安裝 JRE 的機器上。然而，Kafka 已經為 Linux 作業系統最佳化，因此在其環境上表現最好。在其他作業系統上運行可能會發生某些與該作業系統相關的意外錯誤。為此，若由於開發或測試目的希望在一般作業系統上安裝 Kafka，可以考慮安裝在與正式環境相符的虛擬機器內。

安裝在 Windoes

以微軟 Windows 10 為例，現在有兩種方式可以運行 Kafka。一般作法是標準 Java 安裝方式。另外 Windows 10 的用戶也可以透過 Windows Subsystem for Linux 系統運行 Kafka。建議透過後者，這種方式能讓安裝過程簡化許多，並且更貼近一般生產環境，因此我們以此說明。

使用 Windows Subsystem for Linux

若是 Windows 10，可以使用 Windows Subsystem for Linux（WSL）讓 Windows 支援 Ubuntu。撰寫本書時，微軟仍視 WSL 為實驗性功能。即便此功能看起來很像虛擬機器，但並不需要完整 VM 的資源並且與 Widows 作業系統整合良好。

要安裝 WSL，可以參考 Microsoft Developer Network 中的 Bash on Ubuntu on Windows 頁面（*http://bit.ly/2r6HnN7*）。安裝完畢後，則可透過 apt-get 安裝 JDK：

```
$ sudo apt-get install openjdk-7-jre-headless
[sudo] password for username:
Reading package lists... Done
Building dependency tree
Reading state information... Done
[...]
done.
$
```

完成 JDK 安裝後，便可參考第二章安裝 Apache Kafka 的步驟進行後續作業。

使用標準 Java 環境

若 Windows 版本較舊或不想使用 WSL 環境，仍可藉由 Java 環境直接在 Windows 上運行 Kafka。然而，請注意這可能會引起一些與 Windows 作業環境相關的錯誤。這些錯誤可能沒有如同在 Linux 環境上被 Apache Kafka 開發社群所關注。

在安裝 Zookeeper 與 Kafka 前必須先設定好 Java 環境。可以在 Oracle Jave SE 下載頁面（*http://bit.ly/TEA7iC*）取得最新的 Oracle Java 8 版本。下載完整版本以取得所有可用的工具，並遵循安裝指引進行安裝。

小心安裝路徑
安裝 Java 與 Kafka 時，強烈建議安裝路徑中不要含有空格字符。雖然 Windows 允許路經中含有空格字符，但 Linux 並沒有為其特別設計，使得指定路徑時顯得困難。安裝 Java 時也請小心這點，舉例來說，若安裝 JDK 1.8 121 更新版時，路徑可設為 `C:\Java\jdk1.8.0_121`。

Java 安裝完畢後，還需要設定環境變數才能使用。可透過 Windows 中的控制台完成此任務。其路徑根據版本有所不同，在 Windows 10 中，先進入系統與安全性選單，接著選擇進階系統設定，然後在進階頁面找到設定環境變數的區塊。這會開啟系統變數視窗，在視窗中新增 `JAVA_HOME` 環境變數（如圖 A-1 所示），並將其值設定為 Java 的安裝路徑。接著編輯 `Path` 環境變數，加入新的 `%JAVA_HOME%\bin` 路徑。然後儲存後即完成設定。

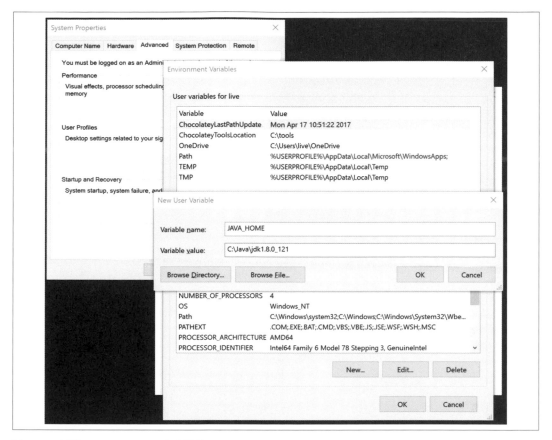

圖 A-1　新增 JAVA_HOME 環境變數

現在可以接著安裝 Apache Kafka。安裝過程中會包含 Zookeeper 服務，因此不需要獨立安裝。撰寫本書時，Kafka 較新的版本為 0.10.1.0 並透過 Scala 2.11.0 版運行。下載檔以 GZip 格式壓縮並包裝成 tar 檔，因此要透過一些 Windows 應用程式例如 8Zip 等工具解壓縮。如同在 Linux 環境中安裝，必須選擇解壓縮目錄的放置處。例如將安裝檔解壓縮放置在 C:\kafka_2.11-0.10.1.0。

在 Windows 環境啟動 Zookeeper 和 Kafka 的方式與在 Linux 中稍有不同，必須透過為 Widows 設計的批次檔啟動而不是一般的 shell scripts 腳本。

這些批次檔也不支援背景執行，因此啟動應用程式時必須為每個批次檔準備獨立的 shell 環境。首先，先啟動 Zookeeper ：

```
PS C:\> cd kafka_2.11-0.10.2.0
PS C:\kafka_2.11-0.10.2.0> bin/windows/zookeeper-server-start.bat C:\kafka_2.11-0.10.2.0\config\
zookeeper.properties
[2017-04-26 16:41:51,529] INFO Reading configuration from: C:\kafka_2.11-0.10.2.0\config\zookeeper.
properties (org.apache.zookeeper.server.quorum.QuorumPeerConfig)
[...]
[2017-04-26 16:41:51,595] INFO minSessionTimeout set to -1 (org.apache.zookeeper.server.
ZooKeeperServer)
[2017-04-26 16:41:51,596] INFO maxSessionTimeout set to -1 (org.apache.zookeeper.server.
ZooKeeperServer)
[2017-04-26 16:41:51,673] INFO binding to port 0.0.0.0/0.0.0.0:2181 (org.apache.zookeeper.server.
NIOServerCnxnFactory)
```

Zookeeper 開始運行後，便可開啟另外一個視窗啟動 Kafka：

```
PS C:\> cd kafka_2.11-0.10.2.0
PS C:\kafka_2.11-0.10.2.0> .\bin\windows\kafka-server-start.bat C:\kafka_2.11-0.10.2.0\config\
server.properties
[2017-04-26 16:45:19,804] INFO KafkaConfig values:
[...]
[2017-04-26 16:45:20,697] INFO Kafka version : 0.10.2.0 (org.apache.kafka.common.utils.
AppInfoParser)
[2017-04-26 16:45:20,706] INFO Kafka commitId : 576d93a8dc0cf421 (org.apache.kafka.common.utils.
AppInfoParser)
[2017-04-26 16:45:20,717] INFO [Kafka Server 0], started (kafka.server.KafkaServer)
```

安裝在 MacOS

MacOS 運行在 Darwin 上，一個繼承至 FreeBSD 的 Unix 作業系統。這代表 MacOS 預期表現跟 Unix 作業系統無異，並且要安裝一個為 Unix 系統所設計的應用程式，就像 Apache Kafka，並不會多困難。可以簡單地透過套件管理器（例如 Homebrew）進行安裝，或是手動安裝 Java 與 Kafka 來控制使用的版本。

透過 Homebrew 安裝

若 MacOS 中已經安裝 Homebrew（*https://brew.sh/*），則可透過該工具一鍵安裝。安裝過程中會先確認是否安裝 Java，接著安裝 Apache Kafka 0.10.2.0 版本（撰寫本書時的版本）。

若尚未安裝 Homebrew，可以透過安裝頁面（*http://docs.brew.sh/Installation.html*）的指引進行安裝。安裝完畢後即可安裝 Kafka 服務。Homebrew 套件管理器首先會檢查所有相依性，包含 Java：

```
$ brew install kafka
==> Installing kafka dependency: zookeeper
[...]
==> Summary
/usr/local/Cellar/kafka/0.10.2.0: 132 files, 37.2MB
$
```

Homebrew 會將 Kafka 安裝於 */user/local/Cellar* 目錄下，但檔案會連結到其他目錄：

- 執行檔與腳本檔案會連接至 /usr/local/bin

- Kafka 設定檔會連結至 /usr/local/etc/kafka

- Zookeeper 設定檔會連結至 /usr/local/etc/zookeeper

- log.dirs 設定（Kafka 的資料儲存處）會連結至 /usr/local/var/lib/kafka-logs

安裝完畢後，可以啟動 Zookeeper 與 Kafka（範例中在前端啟動 Kafka）：

```
$ /usr/local/bin/zkServer start
JMX enabled by default
Using config: /usr/local/etc/zookeeper/zoo.cfg
Starting zookeeper ... STARTED
$ kafka-server-start.sh /usr/local/etc/kafka/server.properties
[...]
[2017-02-09 20:48:22,485] INFO [Kafka Server 0], started (kafka.server.KafkaServer)
```

手動安裝

就像在 Windows 作業系統中手動安裝的流程般，在 MacOS 中安裝 Kafka 時，首先必須先安裝 JDK。從相同的 Oracle Java SE 下載頁面中（*http://bit.ly/TEA7iC*）取得適合 MaCOS 的版本。接著如同在 Windows 環境般下載 Kafka。舉例來說，假設 Kafka 被解壓縮至 /usr/local/kafka_2.11-0.10.2.0 目錄下。

啟動 Zookeeper 與 Kafka 的方式就如同在 Linux 環境般，但必須先設定 JAVA_HOME：

```
$ export JAVA_HOME=`/usr/libexec/java_home`
$ echo $JAVA_HOME
/Library/Java/JavaVirtualMachines/jdk1.8.0._131.jdk/Contents/Home
$ /usr/local/kafka_2.11-0.10.2.0/bin/zookeeper-server-start.sh -daemon /usr/local/
kafka_2.11-0.10.2.0/config/zookeeper.properties
$ /usr/local/kafka_2.11-0.10.2.0/bin/kafka-server-start.sh /usr/local/etc/kafka/server.properties
[2017-04-26 16:45:19,804] INFO KafkaConfig values:
```

```
[...]
[2017-04-26 16:45:20,697] INFO Kafka version : 0.10.2.0 (org.apache.kafka.common.utils.
AppInfoParser)
[2017-04-26 16:45:20,706] INFO Kafka commitId : 576d93a8dc0cf421 (org.apache.kafka.common.utils.
AppInfoParser)
[2017-04-26 16:45:20,717] INFO [Kafka Server 0], started (kafka.server.KafkaServer)
```

索引

※ 提醒您：由於翻譯書排版的關係，部份索引名詞的對應頁碼會和實際頁碼有一頁之差。

D

L

關於作者

Neha Narkhede 是 Confluent 的共同創辦人和總工程師,該公司主要業務為 Apache Kafka 訊息系統的商業支持。在創辦 Confluent 之前,Neha 在 LinkedIn 主導串流基礎建設,而她也負責透過 Kafka 與 Apache Samza 為 LinkedIn 千兆位元組(Petabyte)的串流資料打造基礎設施。Neha 專精於建立大規模分散式系統並且是 Apache Kafka 的幾個初始作者之一。過往的工作還有在 Oracle 資料庫公司執行過搜尋項目,並在喬治亞理工取得計算機科學的碩士學位。

Gwen Shapira 是 Confluent 的產品經理,她是 Apache Kafka 專案的 PMC 成員,並貢獻 Apache Flume 與 Kafka 的整合方案原始碼,並且也是 Apache Sqoop 的遞交者。Gwen 有十五年替客戶打造具延展性資料架構的經驗。以前的工作經驗包括在 Cloudera 任職軟體工程師、在 Pythian 當任資深顧問、在 Oracle 擔任 ACE 主任,以及 NoCOUG 的董事會成員。Gwen 經常在業界研討會擔任講者,並在 O'Reilly Radar 部落格上貢獻多篇技術文章。

Todd Palino 是 LinkedIn 網站可靠度的資深主任工程師,負責 Apache Kafka、Zookeeper 與 Samza 的大規模部署與維運任務。他也負責相關架構設計、每日維運以及工具開發,包含建立先進監控與告警系統等。Todd 是開放原始碼專案 Burrow —— Kafka 消費者端監控工具的開發者,並在許多業界研討會以及技術演講上分享他的經驗。Todd 花費超過二十年的時間專注於基礎設施服務,前一份工作是在威瑞信擔任系統工程師,為 DNS、網路以及硬體開發管理系統,並且還管理全公司的硬體與軟體標準。

出版記事

本書封面的動物是藍翅笑翠鳥(*Dacelo leeachii*)。牠屬於翠鳥家族,在新幾內亞南部以及澳大利亞北部較乾燥的地區可以發現牠們的蹤跡。一般被視作普通翠鳥類。

雄性藍翅笑翠鳥有鮮艷的外觀,下翼與尾羽帶有藍色而得名,但雌性的尾巴為紅褐色帶有黑色條紋。兩種性別皆有乳黃色底側帶有咖啡色斑紋,並且眼睛有白色虹膜。成年笑翠鳥較其他翠鳥矮小,僅有十五到十七英吋長,平均重量在兩百六十克到三百三十克之間。

藍翅笑翠鳥的飲食相當偏重肉食,獵物在不同季節稍有不同。例如夏季會靠各類蜥蜴、昆蟲及青蛙為食,但乾燥的月份則以淡水螯蝦、魚類、齧齒目動物,甚至是其他較小型的鳥類為食。不僅只有牠們會捕食其他鳥類,牠們自身也在蒼鷹以及褐林鴞的菜單上。

藍翅笑翠鳥的繁殖季節為九月到十二月。牠們會在樹較高位置的中空處築巢。養育下一代通常整個群落會一起出力,至少有一隻其他的藍翅笑翠鳥會提供協助。雌鳥會產下三到四個蛋並孵育約二十六天。幼鳥從孵化那天算起到羽毛豐滿約三十六天—如果能夠存活下來。人們已知較年長的藍翅笑翠鳥會在第一週激進的競爭中殺害其他年手足。那些沒有成為犧牲者或因為其他原因死亡的笑翠鳥就會被父母訓練六到十週,然後展開牠們自己的旅程。

O'Reilly 書籍封面上的許多動物都面臨瀕臨絕種的危機;牠們都是這個世界重要的一份子。如果想瞭解您可以如何幫助牠們,請拜訪 *animals.oreilly.com* 以取得更多訊息。

封面圖片來自於《*English Cyclopedia*》。

Kafka 技術手冊｜即時資料與串流處理

作　　　者：Gwen Shapira, Neha Narkhede, Todd Palino
譯　　　者：許致軒 / 蔡政廷 / 李尚
企劃編輯：莊吳行世
文字編輯：王雅雯
設計裝幀：陶相騰
發 行 人：廖文良

發 行 所：碁峰資訊股份有限公司
地　　　址：台北市南港區三重路 66 號 7 樓之 6
電　　　話：(02)2788-2408
傳　　　真：(02)8192-4433
網　　　站：www.gotop.com.tw
書　　　號：A572
版　　　次：2019 年 07 月初版
建議售價：NT$580

國家圖書館出版品預行編目資料

Kafka 技術手冊：即時資料與串流處理 / Gwen Shapira, Neha
Narkhede, Todd Palino 原著；許致軒, 蔡政廷, 李尚譯. -- 初版.
-- 臺北市：碁峰資訊, 2019.07
　　面；　　公分
　　譯自：Kafka: The Definitive Guide
　　ISBN 978-986-502-177-1(平裝)
　　1.作業系統
312.54　　　　　　　　　　　　　　　　　　　108009588